教育部高等学校航空航天类专业教学指导委员会推荐教材

飞机结构适航力学基础

熊峻江　编著

北京航空航天大学出版社

内 容 简 介

本书根据飞机结构适航性的发展和需要，吸取《适航概论》《弹性力学》《飞行器结构力学》中必要的成熟方法，汇集作者讲授“飞机结构适航力学基础”课程的教学经验和研究成果编写而成。书中着重讲述飞机结构强度和刚度分析与设计知识，重点介绍了飞行器薄壁结构、加筋薄壁结构、板杆结构分析与设计方法等内容；对杆系结构系统几何稳定性、受力和变形分析方法等作了较详细的阐述；对弹性体二维、三维变形本构方程，以及弹性体变形分析的能量法也作了必要的介绍。

本书可作为高等学校飞机结构适航设计与审定、飞行器结构强度设计等专业的教学用书，也可供从事机械、桥梁、土木结构设计及试验的研究人员参考。

图书在版编目(CIP)数据

飞机结构适航力学基础 / 熊峻江编著. -- 北京 : 北京航空航天大学出版社，2020.5

ISBN 978-7-5124-3198-0

Ⅰ. ①飞… Ⅱ. ①熊… Ⅲ. ①飞机—飞行力学 Ⅳ. ①V212.1

中国版本图书馆 CIP 数据核字(2020)第 000514 号

飞机结构适航力学基础

熊峻江 编著

责任编辑 刘晓明

*

北京航空航天大学出版社出版发行

北京市海淀区学院路 37 号(邮编 100191) http://www.buaapress.com.cn

发行部电话：(010)82317024 传真：(010)82328026

读者信箱：goodtextbook@126.com 邮购电话：(010)82316936

涿州市新华印刷有限公司印装 各地书店经销

*

开本：787×1 092 1/16 印张：10.5 字数：269 千字

2020 年 9 月第 1 版 2020 年 9 月第 1 次印刷 印数：2 000 册

ISBN 978-7-5124-3198-0 定价：39.00 元

若本书有倒页、脱页、缺页等印装质量问题，请与本社发行部联系调换。联系电话：(010)82317024

前　言

本书在前人所编教材的基础上，汇集作者讲授"飞机结构适航力学基础"课程的教学经验及研究成果，按学科体系纂辑而成。

本书总体构思如下：

将弹性变形体本构方程、能量原理、结构几何不变形视为结构分析与设计的基础知识，系统讲述了弹性变形体几何方程、物理方程、平衡方程、最小势能原理、最小余能原理、结构几何不变性原则。使用这些分析方法，可以对工程结构进行强度和刚度分析与设计；另外，围绕飞行器结构的特点，重点阐述了飞行器薄壁结构、加筋薄壁结构、板杆结构分析与设计方法，利用这些分析与设计方法，可以根据飞机结构适航要求，对飞机结构进行强度和刚度设计。

本书注重理论联系实际，将应用问题穿插于理论分析内容之中，所列举的一些算例都来源于工程实践。因此，本书除可作为高等学校飞机结构适航设计与审定、飞行器结构强度设计等专业的教学用书外，还可供从事机械、桥梁、土木结构设计及试验的研究人员参考。

作　者

2020 年 3 月 1 日

目　录

第 1 章　绪　论 ……………………………………………………………… 1

1.1　飞机结构适航性 …………………………………………………… 1
1.2　静强度设计 ………………………………………………………… 1
1.3　安全寿命设计 ……………………………………………………… 3
1.4　破损安全设计……………………………………………………… 11
1.5　损伤容限设计……………………………………………………… 14
1.6　广布疲劳损伤……………………………………………………… 20
1.7　飞机结构适航发展历程…………………………………………… 24
1.8　飞机结构适航力学基础…………………………………………… 28

第 2 章　弹性力学基础 ……………………………………………………… 29

2.1　应　力……………………………………………………………… 29
2.2　二维应力状态与平面问题的平衡方程…………………………… 31
2.3　边界条件…………………………………………………………… 33
2.4　应　变……………………………………………………………… 34
2.5　广义胡克定律……………………………………………………… 37
2.6　应变协调方程……………………………………………………… 39
2.7　用极坐标解平面问题……………………………………………… 40
2.8　功与弹性应变能…………………………………………………… 43
2.9　虚位移原理和最小势能原理……………………………………… 48
2.10　虚力原理和最小余能原理 ……………………………………… 57
习　　题 ……………………………………………………………………… 60

第 3 章　杆系结构系统 ……………………………………………………… 67

3.1　几何不变系统及其分析…………………………………………… 67
3.2　判断几何不变性的运动学方法…………………………………… 69
3.3　判断几何不变性的静力学方法…………………………………… 74
3.4　力法正则方程……………………………………………………… 76
习　　题 ……………………………………………………………………… 83

第 4 章　薄壁结构——板与壳 ……………………………………………… 85

4.1　薄板弯曲的基本方程……………………………………………… 85
4.2　典型边界条件……………………………………………………… 90
4.3　四边简支方板的小挠度分析……………………………………… 91
4.4　四边简支方板的经典解法………………………………………… 94

4.5 四边简支矩形板受轴压时的稳定性 …… 100
4.6 圆板在分布法向载荷作用下的小挠度解 …… 102
4.7 旋转壳的薄膜应力状态 …… 108
4.8 高空气球变形 …… 113
习 题 …… 115

第 5 章 薄壁结构计算的工程梁理论 …… 118

5.1 自由弯曲时的正应力 …… 118
5.2 自由弯曲时开剖面剪流的计算 …… 123
5.3 开剖面的弯心 …… 127
5.4 单闭室剖面剪流的计算 …… 128
5.5 单闭室剖面的弯心 …… 132
5.6 多闭室剖面剪流的计算 …… 134
5.7 多闭室剖面的弯心 …… 140
习 题 …… 141

第 6 章 板杆组合型加筋薄壁结构的计算 …… 143

6.1 加筋薄壁结构的理想化 …… 143
6.2 杆和板的相互作用 …… 144
6.3 受剪板杆式薄壁结构的计算 …… 149
习 题 …… 158

参考文献 …… 160

第1章 绪 论

1.1 飞机结构适航性

飞机适航性是国家航空安全的重要组成部分，是民机进入市场的通行证。飞机结构适航性是飞机适航性的重要组成部分，飞机结构适航性是指飞机结构在规定的环境条件下，在规定的时间内，不发生安全事故，保障飞机安全飞行（包括起飞和着陆）的固有品质，并通过设计赋予、制造实现、维修保持、验证表明、审定确认。通俗一点讲，飞机结构适航性是飞机结构达到适合飞行要求的最低安全标准或门槛。飞机结构设计，适航先行，适航标准像一条条法律条文，细致地规定了飞机结构在各方面应达到哪些标准，是确保飞机安全飞行、不发生事故的重要保障。严苛的适航条例并非一日写成，而是由血与泪的飞行事故案例写成的，飞机结构适航的发展史就是飞行事故的血泪史，许多规定都是从以往各个飞行事故中总结而来，许多适航条款的后面都有飞行事故案例，而每个案例后面都有一套避免类似事故发生的方法。

1.2 静强度设计

1903年，莱特兄弟（Wright brothers）发明飞机后，现代航空工业正式诞生。早期飞机的标准构型是双翼机（biplane）（如图1.1所示），机身和机翼采用桥梁的桁架（girder）设计，机翼内正交（orthogonal）布置多根木制的翼梁（spar）和翼肋（rib），外层再包上帆布；上下机翼间以木条和钢索作为垂直支撑，以维持机翼在气动载荷作用下不致弯曲破坏；机身则是木盒状桁架（box - girder）设计，对角线加装钢索以维持机身的刚度（rigidity）。此时的飞机大都用做探索

图1.1 一战中英国著名的“骆驼”（Camel）战斗机具有标准的双翼机构型

性能的实验机,完全未考虑结构疲劳寿命。众所周知,战争是新科技的催化剂,第一次世界大战促使了更快、更强、更可靠飞机的出现,战争期间共生产了约15万架飞机,绝大部分是使用木头和帆布制造;临近大战结束时,木头的供应已接近枯竭,使用材料不得不转向金属。大战末期出现了焊接的钢制机身,以及悬臂式(cantilever)单翼机(monoplane)(如图1.2所示),机翼内翼梁数量减少,只剩几根主梁,但强度和刚度都足以支撑机翼全部的气动载荷,也不再需要钢索进行加强。

图1.2 悬臂式单翼机

由于金属材料极富韧性(ductility),结构设计方法很保守,因此,飞机结构的安全裕度(Margin of Safety)相当大。此时的飞机主要用于军事用途,在结构遭遇疲劳问题之前,飞机早就因为失控、发动机失效、大动作飞行使机翼或机身突然解体而坠毁,所以,飞机结构疲劳寿命不是此时的设计重点,飞机结构设计采用材料静强度(Static Strength)设计准则,通过全机静力试验(如图1.3所示)验证结构设计结果,试验载荷是飞行载荷乘以一个安全系数,以计入如载荷、结构分析、材料性能、制造质量的分散性等不确定因素。

第二次世界大战期间,喷气式飞机发展迅速,1944年德国生产的Me 262战斗机是全世界第一架喷气式飞机(如图1.4所示),此间的飞机制造技术也大有进步,然而,大多数飞机都被敌机击落,结构疲劳寿命仍然不是众人关心的焦点。第二次世界大战后,为了提升飞行性能而减轻机体重量,在材料静强度主导结构安全的思想下,一些强度高而韧性低的金属材料开始应用于飞机结构。此时,喷气式客机飞行速度已非昔日可比,军机在低空飞行任务中也常常遭遇强大的气动扰流,结构气动载荷直线上升,结构应力大增,降低了结构安全裕度,造成一些飞机往往在服役初期就因结构疲劳破坏而纷纷坠毁。这昭示世人:材料静强度已不足以保证飞机结构安全。

图 1.3 早期飞机的静力试验

图 1.4 第一架喷气式飞机

1.3 安全寿命设计

1954 年英国航空公司(British Overseas Airways Corporation)"彗星 1"客机(Comet 1)的连续失事,正式就飞机结构疲劳隐忧向世人敲响了第一记警钟。由英国德哈维兰公司(de Havilland)设计制造的"彗星 1"可搭载乘客 36 人,巡航高度 10 700 m,巡航时速 720 km,航程

4 000 km,是全球第一架高空喷气式民航客机。“彗星 1”的巡航高度是同时期其他客机的 2 倍,而舱内气压则设定在 2 400 m 的高度下,使得机内外气压差也几乎是当时普通客机的 2 倍,因此,在出厂前,特别经过 18 000 次加压测试,以确保其结构的安全。“彗星 1”的构想孕育于 1943 年,1946 年 9 月开始设计,1949 年 7 月 27 日第一架原型机首飞。从 1952 年 5 月 2 日起,英国航空公司提供“彗星 1”定期航班服务。“彗星 1”服役后不久就事故不断,数起起飞时失事归咎于驾驶员对新飞机不够熟悉,而 1953 年在加尔各答(Calcutta)西南方 50 km 处的空中解体,则归因于高空暴风雨;但是,在 1954 年发生的另两起空中失事,则完全显示了其结构设计存在重大瑕疵。

1954 年 1 月 10 日,一架已经历 1 286 次飞行起落、3 680 飞行小时的“彗星 1”,由新加坡飞往伦敦,从最后停靠站罗马再度起飞后,半小时爬升到约 8 100 m 的高度时,在早上天气气象良好的情况下,机身解体并有部分起火燃烧,坠落在意大利厄尔巴岛(Elba)畔的地中海。事后,“彗星 1”机队立即停飞,在无法迅速捞起机体残骸的情况下,德哈维兰公司评估了可能的失事原因后,对机体进行了一些改进,并于 1954 年 3 月 23 日获得复飞许可。但是,在复飞仅 16 天后的 1954 年 4 月 8 日,又一架已经历 903 次飞行起落、2 703 飞行小时的“彗星 1”执行从罗马飞往开罗的任务,在起飞约半小时后,估计已爬升至最高巡航高度时突然完全失去联络,稍后在意大利南部那不勒斯(Naples)畔的地中海发现飞机残骸。事发后,“彗星 1”机队再度立即停飞。在 1954 年 4 月 12 日,英国运输和民航部(Ministry of Transportation and Civil Aviation)撤销了“彗星 1”的适航认证。

第二起飞机失事后,英国便用一架已经历 1 221 次飞行起落、3 539 飞行小时的机体进行舱压模拟试验(如图 1.5 所示),试验机体的客舱和驾驶舱被放置在一个特制水槽内,机翼暴露于水槽外以液压方式施加模拟气动载荷,舱体内部以水压模拟舱压。如果以气压模拟舱压,一旦舱壁产生小裂纹,舱体内外压差导致的舱压将急速向外喷泄,就如同一枚 500 lb(1 lb=0.454 kg)

图 1.5 “彗星 1”的水槽试验

炸弹在舱体内爆炸，舱壁会四散爆裂飞溅。水是不可压缩流体，可避免发生这种情况。试验机体经过 1 825 次的加减压，机身左侧一扇窗户的角落蒙皮萌生 0.2 cm 长的疲劳裂纹后，裂纹瞬间扩展达 2 m，使机身断裂(如图 1.6 所示)，证实"彗星 1"的机体结构疲劳强度不足，裂纹发生的原因是蒙皮太薄。

图 1.6 水槽试验中出现的窗户裂纹

"彗星 1"安装 4 台德哈维兰发动机公司(de Havilland Engine Company Limited)生产的"幽灵"(ghost)涡喷发动机，由于当时的喷气式发动机仍处于起步阶段，为了弥补推力不足而减轻机体重量，"彗星 1"机身蒙皮厚度只有 0.07 cm，窗户边蒙皮加厚到 0.09 cm，在舱压作用下，薄蒙皮的应力(stress，单位面积承受的载荷)居高不下，而窗户角落的应力集中(Stress Concentration)效应使高应力状态更加恶化，最后导致疲劳裂纹的产生。

另外，出厂前的结构测试也有问题，"彗星 1"进行全尺寸机体疲劳试验时，机体约经过 18 000 次的加减舱压后才破坏，大约是真实疲劳寿命的 15 倍，与实际情况完全不符。这是因为疲劳试验之前机体也用来进行静力试验，先承受了 2 倍设计舱压的载荷，以验证机体静强度，而在材料内遗留了当时世人仍一无所知的残余应力(Residual Stress)。事实上，残余应力会提高结构疲劳寿命，致使试验结果失真。

第一架失事"彗星 1"的残骸从地中海被捞起重组后(如图 1.7 所示)，在机身上方的两座自动定向(Automatic Direction Finding)天线的后天线座右后方的蒙皮开口(cut - out)角落处，调查人员发现了问题。在距开口约 5 cm 处的一直径约 1 cm 的螺栓孔边，发现了疑似初始疲劳裂纹位置(如图 1.8 所示)，在飞机失事前几次飞行起落过程中，该疲劳裂纹迅速向前后扩展至约 2.5 cm 后，在舱压作用下导致飞机空中解体，与水槽测试所显示的现象相吻合，证实了金属疲劳是失事的原因。"彗星 1"在每一次飞行中，起飞后爬升到巡航高度，或是降落前由巡航高度下降到进场高度，机内舱压的变化在窗户角落应力集中的位置产生细小的裂纹(如图 1.9 所示)，此小裂纹随着飞行时间的增加而扩展，当达到临界长度(Critical Length)时，机身就像气球破裂般地爆裂开来。

依循英国航空注册委员会(Air Registration Board)认可的"安全寿命"(Safe Life)设计理

图 1.7 从地中海捞起的第一架“彗星 1”失事残骸

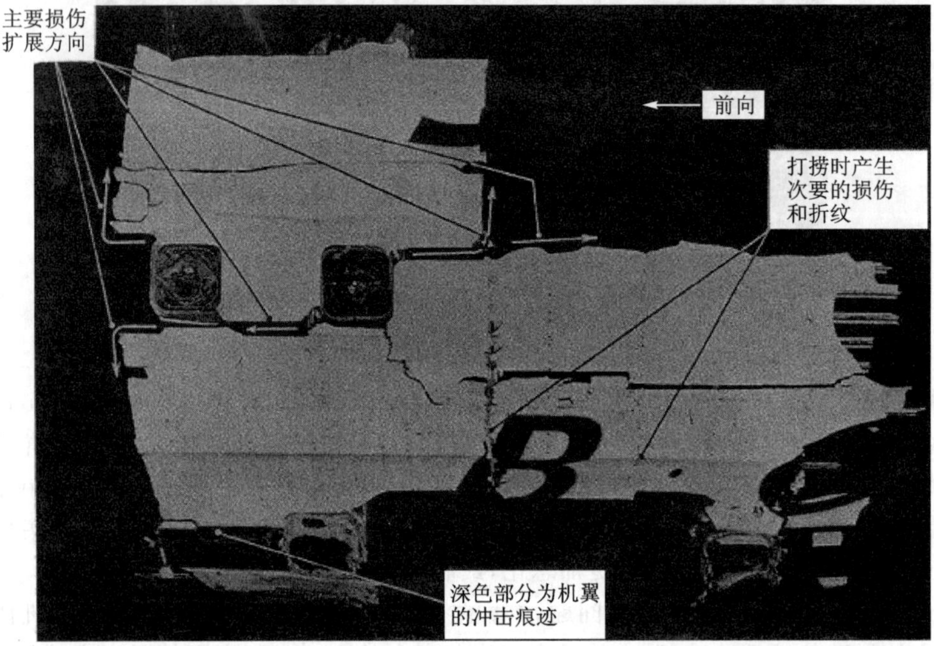

图 1.8 残骸的窗户裂纹

念，于 1946 年开始设计“彗星 1”。在“安全寿命”设计理念中，在预定的服役期间内飞机结构需能承受预期的交变载荷，当飞机结构的飞行时数达到使用寿命时，认定飞机结构疲劳寿命已经完全耗尽，飞机必须退役。“安全寿命”设计理念的缺点在于它的疲劳分析与设计通常采用“疲劳强度持久极限”(Fatigue Strength - Endurance Limit)方法，即所谓的 Miner 法则(Miner's Rule)。此方法建立在疲劳性能 $S-N$ 曲线的基础之上，而 $S-N$ 曲线则通过试验获得，即在实验室里，对多片截面积各异的小尺寸材料试片，施加不同的恒幅(Constant Amplitude)交变载荷，直到试片疲劳破坏为止，获得该材料在各种应力水平下发生疲劳破坏的交变载荷循环次数，称之为 $S-N$ 曲线($S-N$ Curve，S 代表施加应力水平，N 代表交变载荷循环次数)(如图 1.10 所示)。按照 Miner 法则，以实际结构件在各种设计飞行条件下的应力，在 $S-N$ 曲线上找到相对应的疲劳破坏载荷循环次数，以线性累加的方式累计损伤，就可预测结构的疲劳寿命，并应用于设计。虽然这种方法已使用多年，且普遍为飞机结构设计及分析人员所接受，但这种分析方法有其先天不足，使得分析结果常不符合实际情况。

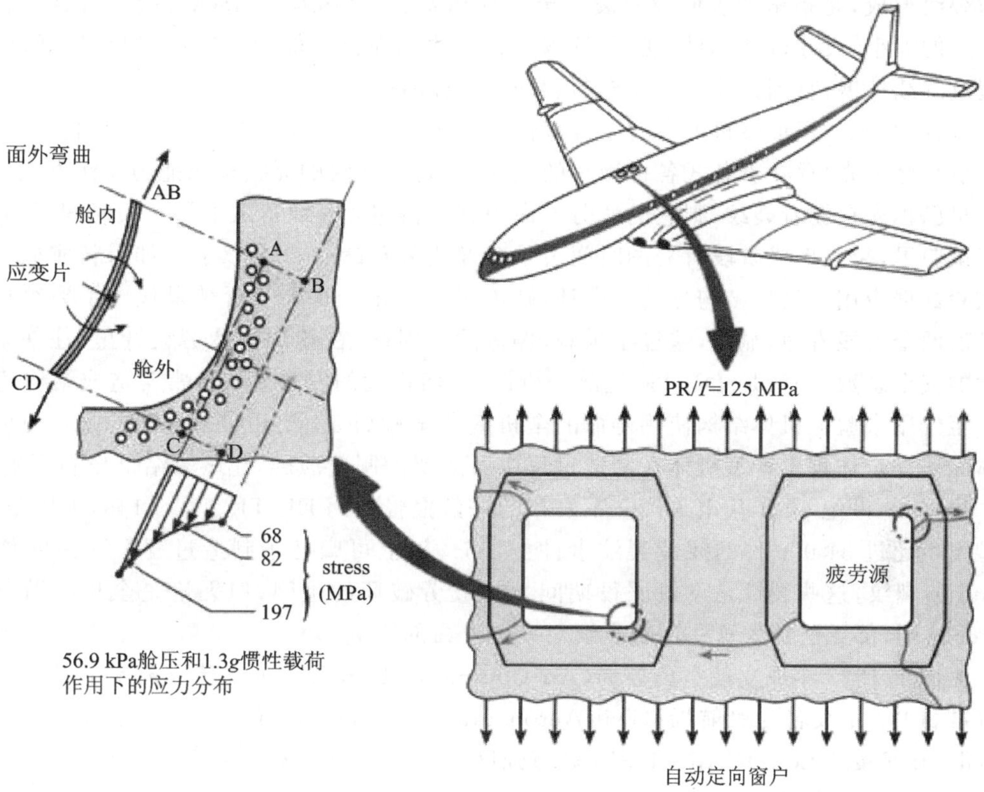

图 1.9　第一架失事“彗星 1”初始疲劳裂纹位置

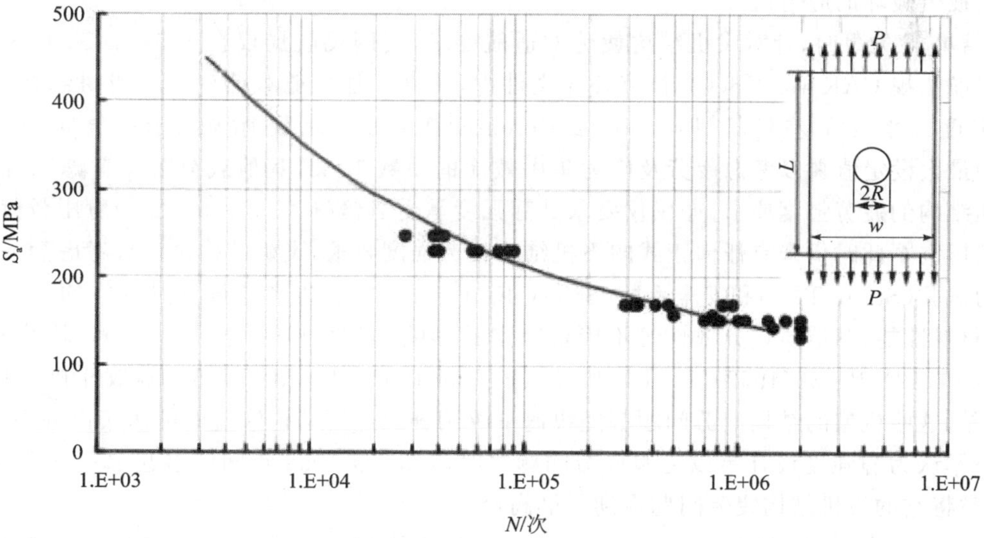

图 1.10　SAE1045 钢材的 $S-N$ 曲线（$K_t=2.5, R=-1$）

因为在实验室里进行此种小型试片的疲劳试验时，试片表面上都经过特别处理，以使试片表面尽可能光滑平整而没有任何缺陷，也就是没有任何裂纹的存在，因此，由这种试片所得的疲劳寿命试验数据，就包括了裂纹形成（Crack Initiation）及裂纹扩展（Crack Growth）两部分。

所谓裂纹形成，是指试片表面没有裂纹至发现初始裂纹(Initial Crack)的那一段时间，至于初始裂纹的大小、尺寸，何时会发现，要看该实验室的无损检测能力而定；而裂纹扩展，则是指初始裂纹继续扩展，直到试片终于完全断裂的那一段时间。

工程中，无法保证飞机上所有结构零件都处于完美无瑕的状态；换言之，结构上很可能(事实上也早已预先)存在着各式各样微小的裂纹，只是制造时的无损检测能力无法发现。如果结构上早已预先存在着裂纹，则它的疲劳寿命中就不再包含裂纹形成的那一段时间；而在传统的疲劳试验里，裂纹形成阶段所需的时间占了全部疲劳寿命的 90%以上。如果将实验室里小试片试验数据应用于飞机结构分析及设计，则传统的 Miner 法则分析结果包含了裂纹形成及裂纹扩展两个阶段寿命，显然，这过于乐观，偏危险。因此，在传统的疲劳设计里，往往采用一相当大的安全系数(一般是 4)，以避免此分析误差，而过大的安全系数又常常造成结构超重。

至于用来验证机体结构使用寿命的全机疲劳试验(Full Scale Fatigue Test)，也因为试验机体无法完全体现生产型机体在制造过程中所遗留的制造瑕疵，让试验结果充满不确定性。

根据 20 世纪 60 年代末美国空军发布的一份报告 AFFDL TR－70－149，美国空军 11 种机型发生超过 31 000 件的疲劳裂纹事件中，56%以上可归咎于制造过程中遗留的预先(pre-existing)裂纹，这些裂纹是飞机服役期间发生疲劳破坏的主因，但无论是全机疲劳试验还是 Miner 法则，都无法计入这些预先裂纹对疲劳寿命的影响。

美国于 1927 年成立航空商务局(Air Commerce Bureau)，负责建立航空器的设计规范及其标准，1938 年改名为民航局(Civil Aeronautics Administration)。1945 年颁布的民航法规(Civil Air Regulations)CAR 04.313 疲劳强度(Fatigue Strength)章节中，首次出现结构疲劳问题。在此章节内，简短阐述疲劳会威胁结构完整性(integrity)，要求设计时“在可行范围内避免应力集中位置的出现，以免正常使用情况下其应力超过疲劳极限(Fatigue Limit，不会造成结构疲劳破坏的应力值)。

“彗星 1”失事时，针对飞机结构疲劳的适航要求，美国民航局仅在 1953 年 12 月 31 日发布的民航法规 CAR 4b.216c(3)章节补充文件中，补充了加压舱载荷说明：“飞机结构需有足够的强度以承受压差载荷(Pressure Differential Loads)，此载荷等同于泄气阀门(Relief Valve)最大设定值乘以考虑疲劳及应力集中效应的系数 1.33，其他载荷可不考虑”。而当时对舱压结构的疲劳强度要求，亦仅仅要求其静强度承受 2 倍(1.33×1.5＝2.0)舱压载荷。

美国空军此时仍未有任何正式的飞机结构疲劳强度要求，飞机结构设计只考虑静强度，并以静力试验(Static Test)和安全系数(Safety Factor)的方法，以考虑设计过程中的载荷、结构分析、材料性能、制造质量分散性等不确定因素的影响，因此，1952 至 1958 年间，陆续发生了 F－89C(1952)、B－36(1952)、F－84(1953)、F－86(1955)、F－101(1958)等战斗机的疲劳事故，但是，这些机型的结构疲劳问题都经快速事故调查及返厂结构修复而迅速获得解决。就在美国空军认为静强度设计足以克服疲劳问题之时，1957 至 1958 年间的多起 B－47 轰炸机失事，一举将它的飞机结构疲劳问题推到了最高峰。

XB－47A 原型机(如图 1.11 所示)于 1947 年 12 月 17 日首飞，1950 年完成 1.5 倍设计限制载荷(Design Limit Load，飞机服役期间预期会遭遇到的最大载荷)的静力试验，1952 年9 月至 1954 年 3 月完成飞行载荷测量(Flight Load Survey)验证，美国空军于 1951 年根据静力试验结果批准量产，并进入美国战略空军司令部(Strategic Air Command)服役。B－47 是美国波音公司根据二战后获自德国的后掠翼高速飞行风洞吹风数据，开发出的当年首创的后掠翼喷气式轰炸机。由于 B-47 的设计仅考虑材料的静强度，因此，采用强度高但疲劳特性差的 7178-T6 铝合金。波音认为这架飞机会损坏的唯一原因是结构过载（Overload），可见，B-47 没有明确的设计寿命，美国空军只是预定其于 1965 年退役。

图 1.11　美国空军 B-47 喷气式轰炸机

B-47 是当时美国战略空军司令部的主力机型，全机队共 2 711 架。全新设计的 B-47 最大起飞质量为 102 494 kg，安装 6 台通用电气（General Electric）的 J-47 喷气式发动机，4 台置于机翼内侧，2 台靠近翼尖，单台发动机推力为 3 268 kg，搭配薄且后掠的机翼，使得实际性能比预期更佳，最高时速 981 km，比当时大多数战斗机都快，战斗半径达 4 800 km，因此，专门承担对苏联进行核战略轰炸任务，其重要性不言而喻。

不过，B-47 的飞行安全纪录也是美国空军有史以来最差的，在 B-47 机队的服役生涯中，共有 203 架飞机坠毁（如图 1.12 所示），约占全机队总数量的 1/10，造成 464 人丧生。1957 年和 1958 年坠机达到最高峰：1957 年 24 架飞机坠毁，63 人丧生；1958 年 25 架飞机坠毁，58 人丧生。

1958 年 3 月中旬至 4 月中旬这一个月期间，美国空军 5 架 B-47 连续失事。3 月份 3 起事故：首先是在 3 月 13 日，佛罗里达州家园（Homestead）空军基地的一架 B-47B 起飞后 3 分钟，在 4 500 m 高空解体，总飞行时数 2 077 小时 30 分钟；其次是同一天在俄克拉何马州塔尔萨市（Tulsa）上空，一架 TB-47B 在 7 000 m 高空处，因左机翼脱落而坠毁，总飞行时数 2 418 小时 45 分钟；最后是 3 月 21 日，佛罗里达州埃文帕克（Avon Park）上空，一架 B-47E 在拉起机头爬升时空中解体，总飞行时数 1 129 小时 30 分钟。这 3 起事故中，美国空军认定 1 起为飞行操控造成的结构过载，另 2 起则与金属疲劳有关。

接着 4 月份又连续发生 2 起事故：4 月 10 日在纽约州兰福德市（Langford）上空，一架 B-47E 飞抵空中加油点前在 4 000 m 高空处空中解体，总飞行时数 1 265 小时 30 分钟；4 月 15 日，佛罗里达州麦克迪（McDill）空军基地，一架 B-47E 起飞后飞入风暴圈而空中解体，总飞行时数 1 419 小时 20 分钟。

在展开事故调查的同时，美国空军不仅立即检查全机队飞机是否有疲劳裂纹，还限制 B-47 的飞行条件：最大指示空速（Indicated Airspeed）570 km/h、最大飞行动作 1.5g（重力加速度）、最大侧倾角（bank）30°、含副油箱质量在内的最大起飞质量 84 000 kg、禁止低空及穿越

图 1.12　美国空军 B-47 喷气式轰炸机在 50 年代发生多起空中解体事故

扰流飞行。1958 年 5 月 29 日，给各基地开始配送加强翼根结构强度的修理器材包，至 1959 年 1 月止，共完成 1 622 架 B-47 飞机的修复，并解除飞行限制。不过，在 1958 年后续的日子中，B-47 又坠毁了 22 架。

为获知 B-47 的结构疲劳寿命，美国空军同时委请波音、道格拉斯(Douglas)、国家航空顾问委员会(National Advisory Committee for Aeronautics，NACA)三家单位同步进行独立的全机疲劳试验，结果显示 B-47 的结构设计疲劳寿命为 3 000 飞行小时，如果进行结构修理，则可望达 5 000 飞行小时。1966 年，B-47 退役，由 B-52 取代担任核战略轰炸的任务。

事故调查结果显示，B-47 的提前失事源自三大关键因素：全机总重增加、发动机推力增加、过多的低空飞行任务；换言之，飞机的实际载荷已与设计载荷差异太大。由于 B-47 是当时美国唯一可低空穿透苏联防空网投掷核弹的高速轰炸机，因此，随着服役年限的增长，被赋予的轰炸任务种类也逐渐增加，导致机内装备越来越多，全机重量也因此水涨船高。为了维持它的速度优势，发动机推力也随之提升，并加装火箭发动机协助飞机起飞，而它的轰炸动作也让机体承受极大的应力。B-47 的典型轰炸飞行航线是以接近 800 km 的时速一路低空飞向目标，在距离轰炸目标约 1 分钟前爬升到 1 000 m 的高度，抛出带有减速降落伞的炸弹后，立即迅速大回转脱离目标区。在这些因素交互作用下，机体结构承受的载荷较设计载荷超出太多，导致机翼经过一段时间飞行后，就因疲劳破坏造成飞机空中解体。

为确定其他机型是否有相同的结构安全隐患，1958 年 6 月 12 日，当时的美国空军参谋长(Chief of Staff)李梅将军(Curtis LeMay)非正式批准莱特空中发展中心(Wright Air Development Center)规划的飞机结构完整性大纲(Aircraft Structural Integrity Program)。此大纲主要目的如下：① 控制现役机队的结构疲劳问题；② 开发精确预测飞机使用寿命的方法；③ 提供设计及试验方法，避免现役机队发生结构破坏。

美国空军当年发布了一份题为《结构疲劳验证大纲的详细要求》(Detail Requirements for Structural Fatigue Certification Programs，WCLS-TM-58-4)的技术备忘录，规定在飞机结构的设计阶段，需根据以往经验，结合最新理论进行疲劳分析，并以全机静力试验及全机疲劳试验进行验证;飞机的设计使用寿命(即安全寿命)为全机疲劳试验所验证的飞行时数除以安全系数(通常是4),以计入材质、制造、组装过程、载荷分散性等不确定因素的影响;在服役阶段,需进行机队飞行载荷测量,获得飞机的真实飞行载荷,以持续更新设计阶段的疲劳分析结果,确切掌握飞机结构的使用寿命。

1958年11月19日,李梅将军正式批准飞机结构完整性大纲,1961年9月,美国空军发布了《空军结构完整性大纲的详细要求与状况》(Detail Requirements and Status of Air Force Structural Integrity Program,ASD-TN-61-141),明确了飞机结构完整性的详细要求。此文件也就是今日美国空军仍奉行不渝的军用规范《飞机结构完整性大纲》(MIL-STD-1530)的早期版本,它规定飞机由构想、设计、分析、试验、试飞验证到进入实际生产阶段,以及在部队服役期间,必须遵循一系列标准的工作程序和内容,以保证飞机能满足预期的设计需求,并保障飞机结构于后续服役期间的安全。

1.4 破损安全设计

"彗星1"与B-47事件促成了飞机结构设计理念的改变,1956年2月7日,美国民航局修订航空器适航文件,新增的CAR 4b.270章节内,对大型客机结构(含加压客舱)的适航认证有更明确的规范,规定除了采用"疲劳强度"(Fatigue Strength,也就是"安全寿命")设计外,飞机制造公司也可采用"破损安全强度"(Fail-Safe Strength)设计。

飞机结构中,那些大幅承担空中、地面、舱压载荷,而一旦损坏又未能发现,最终会造成飞机坠毁的结构零组件,称为主结构组件(Principal Structural Element),如机身上纵梁、机翼蒙皮等。"破损安全"设计要求当飞机某一主结构局部损坏或完全破坏时,在飞机载荷大小不超过80%的限制载荷乘以1.15动态系数(Dynamic Factor)的条件下,主结构的载荷会由邻近的其他结构分担,飞机不会因结构过度变形致使飞行特性大幅度恶化,也不致有立即的毁灭性破坏隐患。

在适航认证时,"安全寿命"设计的飞机需有主结构的疲劳分析或试验,且需进行机内舱压与机外气动载荷联合作用下的全机疲劳试验;而采用"破损安全"设计的机体,需以分析或试验的方式证明,在前面所述的静力载荷(Static Load)作用下,主结构强度符合设计需求(例如,在施加载荷下切断一主结构件,或是在机身蒙皮上切出一条短裂纹,此时,邻近的其他结构仍能承担规定载荷),不强制要求全机疲劳试验,且老旧飞机类似设计理念下的服役经验,亦可作为适航佐证。至于是否需对主结构进行定期检查,虽然都认为应该定期检查,但在主结构发生不明显损坏时,是否应依据邻近其他结构的剩余寿命制定检查周期,适航文件中没有明文规定。

"破损安全"设计理念的基本论点是飞机主结构一旦发生损坏时,飞行中的飞行特性会明显改变,在地面则很容易被一般性的目视检查发现这些损伤,因此,只要正常维修或操作,就能防止主结构突然的致命性破坏。就疲劳而言,这种设计的结构只要无损坏,几乎就可无限期使用,既无需定期更换,也不必制定特定的检查措施,同时,未强制进行全机疲劳试验,节约飞机经营成本的优点显而易见,因此,当美国民用航空局颁布新规定后,绝大多数的客机主结构都改为采用这种设计方式。

"破损安全"设计乍看之下飞机结构更加安全,但是,当主结构损坏后的飞行特性无明显改变,主结构又无强制性的定期检查时,将导致结构损坏无法及时发现并修复,飞机虽然没有立刻的飞行安全隐患，但主结构载荷转由周边结构分担后，加诸于邻近结构的载荷大幅增加，如果此载荷继续维持一段时间，邻近结构很可能很快就会因疲劳、腐蚀、机械等因素陆续损坏，最终必会危及飞行安全。

20 世纪 70 年代初期，欧美国家一些民航部门的适航认证人员，开始对“破损安全”的飞机结构长久安全性有所质疑，在相同的顾虑下，英国民航局(Civil Aviation Authority)限制第一代“破损安全”设计的 B707 机型在英国国内的安全寿命认证为 60 000 飞行小时，以保障其服役期间的结构安全；而英国的适航规范委员会(Airworthiness Requirements Board)也从 1977 年 3 月起，召集英、美的飞机制造业者和美国联邦航空局代表，进行一系列相关的会议研讨，可惜的是当这些会议正在进行时，就发生了 1977 年的 B707 卢萨卡(Lusaka)事件，暴露了“破损安全”设计的缺失。

1977 年 5 月 14 日接近正午时，一架隶属于英国丹尼航空公司(Dan - Air Services Ltd)的 B707 - 321C 货机，由伦敦飞往赞比亚(Zambia)，在天气良好的情况下，降落于卢萨卡国际机场时，距跑道尽头约 4 km 处，右水平尾翼突然完全飞脱，飞机立即从约 240 m 的高度垂直下坠(如图 1.13 所示)，直接撞击地面并起火燃烧，机上 5 名机员及 1 名乘客丧生。B707 的设计寿命为 20 000 飞行起落，失事飞机 1963 年出厂，当时已经历 16 723 次飞行起落，47 621 飞行小时。

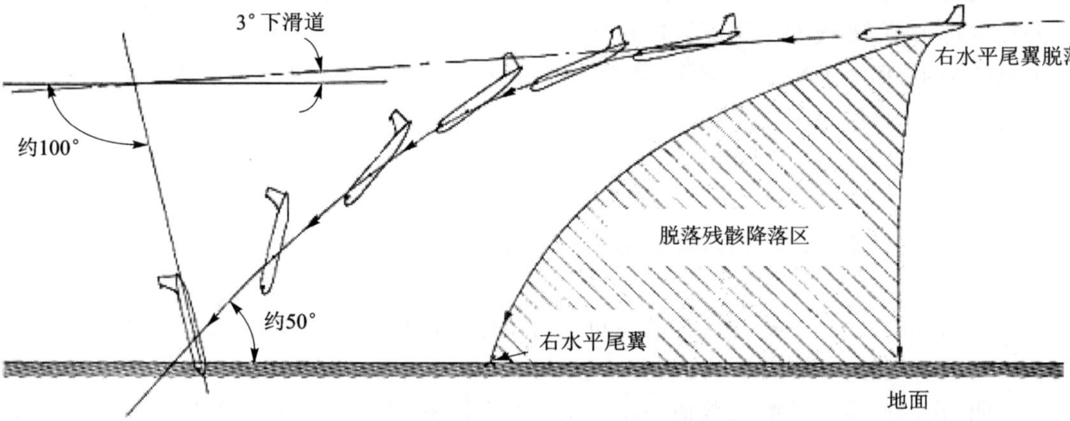

图 1.13　B707 的坠毁轨迹

B707 - 300 系列水平尾翼为 B707 - 100 系列水平尾翼的改进型，B707 - 100 系列水平尾翼后梁由上下凸缘(chord)和介于凸缘间的腹板(web)所组成。B707 - 300 系列水平尾翼后梁则增加了一根中凸缘。波音称之为“破损安全凸缘”(Fail - Safe Chord)，设计构想是当上凸缘(或下凸缘)损坏时，水平尾翼的载荷可改由未损坏的下凸缘(或上凸缘)与中凸缘共同承担(如图 1.14 所示)。另外，因 B707 - 300 系列的起飞质量较大，故其水平尾翼要比 B707 - 100 系列的水平尾翼大，且在水平尾翼根部起约 2.3 m 的范围内，上蒙皮加贴一片 0.127 cm 厚的补强钢片，下蒙皮加贴一片 0.16 cm 厚的补强铝片，以增强水平尾翼的扭转刚度。

在申请适航认证时，B707 - 100 型是以全尺寸试验证明水平尾翼“破损安全”设计，试验中故意破坏受力最大的后梁根部上接合插销(Upper Attachment Pin)，水平尾翼载荷由前梁完全承担，并向后传递；而 B707 - 300 系列仅以分析报告表明当后梁上凸缘损坏，后梁实际承载

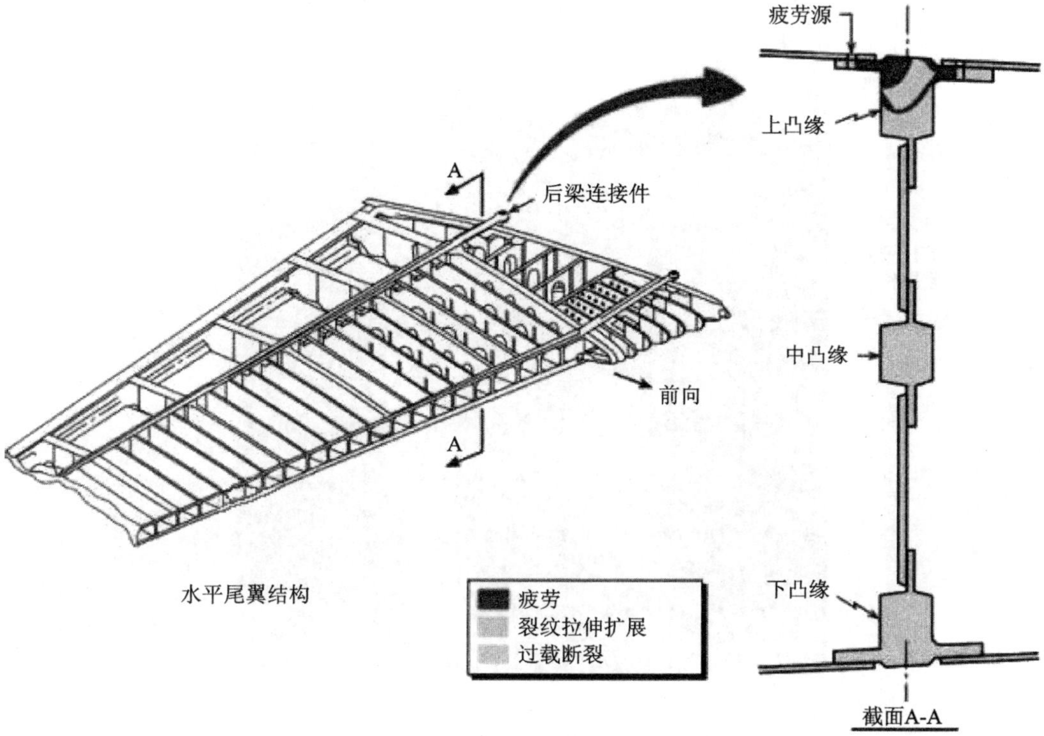

图 1.14 卢萨卡空难 B707-321C 水平尾翼结构形态及初始疲劳裂纹位置

件仅剩中凸缘、下凸缘以及与两凸缘相搭接的腹板时，水平尾翼有足够的剩余强度(Residual Strength)，可以承担规定的载荷。但失事后的水平尾翼疲劳试验结果表明，当后梁上凸缘完全损坏时，水平尾翼结构的静强度行为，远较适航认证时所假设的上凸缘完全无用复杂得多。

事故调查结果表明：由于 B707-300 系列水平尾翼靠近根部处结构较强，紧固件传送的载荷也较大，经过一段飞行时间后，此区域内紧固孔产生微小的塑性变形，降低了传送载荷的能力，使得区域后方的紧固件开始承受比设计预期高的载荷，失事飞机大约经过 9 500 次飞行起落后，离翼根约 36 cm 处的后梁上凸缘第 11 颗紧固件孔处开始形成疲劳裂纹(如图 1.15 所示)，而不是 B707-100 型的翼根接合插销处。事故发生前的 75～100 次飞行起落，后梁上凸缘已完全损坏，此时水平尾翼载荷改由中、下凸缘承受，但这两根凸缘却不足以支撑此载荷。换言之，虽然设计者认为后梁具备多重载荷通道(Multiple Load Path)的特性，但实际结构行为却与单一载荷通道(Single Load Path)无异，而“破损安全”设计又无定期检查强制规定，加上飞行特性并无剧烈改变，故此损坏情况一直无人知晓，直到最后酿成惨剧。

失事后，对 521 架同型机检查的结果显示，在 36 架飞机的水平尾翼后梁上发现类似裂纹，其中 3 架的裂纹位置是在与失事飞机相同的第 11 颗紧固件，33 架的裂纹位置则分布于第 2～21 颗紧固件，有 4 架的裂纹长度已达到必须立即更换后梁的程度。

在“破损安全”的设计理念中，飞机结构在使用寿命期间不会有安全隐患，但卢萨卡事件表明主观的设计错误认定以及缺乏适当的定期检查规定是“破损安全”设计的最大隐忧。以卢萨

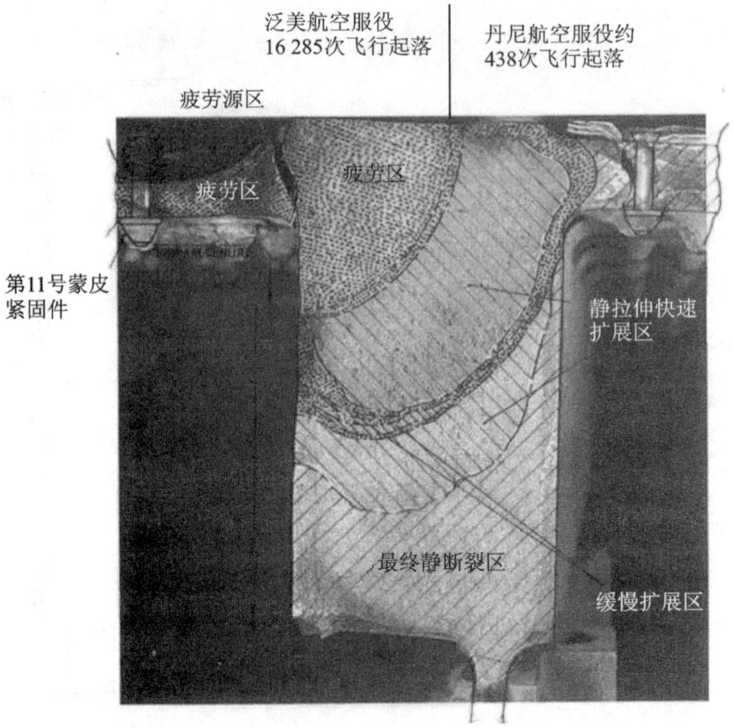

注:颜色较深区域为疲劳裂纹扩展区,裂纹从左边固定孔边向右扩展。

图 1.15　卢萨卡空难 B707－321C 水平尾翼上盖帽疲劳破坏破断面

卡事件为例,上凸缘构型为 T 形剖面,上方两侧凸缘各与水平尾翼前、后上蒙皮搭接,裂纹由上凸缘前角落处开始扩展,初期隐藏于前上蒙皮下,但在飞机失事前约 10 000 次飞行起落期间,裂纹已扩展出前上蒙皮覆盖区域,如果有定期检查规定,不难在此段期间内检出裂纹,从而避免悲剧的发生。

1.5　损伤容限设计

20 世纪 60 年代,美国国防部结合空、海军的需求,发展空优 F－111 战斗机(如图 1.16 所示),它起源于 1960 年的战术战斗机 X(Tactical Fighter X)项目,通用动力(General Dynamics)于 1962 年赢得研制合约,为美国空、海军各设计出 F－111A、F－111B。F－111A 于 1967 年 10 月进入美国空军服役;F－111B 则因机体太重,无法满足航母上的使用要求,被美国海军取消后续发展。

F－111 的结构设计遵循美国空军于 B－47 事件后所发布的《结构疲劳验证大纲的详细要求》,结构研发过程涵盖了分析、科研试验以及 60 年代前后所发展的军机各种典型全尺寸试验。设计采用当时的"安全寿命"设计理念,假设结构上没有任何初始缺陷或裂纹存在,并以静力试验及 4 倍使用寿命 16 000 飞行小时的全机疲劳试验,证明结构的安全性符合当时美国空军的需求。由于全机疲劳试验机体所施加的载荷谱,要比预期使用飞行情况剧烈,美国空军据此判定 F－111 的结构疲劳寿命应可达 6 000 飞行小时。

图 1.16 F-111 的可变后掠机翼可根据任务需要改变后掠角度

F-111 结构中最特殊的设计是可变后掠机翼，后掠角度在 16°～72.5°间呈 4 段可调式。在特定的飞行速度、高度、大气温度、大气密度、发动机推力下，后掠角度固定不变的机翼具有最佳的性能，一旦其中某个因素改变，性能就会降低。针对此缺点，从 40 年代迄今，广被采用的改进方式是在主翼的前、后方各增加前缘缝翼(Leading-Edge Slats)和后缘襟翼(Trailing-Edge Flaps)，改进飞机在起降以及某些飞行姿态下的性能。而可变后掠机翼则更具威力，它就像是设计各种不同的机翼，配合飞行中不同的飞行情况，譬如，起降时将机翼完全向外伸展，增加机翼的升阻力，缩短起降距离；亚声速巡航时则将机翼部分后掠，减小机翼的阻力；超声速贴地飞行时则将机翼全角度后掠。F 111 可变后掠机翼结构中最重要的零组件，是贯穿机身的机翼穿越盒(Wing Carry Through Box)和机翼枢纽接头(Wing Pivot Fitting)。由于在“安全寿命”疲劳分析的 $S-N$ 曲线中，高强度材料在低应力下几乎有无限疲劳寿命，因此，两零组件皆使用特别开发的 D6ac 高强度合金钢。

F-111A 于 1964 年 12 月完成首飞，1967 年 10 月第一个 F-111A 联队在内华达州(Nevada)内理斯(Nellis)空军基地正式成立。1968 年 3 月 17 日，6 架 F-111 被派驻泰国执行越南战场上的轰炸任务。经过几个飞行起落的熟悉环境飞行后，F-111 立即开始执行任务。但是，3 月 28 日，一架飞机未返航；两天后，另一架飞机也未见踪影。第三次飞机失踪则发生在 4 月 27 日。由于每一架飞机的飞行计划都是由飞行员自行拟定的，且飞行途中需保持无线电静默，因此，没人知道到底发生了什么事。

1969 年 12 月 22 日，一架机尾编号为 67-049，仅经历 107 次飞行起落的 F-111A 在内华达州内里斯空军基地上空进行武器抛投(Weapons Delivery)训练飞行时坠毁。当时飞机低空对一仿真目标发射火箭后，以 $3.5g \pm 0.5g$ 对称飞行拉起时，左翼掉落，飞机坠毁，两名飞行员当场丧生，飞机残骸中左翼枢纽接头从中间断裂成内外两块，内半块遗留于机身上，外半块与机翼相连。当时的载荷系数(Load Factor，即重力加速度)、速度、重量都小于设计值，F-111A 的设计载荷系数为 $11.0g$。

美国空军立即全面停飞 F-111A，并展开有史以来规模最大的飞机结构疲劳事故调查。美国空军将残骸送交通用动力进行断口检验(Metallurgical Examination)，结果在机翼枢纽接头下缘发现制造过程遗留的半椭圆形淬火裂纹(Quench Crack)(如图 1.17 所示)，宽约 2.5 cm，深度几乎穿透厚度，此初始裂纹在经历大约 100 次飞行起落后，就扩展至接头断裂的临界长度。机翼枢纽接头在生料(Raw Material)、热处理、焊接至最后加工成形的过程中，共需进行超声波(Ultrasonic)、磁粉(Magnetic Particle)以及 X 光等检验，但初始裂纹垂直于结构表面，让超声波检验无法检出它的存在；接头特殊的几何形状不利于电磁场下金属粒子的移动，让初始裂纹躲过了磁粉检验；而初始裂纹的紧闭和方向则让 X 光检验无从发挥。

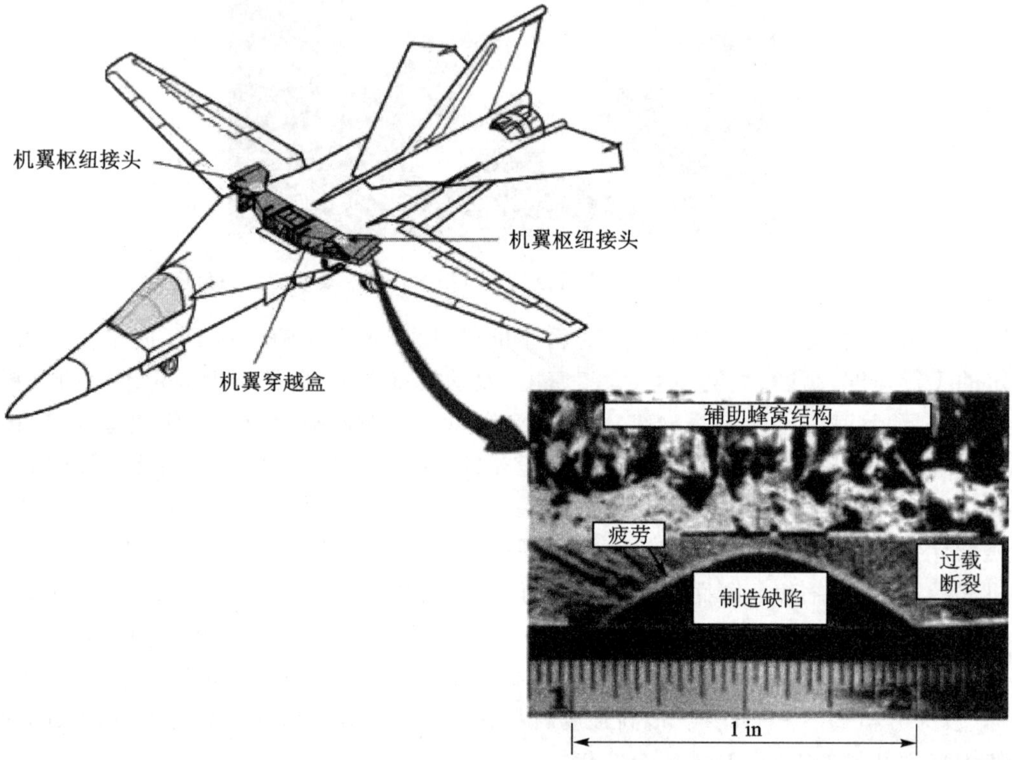

图 1.17　美国空军 F-111 机翼枢纽接头上制造过程遗留的瑕疵

F-111 事件清楚昭示了"安全寿命"设计理念的重大缺失：飞机在制造过程中不小心所造成的微小裂纹有可能因检验疏失而随机存在于某些结构上，对飞机服役期间的结构安全带来致命威胁，但"安全寿命"的疲劳分析或是全机疲劳试验(如图 1.18 所示)，都假设结构件上没有任何初始缺陷或裂纹存在，根本无法计及这些随机小裂纹对结构疲劳寿命造成的影响。F-111 事件直接催生了现今的"损伤容限"(Damage Tolerance)设计理念，美国空军于 1974 年 7 月颁布军用规范《飞机损伤容限要求》(Airplane Damage Tolerance Requirements，MIL-A-83444)，规定往后的军机开发都必须采用"损伤容限"设计。F-16 是率先应用这种设计理念的美军飞机。

美国民航局于 1958 年改名为联邦航空署(Federal Aviation Agency)，1967 年再度更名为联邦航空局(Federal Aviation Administration，FAA)，民航法规也改为联邦航空法规(Federal Aviation Regulations，FAR)，原先一般大型客机的 CAR 4b.270《结构疲劳评估(Fatigue Eval-

图 1.18 大型商用客机全机疲劳试验

uation of Structure)》章节，也被运输类飞机适航标准(Part 25 Airworthiness Standards: Transport Category Airplanes)中的 FAR 25.571 取代，但内容完全未更动，“安全寿命”和“破损安全”依然并存。但是，经过 1977 年的 B707 卢萨卡事件后，联邦航空局在 1978 年 12 月 1 日发布 FAR 25.571 第 45 号补充文件(Amendment 45)，将此章标题由《结构疲劳评估》改为《结构损伤容限与疲劳评估》(Damage - Tolerance and Fatigue Evaluation of Structure)，内容中删除原本的“破损安全”条文，增加“损伤容限”设计规定：新飞机的主结构设计需采用“损伤容限”设计，在某些主结构以此方式设计不切实际时，才可以采用“安全寿命”设计。联邦航空局同时发布的咨询通报(Advisory Circular)AC 25.571 - 1 中，列举“损伤容限”设计可能不切实际的两处主结构范例：起落架、发动机吊点，但在 1986 年 3 月 5 日发布的修订版 AC 25.571 - 1A 中，删除发动机吊点，仅剩起落架结构可应用“安全寿命”设计。

“损伤容限”设计中明确指出：① 在有裂纹的情况下，结构的剩余强度不能低于设计限制载荷；对机身而言，则是不能低于 1.1 倍工作舱压、气动吸力(Aerodynamic Suction)、飞行载荷这三者的总和。② 在前述载荷作用下裂纹扩展至所允许的最大长度前，需能检出此裂纹。FAR 25.571 第 45 号补充文件《结构损伤容限与疲劳评估》规定：在设计新飞机时，必须假设飞机结构由于不同的材料、结构制造以及装配影响，每一主结构件上应力最大的部位，如 R 角、铆钉孔等都会预留一定大小的初始裂纹，此裂纹在飞机飞行期间在载荷作用下逐渐扩展，飞机设计必须在裂纹存在的情况下，机体结构仍能在一定时间内安全地容忍这些损伤。

FAR 25.571 第 45 号补充文件《结构损伤容限与疲劳评估》中删除的“破损安全”，被美国空军纳为“损伤容限”的设计选项之一，但要求采用这种设计理念的结构需依据其可检查度(inspectability)而具备特定的属性(attribute)。联邦航空局和美国空军的“破损安全”在理念上很类似，但在细节上有些差异。美国空军的《飞机损伤容限要求》(MIL - A - 83444)规定飞机结构需采用裂纹缓慢扩展(Slow Crack Growth)设计或“破损安全”设计(注：在 MIL - A -

83444 与 FAA 中，各有其破损安全设计的定义）。所谓的裂纹缓慢扩展设计，就是结构上的初始裂纹，在一定期间内不会扩展到临界值。单一载荷通道结构一定得采用这种设计方式，例如战斗机的纵梁就属这种结构，其预先裂纹扩展寿命需大于飞机设计使用寿命；而“破损安全”设计则分成：① 多重载荷通道结构，如战斗机的机翼和机身常以多个接头相接合，任一个接头损坏，其载荷都会转由其他接头分担。② 裂纹阻滞(Crack Arrest)结构，如大型飞机的机身沿圆周方向，会在蒙皮内侧每隔 50 cm 加贴一裂纹阻滞条，可阻挡沿机身方向延伸的蒙皮裂纹。

“损伤容限”设计必须假设飞机主结构件上最容易产生裂纹的临界位置(Critical Area)上存在一定大小的预先裂纹。就裂纹缓慢扩展结构而言，在紧固孔边的预先裂纹长度与形状定义如下：① 若结构厚度大于 0.127 cm，则为半径 0.127 cm 的 1/4 圆；② 若结构厚度小于或等于 0.127 cm，则为长度 0.127 cm 的穿透裂纹(如图 1.19 所示)。在非紧固孔边位置的预先裂纹长度与形状定义如下：① 若结构厚度大于 0.318 cm，则为直径 0.635 cm 的半圆；② 若结构厚度小于或等于 0.318 cm，则为长度 0.635 cm 的穿透裂纹(如图 1.19 所示)。

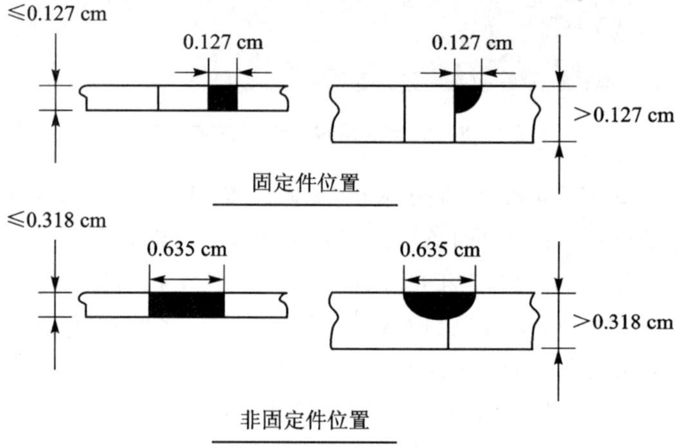

图 1.19　裂纹缓慢扩展设计下预先裂纹初始长度与形状

就“破损安全”结构而言，预先裂纹长度与形状在紧固孔边定义如下：① 如果结构厚度大于 0.051 cm，则为半径 0.051 cm 的 1/4 圆；② 如果结构厚度小于或等于 0.051 cm，则为长度 0.051 cm 的穿透裂纹(如图 1.20 所示)。在非紧固孔边位置的初始裂纹长度与形状定义如下：① 如果结构厚度大于 0.127 cm，则为直径 0.254 cm 的半圆；② 如果结构厚度小于或等于 0.127 cm，则为长度 0.254 cm 的穿透裂纹(如图 1.20 所示)。

飞机制造出厂时，需以无损检测(Non - Destructive Inspection)确定机体上没有大于上述尺寸的裂纹；飞机服役后，使用部门的地面维修人员，也要能以无损检测，在这些预先裂纹的长度扩展至临界长度造成飞机失事前，发现并予以修复。美国联邦航空局适航规范中，无强制性的预先裂纹尺寸规定，其用意在于让飞机制造商可依据不同的结构形态，弹性选择合适的预先裂纹尺寸，譬如采用干涉配合(Interference Fit)的铆钉孔，其预先裂纹就可假设为半径 0.076 cm 的 1/4 圆。飞机制造商对预先裂纹的无损检测能力，需达到 95%/90% 的标准，意思是检验人员必须在 95% 置信水平(Confidence Level)下，达到 90% 的裂纹检出率(probability)，也就是说：由一群体(population)中挑出 100 件裂纹样本进行检验时，至少能正确检出 90 件；而在 100 次程序相同的检验中，达到上述检出率的次数不少于 95 次。如果飞机制造商对更小的预

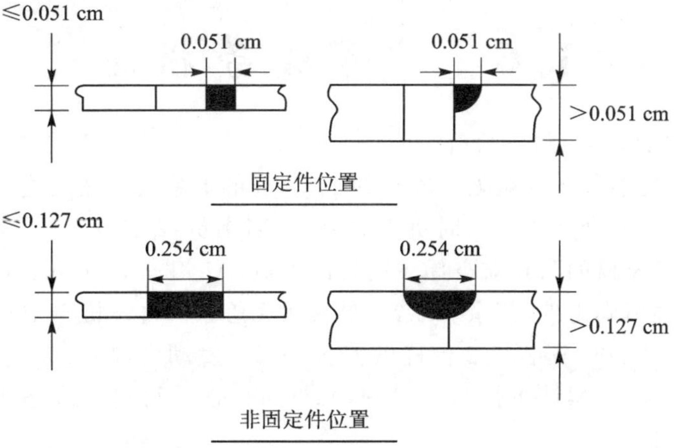

图 1.20　破损安全设计下规定的预先裂纹初始长度与形状

先裂纹也满足上述条件，则美国空军和联邦航空局都同意使用较规定更小的预先裂纹尺寸。

"损伤容限"设计下的飞机结构安全与否，取决于检验人员能否及时发现裂纹，故需有定期检查的密切配合。美国联邦航空局于 1981 年 5 月发布的咨询通报 AC 91.56 中，对检查现役飞机结构的补充性检查文件(Supplement Inspection Document)，提出检查文件制定的指导原则，要求运用断裂力学(Fracture Mechanics)方法，制定此项文件。通过断裂力学的裂纹扩展分析，可获得结构在设计载荷下，预先裂纹由初始长度扩展至剩余强度下可容忍的最大裂纹长度(即临界长度)所需的时间，此结构的首检期(Inspection Threshold)为裂纹由初始长度扩展至检查人员可检出的最小裂纹长度所需的时间；后续的再次检查时间间隔(Repeated Inspection Interval)至多可定为裂纹由可检出最小长度扩展至临界长度的一半(如图 1.21 所示)，以确保在裂纹长度足以造成飞行安全事故前，至少有两次的检出机会。检查结果如果结构无损伤，飞机可继续飞行；如果发现有损伤，则进行结构修理或更换。换言之，只要按时执行检查，并根据检查结果采取适当措施，飞机就可永续飞行。

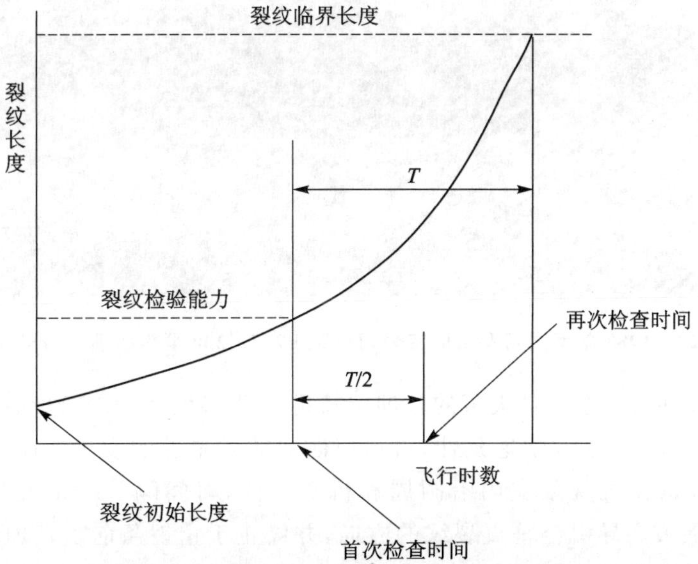

图 1.21　损伤容限设计下结构检查时间间隔制定

1.6 广布疲劳损伤

1988 年 4 月 28 日，美国阿罗哈航空公司一架 B737－200 型客机在夏威夷上空 7 200 m 的高度巡航时，机身客舱前段头等舱处一段长约 4.57 m 的上蒙皮突然飞脱（如图 1.22 所示），幸好 11 分钟后飞机紧急安全降落。当时机上共有 95 名乘员：2 名驾驶员、3 名空服员、89 名乘客和 1 名坐在折叠式座椅的联邦航空局飞航管制人员（Air Traffic Controller），除 1 名头等舱空乘人员在空中被强风卷走外，其余 94 名乘员安然无恙。失事飞机于 1969 年出厂，为生产线第 152 架飞机，序号 20209，安装了 2 台普惠 JT8D－9A 发动机，1969 年 5 月 10 日送交阿航。飞机失事时已服役 19 年，累计飞行 35 496 小时、89 680 次飞行起落，是全球 B737 型飞机飞行起落排名第二的飞机。

图 1.22 1988 年美国阿罗哈航空公司一架 B737－200 型客机前机身撕裂脱落

B737 的设计吸取了“彗星 1”失事的教训，“彗星 1”失事固然归因于疲劳裂纹，但如果机身蒙皮的设计可以阻挡疲劳裂纹快速延伸，就可以防止此类事件的发生。B737 机身蒙皮的“破损安全”设计方法，是在机身蒙皮内沿圆周和机身方向，每间隔 25 cm 粘贴一止裂条（Tear Strap），将裂纹扩展方向导引至垂直裂纹的方向，并停止于止裂条前。其理论依据是：止裂条提供了另一条载荷通道，使载荷能绕过破坏的蒙皮由止裂条传递至其他结构，降低蒙皮上裂纹尖端的应力，裂纹因而不再继续延伸。

B737 机身蒙皮内沿机身方向，每隔 50 cm 有一圆形隔框，沿圆周方向每隔 25 cm 粘贴一加强条，由隔框和加强条所围成的小区域，称为隔框室(Frame Bay)；机身蒙皮"破损安全"的设计要求是，即使在两个隔框室损坏的情况下，也不能影响机身的结构强度。在申请 B737 适航认证时，波音公司用一个断头台式的试验验证机身的"破损安全"特性，试验时，以两把 38 cm 长的刀子前后并排刺进加满舱压的机身两隔框室，机身蒙皮立即裂开 100 cm 长，两隔框室中间的止裂条断裂，但就如设计所预期的，裂纹行进立即转向圆周方向并停止于止裂条前，蒙皮向外破开造成渐进式的泄压。由圆周方向刺入也有类似的现象，裂纹扩展方向会转变成纵向。为什么阿航的失事飞机机身蒙皮没有如设计所预期的"破损安全"呢？美国国家运输安全委员会(National Transportation Safety Board)事后调查发现：B737－200 设计使用寿命为 75 000 次飞行起落，失事机已飞行近 90 000 次飞行起落，远超过飞机的使用寿命。失事飞机在 19 年的服役生涯中，机身顶部和侧面蒙皮相互搭接处许多搭接铆钉孔边已存在腐蚀(corrosion)及疲劳所造成的小裂纹，机身舱压变化使得这些裂纹持续扩展，并逐渐相互连接，最后连成一条很长的贯穿裂纹(如图 1.23 所示)，因此，裂纹未受止裂条影响而在扩展过程中改变方向，最终导致蒙皮撕裂并飞脱。

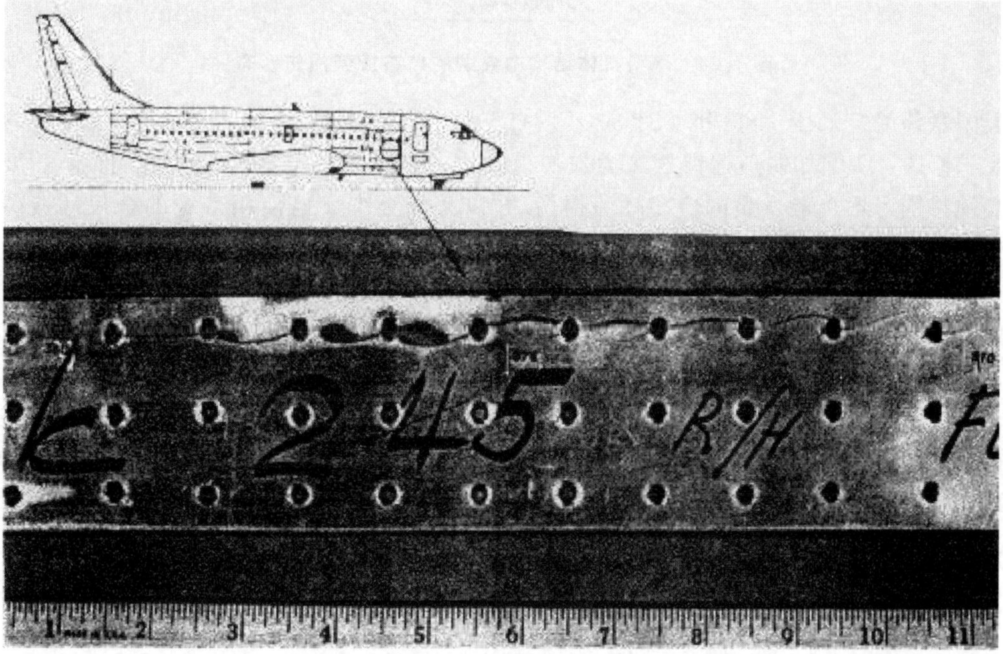

图 1.23　阿罗哈事件中典型的机身蒙皮广布疲劳损伤

阿罗哈事件后，在 FAR 25.571《结构损伤容限与疲劳评估》中，美国联邦航空局修改了"损伤容限"的定义："结构上因疲劳、腐蚀、意外而存在一定大小之单一或分散的损伤下，其仍能维持一段时间的剩余强度。"原先单一结构件应力最大的位置上存在单一损伤的假设，则被可能存在的广布疲劳损伤(Widespread Fatigue Damage)假设所取代。美国联邦航空局定义的这种损伤如下："在多处位置上同时存在的损伤，其大小及分布密度使得结构无法满足 FAR 25.571(b)规定的剩余强度要求。"其特征为在多处形状类似且连续的结构细节处(如紧固孔边),承受均匀应力循环下,同时产生小裂纹。广布疲劳损伤的种类,分成同一结构件上,多处同时发生,且会连接成一长裂纹的多重位置损伤(Multiple Sites Damages);以及同类型的相互搭接结构件上,各相邻搭接处同时发生,且会彼此交互作用(interaction)的多重组件损伤(Multiple Element Damages)(如图 1.24 所示)。

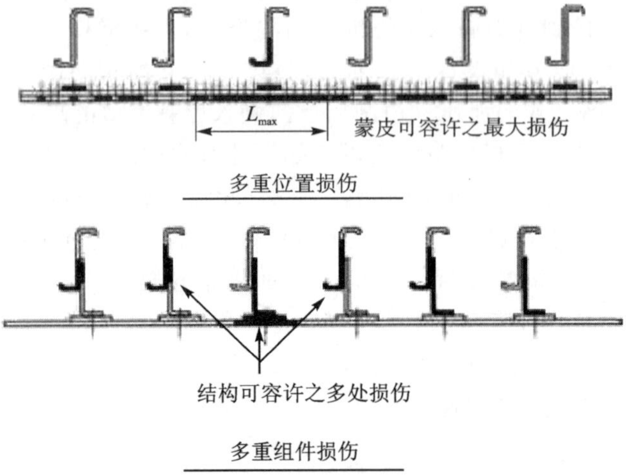

图 1.24　飞机机体结构中典型的广布疲劳损伤形态

美国联邦航空局于 1998 年 4 月 30 日发布 FAR 25.571 第 96 号补充文件,其中包含三项重要要求修改:① 增加制造遗留瑕疵为损伤来源之一;② 需制定结构的检查周期;③ 要求设计时必须特别考虑可能发生的广布疲劳损伤,并以完成至少 2 倍使用寿命的全尺寸疲劳试验机,完成全机体细部拆检后所得的充足证据,证明在飞机的设计使用寿命期间不会发生这种损伤。美国空军也于 2002 年修订《飞机结构完整性大纲》(MIL－STD－1530A),增加了广布疲劳损伤的定义,并要求需有分析数据佐证其发生时间的预测。"损伤容限"设计经此强化后,除可防止飞机在设计使用寿命期间因疲劳、腐蚀、制造瑕疵、意外损伤导致提前损坏外,还可防止老旧飞机因广布疲劳损伤而产生飞行安全隐患。但是,即便有此完善的设计准则,如果飞机上有不符合加工图规定的结构件,则仍然无法确保飞机结构安全。2007 年美国空军一架 F－15C 的空中解体就是最好的说明,此事件归因于制造工厂的员工素质及质量保证制度下的人为失误。

2007 年 11 月 2 日上午,一架隶属于美国密苏里州空中国民警卫队(Air National Guard)的 F－15C 在进行训练任务时,突然空中解体(如图 1.25 所示)。当时,这架编号为 80－0034 的 F－15C 正进行基本战斗机动作(Basic Fighter Maneuvers)演练,与僚机进行一对一的空中攻击及防御动作训练。在进行第二次的接战练习时,失事机以 450 kn 的空速快速右转,机体承受载荷约为 7.8g,此时机体开始剧烈抖动,飞行员立即将飞机改为平飞状态,机体承受载荷迅速降至 0.5g。数秒后,前机身从座舱罩后方位置处断裂并与机体完全脱离,机体空中解体为两截,飞行员跳伞后平安获救。事后的调查报告显示:事故发生原因为斜机身的右侧上纵梁断裂(如图 1.26 所示)。失事飞机上纵梁残骸经断口检验后,发现断口处的厚度仅有 0.039 in(不到 1 mm)～0.073 in,完全不符合加工图规定的 0.090～0.110 in 的厚度,且上纵梁的表面粗糙度(Surface Roughness)也较加工图规定的大。过薄的破断面直接造成上纵梁局部应力大幅升高，在反复的飞行载荷作用下，上纵梁很容易由粗糙面产生多处的疲劳初始裂纹（如图 1.27 和图 1.28 所示），继而在后续的飞行载荷中持续扩展，最后导致上纵梁完全断裂。

图 1.25 F－15C 因结构疲劳而空中解体

图 1.26 斜机身的右侧上纵梁断裂

F－15C 于 1982 年开始服役，失事时飞行时数接近 5 900 小时。F－15C 原始设计方法为“安全寿命”，设计使用寿命为 4 000 飞行小时，在美国空军颁布“损伤容限”设计方法后重新依据此规范进行分析，使用寿命延长到 8 000 飞行小时，并以 16 000 飞行小时的全机疲劳试验加

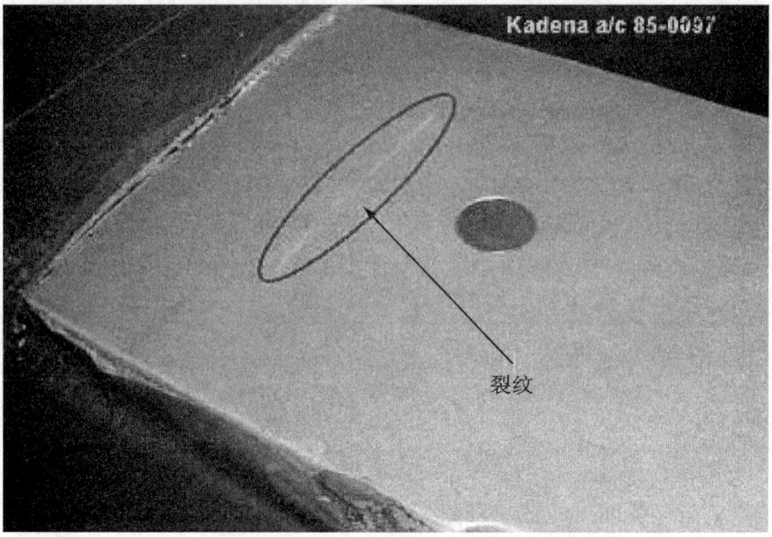

图 1.27 F-15C 上纵梁检出裂纹

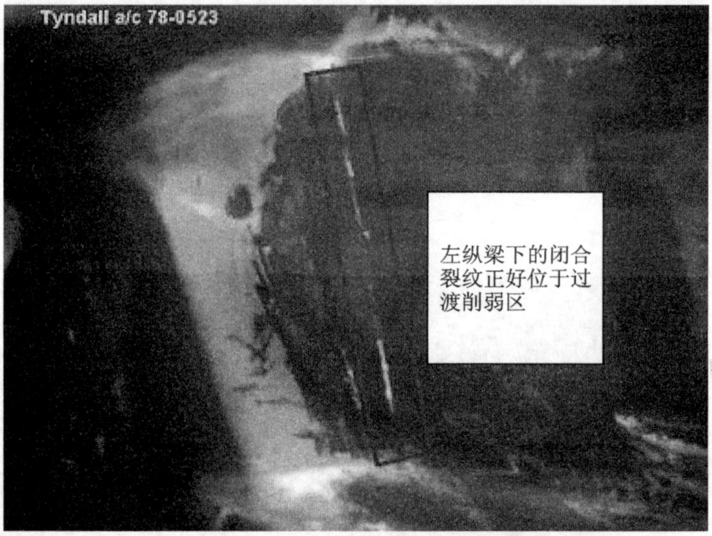

图 1.28 F-15C 上纵梁的检出裂纹

以验证。由于分析数据显示上纵梁的疲劳寿命高达 31 000 飞行小时，远超过飞机的设计使用寿命，且上纵梁在全机疲劳试验过程中未发现任何损伤，故其虽属攸关飞行安全的主结构件，但依据规范无需对其进行定期检查。

1.7 飞机结构适航发展历程

为保证飞机的飞行安全，飞机结构的设计理念历经多次的变革（如表 1.1 所列），航空管理当局、飞机设计与制造部门相继形成并颁布了飞机结构的相关适航文件（如表 1.2 所列）、咨询通报、技术指南和手册等文件，也已形成了适航标准（如表 1.3 所列），并且日趋完善，旨在从安全性和经济性要求出发，保证飞机结构在预定使用寿命期间内，在规定工作条件下，在完成规定功能下，将安全事故发生的可能性（失效概率）减至最低程度。

表 1.1　飞机结构适航的变革

年　代	1950 以前	1950—1970 年	1970—1980 年	1980 年以后
设计思想	静强度：材料静强度保障安全	安全寿命："以更换保障安全"（Safety - by - Retirement）：当结构使用时间达到此寿命时，不论其是否完好，皆视为其疲劳寿命已使用殆尽而必须更换新件	破损安全："以设计保障安全"（Safety - by - Design）：正常操作及维修能轻易发现裂纹	损伤容限："以检查保障安全"（Safety - by - Inspection）：借助定期检查发现疲劳裂纹
飞行事故	最早的静强度设计思想完全没有考虑疲劳破坏问题，1952—1958 年间，F - 89C（1952）、B - 36（1952）、F - 84（1953）、F - 86（1955）、F - 101（1958）等战机陆续失事；1957—1958 年间，B - 47 轰炸机出现多起事故	如果结构疲劳寿命分析失真，结构安全将面临大灾难，如 1954 年"彗星 1"客机的连续失事；1968—1969 年 F - 111 接连失事	如果结构设计失当，则结构安全亦将不保，如 1977 年 5 月 14 日，B707 - 321C 货机卢萨卡空难；1988 年 4 月 28 日，B737 - 200 机身前段约 4.57 m 长的上蒙皮突然飞脱	如果检查人员疏忽或未发现结构上产生疲劳裂纹，那么结构安全将面临重大挑战，如 2007 年 11 月 2 日 F - 15 空中解体

表 1.2　飞机结构适航大事记

日　期	适航事件	适航规章变更
1927 年	成立航空商务局	建立航空器的设计规范及标准
1938 年	改名为民航局	—
1945 年	颁布民航法规 CAR 04.313 疲劳强度章节	首次出现结构疲劳条款，简短表述疲劳会威胁结构完整性；规定：设计时，在可行范围内，避免出现应力集中位置，以免正常使用情况下其应力超过疲劳极限
1953 年 12 月 31 日	"彗星 1"失事后，针对 CAR 04.313，CAR 发布民航法规 CAR 4b.216c（3）章节补充文件	仅增加了加压舱载荷的说明：飞机结构需有足够的强度以承受压差载荷，此载荷等同于泄气阀门最大设定值乘以系数 1.33，以考虑疲劳及应力集中效应，其他载荷可不考虑；对舱压结构的疲劳强度要求，亦仅仅要求其静强度可承受 2 倍（1.33×1.5＝2.0）舱压载荷
1956 年 2 月 7 日	美国民航局修订航空器适航文件	新增的 CAR 4b.270 章节，对大型客机结构（含加压客舱）的适航认证有更明确的规定：除了"疲劳强度"（也就是"安全寿命"）设计外，飞机制造公司也可采用"破损安全强度"设计；新增"破损安全强度"设计：当飞机某主结构局部损坏或完全破坏时，主结构的载荷会由邻近的其他结构分担；飞机不会因结构过度变形致使飞行特性大幅度下降，也不致立即产生毁灭性破坏
1967 年	再度更名为联邦航空局（FAA）	民航法规也改为联邦航空法规（FAR）；原先大型客机的 CAR 4b.270《结构疲劳评估》章节，也被运输类飞机适航标准中的 FAR 25.571 取代，但内容完全未更动，"安全寿命"和"破损安全"依然并存

续表 1.2

日　期	适航事件	适航规章变更
1978 年 12 月 1 日	针对 1977 年 B707 卢萨卡空难,FAA 发布 FAR 25.571 第 45 号补充文件	将此章标题由《结构疲劳评估》改为《结构损伤容限与疲劳评估》;删除原先的“破损安全”条款;增加“损伤容限”设计规定:新飞机主结构设计需采用“损伤容限”设计,当某些主结构以此方式设计不切实际时,才可以采用“安全寿命”设计;在新机设计时,必须假设飞机结构因材料、结构加工与制造影响,导致每一主结构件上应力最大的位置,如 R 角、铆钉孔等预存一定大小的裂纹,此裂纹在飞机使用载荷作用下逐渐扩展;飞机设计必须在裂纹存在的情况下进行,机体结构在一定时间内仍能安全地容忍这些损伤
	FAA 同时发布咨询通报 AC 25.571-1	列举“损伤容限”设计可能不切实际的 2 处主结构范例:起落架、发动机吊点
1981 年 5 月	FAA 发布咨询通报 AC 91.56	对现役飞机结构的补充检查文件的制定,提出指导原则:应运用断裂力学的方法,制定补充检查文件;采用断裂力学,分析在设计载荷作用下裂纹扩展,可获得结构预先裂纹由初始长度扩展至剩余强度下可容忍最大裂纹长度(即临界长度)所需的时间;结构的首检期为裂纹由初始长度扩展至检查人员可检出的最小裂纹长度所需的时间
1986 年 3 月 5 日	发布咨询通报的修订版 AC 25.571-1A	删除发动机吊点,仅剩起落架结构可应用“安全寿命”设计
1988 年	阿罗哈事件后,FAA 修改 FAR 25.571《结构损伤容限与疲劳评估》章节中的“损伤容限”定义	“因疲劳、腐蚀、意外导致结构存在一定大小之单一或广布的损伤,该结构仍能维持一段时间的剩余强度”。原先的结构件应力最大的单一位置上存在单一损伤的假设,被可能存在的广布疲劳损伤假设所取代;WFD 定义:“在多处位置上同时存在的损伤,其大小及分布密度使得结构无法满足 FAR 25.571(b)规定的剩余强度需求。”其特征为在多处形状相似且连续的结构细节处(如紧固孔边),承受均匀应力循环下,同时产生小裂纹
1998 年 4 月 30 日	FAA 发布 FAR 25.571 第 96 号补充文件	修改 3 项重要规定:① 增加制造遗留瑕疵为损伤源之一;② 需制定结构的检查周期;③ 设计时,必须特别考虑可能发生的广布疲劳损伤,且在完成至少 2 倍使用寿命的全尺寸疲劳试验后,进行全机体局部拆检,获得充足的损伤证据,证明在飞机设计使用寿命期内不会发生此种损伤
1958 年 6 月 12 日	美国空军提出《飞机结构完整性大纲》	控制现役机队的结构疲劳问题;开发预测飞机使用寿命的方法;提供设计及试验方法,避免现役机队发生结构破坏
1958 年 6 月 12 日	美国空军提出技术备忘录《结构疲劳验证大纲详细要求》	在飞机结构设计阶段,需根据以往经验,结合最新理论,进行疲劳分析,并以全机静力试验及全机疲劳试验进行验证;飞机设计使用寿命(即安全寿命)为全机疲劳试验寿命除以分散系数(通常是 4),以计及材质、制造、组装过程、载荷等不确定因素影响;服役阶段,需进行机队飞行载荷测量,获得飞机的真实飞行载荷,以持续更新设计阶段的疲劳分析结果,确切掌握飞机结构的使用寿命

续表 1.2

日 期	适航事件	适航规章变更
1961 年 9 月	美国空军发布《空军结构完整性大纲的详细要求与状况》	明确了飞机结构详细要求，规定了飞机从构想、设计、分析、试验、试飞验证至实际生产，以及部队使用阶段，必须遵循一系列标准的工作内容，以保证飞机能满足设计目标要求，并保障飞机结构在后续使用期间的安全；形成现今美国空军军用规范《飞机结构完整性大纲》(MIL-STD-1530)的早期版本
1974 年 7 月	针对 F-111 事件，美国空军颁布军用规范《飞机损伤容限要求》	规定：往后的军机开发都必须采用"损伤容限"设计，F-16 率先采用此设计方法，单一传载通道飞机结构需采用裂纹缓慢扩展设计；"破损安全"设计：① 多重传载通道结构，如战斗机的机翼和机身常以多个接头相连接，任一个接头损坏，其载荷会转由其他接头分担；② 阻裂(Crack Arrest)结构，如在大型飞机机身蒙皮内侧，沿圆周方向每隔 50 cm 加贴一阻裂条，可阻挡沿机身方向的蒙皮裂纹扩展
2002 年	美国空军修订军用规范《飞机结构完整性大纲》	增补了广布疲劳损伤的定义，并要求分析数据验证其发生时间

表 1.3 与飞机结构验证相关的 25 部适航条款

专 题	条款编号	主 题
材料和工艺规范	25.603	材料控制
	25.605	制造方法
材料性能	25.613	材料强度性能和设计值
	25.615	设计性能
	25.619	特殊参数
强度验证	25.305	强度与变形
	25.307	结构验证
损伤容限	25.571	疲劳评估
		剩余强度
		独立源损伤
其他	25.581	雷击防护
	25.609	结构保护

最早的静强度设计完全不考虑疲劳问题，导致发生 B-47 轰炸客机的惨剧。"安全寿命"设计则"以更换保障安全"(Safety-by-Retirement)，但是，如果结构疲劳寿命分析失真，结构未能及时更换，结构安全将面临大灾难，美国空军 F-111 事件就是明证。"破损安全"设计是"以设计保障安全"(Safety-by-Design)，但是，如果结构设计失当，则结构安全亦将不保，B707 卢萨卡事件对此做了最好的说明。"损伤容限"设计则是"以检查保障安全"(Safety-by-Inspection)，如果是检查人员疏忽或未发现结构上产生的疲劳裂纹，则结构安全将面临重大挑战，美国空军 F-15 事件堪称最佳范例。

1.8 飞机结构适航力学基础

飞机结构是受力元件和构件的综合，如机头、机翼、前机身、后机身、水平尾翼和垂直尾翼、起落架等加筋薄壁结构，飞机结构适航性涵盖飞机结构强度、刚度、疲劳、损伤容限、鸟撞等内容，其中飞机结构强度、刚度分析与设计是飞机结构适航最基础的内容。飞机结构适航力学基础旨在研究飞机结构在外载荷作用下的变形和受力(传力)规律，它和材料力学、板壳学等相近学科一样，都是以弹性力学为基础的，这些不同但相近的学科之间的差异只是由于所研究对象的几何和力学特征不同，而采用了不同的假设和前提，导致了不同的分析方法。在飞机结构适航力学基础中，通常采用理想化的计算模型代替真实结构(即忽略不包含非受力或无足轻重的受力件)，并尽可能地体现原结构的重要力学特征，如静力和动力特征。需要指出的是，本书重点讨论静力问题。

当今，飞机结构技术正以前所未有的速度向前发展。

一方面，飞行器结构不断向大型化、多功能化、轻巧化、精密化及智能化发展，它们的工作载荷和工作环境越来越严酷；另一方面，飞行器结构因疲劳破坏而可能造成的损失也越来越大，且由于经济性要求，飞行器结构必须能够最大限度地发挥其结构潜力，一场变革正在飞行器结构领域中兴起。

一方面，以安全系数保障强度裕度的定值方法正朝向可靠性设计的概率方法演进；另一方面，以单一目标的优化设计，向统一考虑强度、刚度、寿命和稳定性等多目标的结构总体优化设计转化。

此变革源于传统的静强度设计方法不能保证产品安全可靠地工作，致使飞机结构事故时有发生。为了保证飞机结构安全可靠，综合利用随机数学、结构力学、疲劳力学、断裂力学、优化设计理论和计算机仿真技术等，精确合理地设计和评估飞机结构强度、刚度和使用寿命至关重要。

第 2 章　弹性力学基础

2.1　应　力

弹性力学研究连续介质体(如固体)的弹性变形和应力状态,所讨论的物体形状可以是任意的。

① 连续性假设:物体粒子是连续充满物质空间的,物体变形前后均保持连续。因此物体的一切物理量,如密度、应力、应变、位移等都是连续函数。

② 各向同性假设:物体在各方向具有相同的物理性质,弹性常数不随坐标方向而变化。

③ 均匀性假设:物体由同一类型的均匀固体材料构成,其物理性质处处相同,因而可取任一微元进行分析。

④ 小变形假设:物体产生的变形量与其本身尺寸相比属高阶小量(即线性问题)。

在 $Oxyz$ 坐标系内,物体的任一点 C 处,取 C 点邻域的微小体元 ΔV,设在 ΔV 上的体力为 $\Delta\vec{F}_b$(如图 2.1 所示),则

$$\lim_{\Delta V\to 0}\frac{\Delta\vec{F}_b}{\Delta V}=\vec{F}_b \tag{2.1}$$

式中,$\vec{F}_b$ 为 C 点的体力,单位为 N/m^3,其方向为 ΔV 内 $\Delta\vec{F}_b$ 的极限方向。

若 $\vec{F}_b$ 是物体内 C 点邻域单位质量的质量力,并令 $m=\rho dV$ 为体元质量,ρ 为质量密度,则 $m\vec{F}_b$ 是作用在 dV 上的质量力,且质量体力为

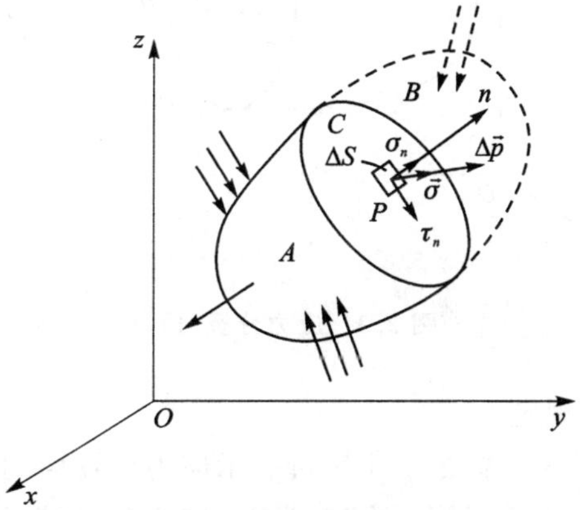

图 2.1　微体受力

$$\lim_{\Delta V\to 0}\frac{m\vec{F}_b}{\Delta V}=\lim_{\Delta V\to 0}\frac{\rho dV}{dV}\vec{F}_b=\rho\vec{F}_b \tag{2.2}$$

类似地,设在物体表面上一点 P 邻域取微小面元 ΔS,令 ΔS 上的面力为 $\Delta\vec{F}_s$(如图 2.2 所示),则

$$\vec{F}_s=\lim_{\Delta S\to 0}\frac{\Delta\vec{F}_s}{\Delta S} \tag{2.3}$$

式中,$\vec{F}_s$ 为 P 点物体单位面积上的面力矢量。

假定将受一组平衡力作用的物体用一平面 C 分成 A、B 两部分,考察 A 部分 C 平面上的内力(分布力)(如图 2.1 所示),取 C 面 P 点处微小面元 ΔS,则 ΔS 上内力矢量为 $\Delta\vec{p}$,极限矢量为

$$\lim_{\Delta S\to 0}\frac{\Delta\vec{p}}{\Delta S}=\vec{\sigma} \tag{2.4}$$

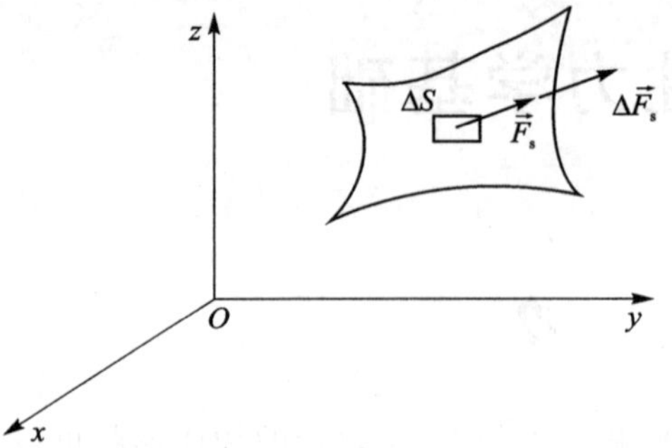

图 2.2　微面受力

式中，$\vec{\sigma}$ 就是物体在 C 面 P 点处的应力，其方向与 $\Delta\vec{p}$ 的极限方向一致，即 $\vec{\sigma}$ 是 C 面 P 点处单位面积上的面力矢量。这个应力 $\vec{\sigma}$ 在 C 平面外法线方向 n 的应力分量为 σ_n；正应力沿切线方向的应力分量为 τ_n，称为切应力。如果图 2.1 中 n 方向与 y 轴方向一致（如图 2.3 和图 2.4 所示），则

$$\left.\begin{aligned}\sigma_n&=\sigma_y\\ \tau_n&=\tau_y\end{aligned}\right\} \tag{2.5}$$

式中，τ_y 沿 x 和 z 轴分解为分量 τ_{yx}、τ_{yz}。于是，C 平面上 P 点应力分量为 $\vec{\sigma}_y$、τ_{yx}、τ_{yz}。

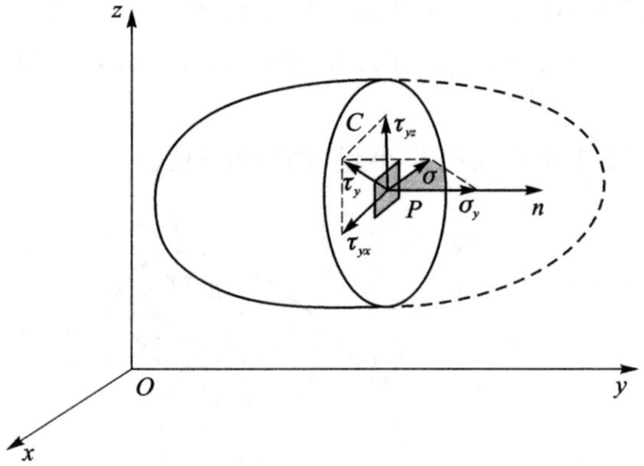

图 2.3　应力分量(1)

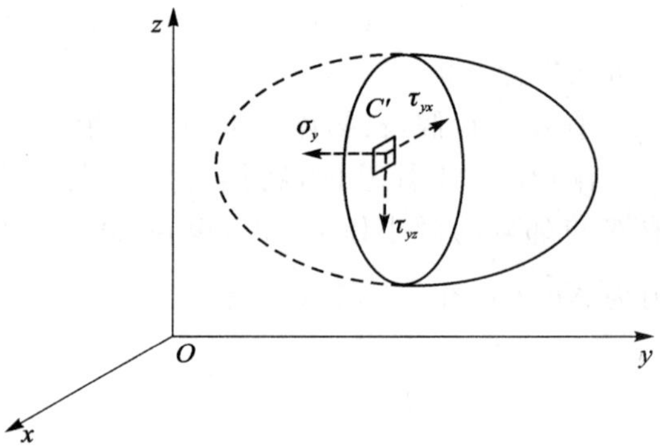

图 2.4　应力分量(2)

规定：

① 下标第一个字母表示应力所在面的外法线方向；

② 下标第二个字母表示应力分量的指向；

③ 切应力的正负号：当其所在面的外法线与坐标轴正向一致时，以沿坐标轴正向的切应力为正；当其所在面的外法线与坐标轴负向一致时，以沿坐标轴负向的切应力为正。

以上 C 平面是任意的，为了在 $Oxyz$ 坐标下研究 P 点的应力状态，通常在 P 点处沿 x、y、z 方向取一个微小正平行六面体（如图 2.5 所示），各边长为 Δx、Δy、Δz。

假定应力在各面上均匀分布，则各面应力便可用各面中心点的应力矢量表示，每个面上应力矢量又可分解为 1 个正应力、2 个切应力（如图 2.5 所示），当微六面体趋于无穷小时，六面体应力即代表 P 点处应力。此时，P 点处应力分量共 9 个：

$$\begin{bmatrix}\sigma_x & \tau_{xy} & \tau_{xz}\\ \tau_{yx} & \sigma_y & \tau_{yz}\\ \tau_{zx} & \tau_{zy} & \sigma_z\end{bmatrix}$$

以后将证明切应力互等定理，即 $\tau_{yx}=\tau_{xy}$，$\tau_{zx}=\tau_{xz}$，$\tau_{zy}=\tau_{yz}$，因此，实际独立应力分量只有 6 个，即 σ_x、σ_y、σ_z、τ_{xy}、τ_{xz}、τ_{yz}。

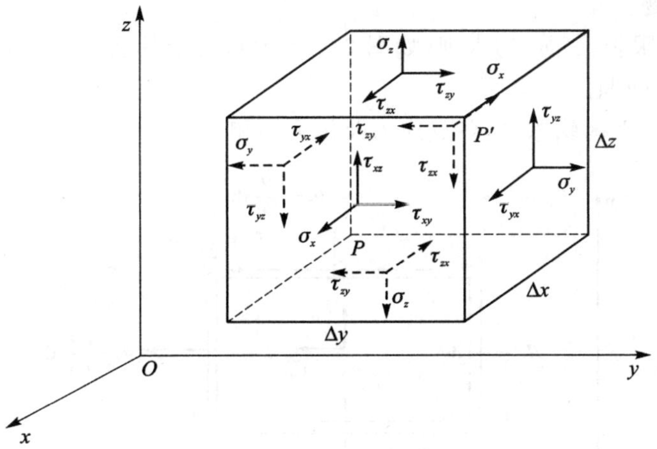

图 2.5　三维应力分量

2.2　二维应力状态与平面问题的平衡方程

为了便于说明问题，以二维平面问题为例，考虑物体所受的面力、体力及应力都与某一坐标轴（z 轴）无关的情况。

① 物体是一个很薄的板，且载荷只作用在板边，平行于板面（如图 2.6 所示），即 z 方向体力分量 F_{bz}、面力分量 F_{sz} 均为零，则

$$\sigma_z \Big|_{z=\pm\frac{\delta}{2}} = 0 \tag{2.6}$$

$$\tau_{zx} \Big|_{z=\pm\frac{\delta}{2}} = \tau_{zy} \Big|_{z=\pm\frac{\delta}{2}} = 0 \tag{2.7}$$

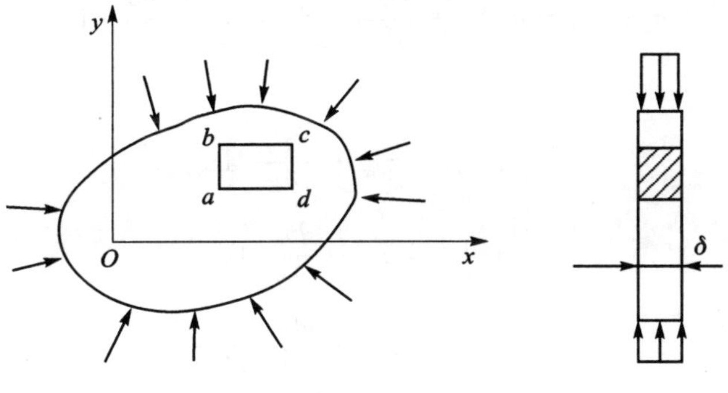

图 2.6　薄板平面应力状态

由于板厚很小，外载荷沿厚度均匀分布，故可近似为应力沿厚度均匀分布。由此在垂直于 z 轴的任一微元面积上均有

$$\sigma_z = \tau_{zx} = \tau_{zy} = 0 \tag{2.8}$$

即过任一点处不等于零的应力分量只有

$$\begin{bmatrix} \sigma_x & \tau_{xy} & 0 \\ \tau_{yx} & \sigma_y & 0 \\ 0 & 0 & 0 \end{bmatrix}$$

此称为平面应力问题。

② 考虑一个无限长(z 向)的水坝(如图 2.7 所示),由于其变形只在 Oxy 平面内,与 z 无关,故称为平面应变问题。

现讨论物体处于平衡状态时,各点应力及体力的相互关系,并由此导出平衡方程。

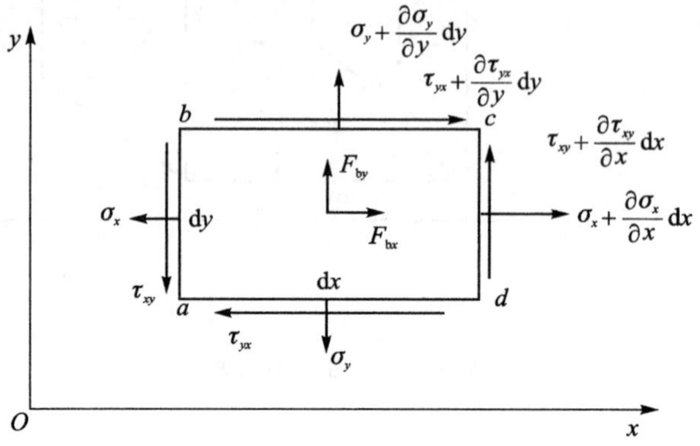

图 2.7 水坝平面应变状态

应力值在不同边上随 dx 或 dy 变化,这种情况可用 Taylor 级数展开,即

$$\sigma_x\big|_{cd}=\sigma_x\big|_{ab}+\frac{\partial\sigma_x}{\partial x}\bigg|_{ab}dx+O(dx^2) \tag{2.9}$$

略去二阶微量,式(2.9)变为

$$\sigma_x\big|_{cd}=\sigma_x\big|_{ab}+\frac{\partial\sigma_x}{\partial x}\bigg|_{ab}dx \tag{2.10}$$

即

$$\sigma_x\big|_{x+dx}=\sigma_x\big|_{x}+\frac{\partial\sigma_x}{\partial x}\bigg|_{x}dx=\sigma_x+\frac{\partial\sigma_x}{\partial x}dx \tag{2.11}$$

同理,

$$\tau_{xy}\big|_{cd}=\tau_{xy}+\frac{\partial\tau_{xy}}{\partial x}dx \tag{2.12}$$

$$\sigma_y\big|_{cd}=\sigma_y+\frac{\partial\sigma_y}{\partial y}dy \tag{2.13}$$

$$\tau_{yx}\big|_{cd}=\tau_{yx}+\frac{\partial\tau_{yx}}{\partial y}dy \tag{2.14}$$

按静力平衡要求,假定厚度 $\delta=1$,由平衡条件 $\sum M_a=0$,得

$$\left(\frac{\partial\sigma_y}{\partial y}dy\,dx\right)\frac{dx}{2}-\left(\frac{\partial\sigma_x}{\partial x}dx\,dy\right)\frac{dy}{2}+\left(\tau_{xy}+\frac{\partial\tau_{xy}}{\partial x}dx\right)dy\,dx-\left(\tau_{yx}+\frac{\partial\tau_{yx}}{\partial y}dx\right)dx\,dy+$$

$$F_{by}\,dx\,dy\,\frac{dx}{2}-F_{bx}\,dx\,dy\,\frac{dy}{2}=0 \tag{2.15}$$

略去 dx、dy 的三次方项,式(2.15)变为

$$\tau_{xy}=\tau_{yx} \tag{2.16}$$

式(2.16)即切应力互等定理。

由平衡条件 $\sum F_x=0$，得

$$\left(\sigma_x+\frac{\partial \sigma_x}{\partial x}\mathrm{d}x\right)\mathrm{d}y-\sigma_x\mathrm{d}y+\left(\tau_{yx}+\frac{\partial \tau_{yx}}{\partial y}\mathrm{d}y\right)\mathrm{d}x-\tau_{yx}\mathrm{d}x+F_{\mathrm{b}x}\mathrm{d}x\mathrm{d}y=0 \tag{2.17}$$

式(2.17)简化后，变为

$$\left(\frac{\partial \sigma_x}{\partial x}+\frac{\partial \tau_{yx}}{\partial y}+F_{\mathrm{b}x}\right)\mathrm{d}x\mathrm{d}y=0 \tag{2.18}$$

故

$$\frac{\partial \sigma_x}{\partial x}+\frac{\partial \tau_{yx}}{\partial y}+F_{\mathrm{b}x}=0 \tag{2.19}$$

同理，由 $\sum F_x=0$，得

$$\frac{\partial \sigma_y}{\partial y}+\frac{\partial \tau_{xy}}{\partial x}+F_{\mathrm{b}y}=0 \tag{2.20}$$

式(2.19)和式(2.20)即为平面问题平衡方程。

对于三维应力状态情况，可取微小正平行六面元，可以类似导出

$$\frac{\partial \sigma_x}{\partial x}+\frac{\partial \tau_{yx}}{\partial y}+\frac{\partial \tau_{zx}}{\partial z}+F_{\mathrm{b}x}=0 \tag{2.21}$$

$$\frac{\partial \sigma_y}{\partial y}+\frac{\partial \tau_{xy}}{\partial x}+\frac{\partial \tau_{zy}}{\partial z}+F_{\mathrm{b}y}=0 \tag{2.22}$$

$$\frac{\partial \sigma_z}{\partial z}+\frac{\partial \tau_{xz}}{\partial x}+\frac{\partial \tau_{yz}}{\partial y}+F_{\mathrm{b}z}=0 \tag{2.23}$$

2.3 边界条件

当物体处于平衡状态时，其内部各点的应力状态应满足平衡方程，在边界上还应满足边界条件。边界条件有三种情况：

① 在边界上给定面力——应力边界条件；

② 在边界上给定位移——位移边界条件；

③ 在边界上，部分给定面力，部分给定位移——混合边界条件。

在三维情况下，在边界面(S_σ)上任意一点 O 附近取一微小四面体单元 $OABC$，斜面 ABC 的外法线为 n，令斜面 ABC 的面积为 1，ABC 面上的单位面积的面力为 $\vec{p}$，其坐标分量为 $\vec{p}_x$、$\vec{p}_y$、$\vec{p}_z$，即 $\vec{p}=\{\vec{p}_x,\vec{p}_y,\vec{p}_z\}$（如图 2.8 所示），则由微元平衡条件可以得出在 S_σ 上的边界条件：

$$\left.\begin{aligned}p_x&=\sigma_x l_1+\tau_{xy}l_2+\tau_{xz}l_3\\p_y&=\tau_{yx}l_1+\sigma_y l_2+\tau_{yz}l_3\\p_x&=\tau_{zx}l_1+\tau_{zy}l_2+\sigma_z l_3\end{aligned}\right\} \tag{2.24}$$

式中，$l_1=\cos(n,x)$，$l_2=\cos(n,y)$，$l_3=\cos(n,z)$。上式为应力边界条件。

当边界上给定已知的位移时，令此给定位移的边界为 S_μ，且在 S_μ 上，$u=\bar{u}(x,y,z)$，$v=\bar{v}(x,y,z)$，$w=\bar{w}(x,y,z)$，$\bar{u}$、$\bar{v}$ 和 $\bar{w}$ 为边界上 x、y、z 方向的已知位移分量，则 $u=\bar{u}$，$v=\bar{v}$，$w=\bar{w}$ 为在 S_μ 上的边界条件。

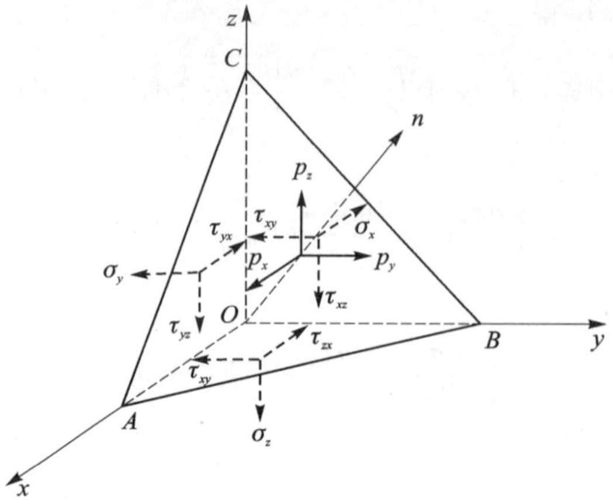

图 2.8　应力边界条件

同时满足应力和位移边界条件的情况，即为混合边界条件。

2.4　应　变

物体在外力作用下会发生位移，位移有两种：刚体位移和变形（如图 2.9 所示）。

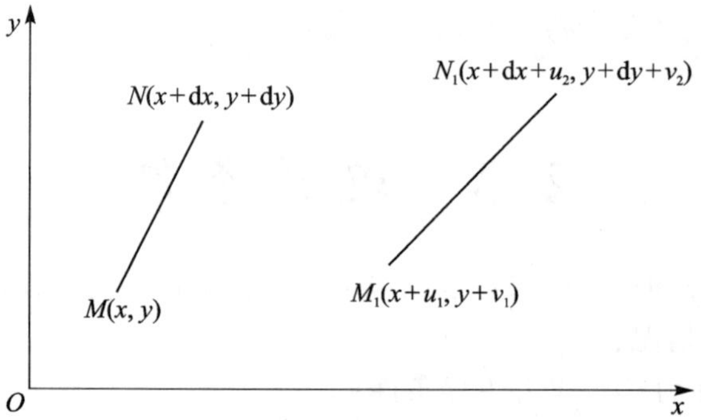

图 2.9　物体位移

① 刚体位移：物体各点发生了位移后仍保持各点间的初始相对位置。

② 变形：物体各点发生了位移后改变了各点间的初始状态相对位置。

$$\delta(\mathrm{d}x)=u_2-u_1 \tag{2.25}$$

$$\delta(\mathrm{d}y)=v_2-v_1 \tag{2.26}$$

$$u_2=u(x+\mathrm{d}x, y+\mathrm{d}y) \tag{2.27}$$

$$v_2=v(x+\mathrm{d}x, y+\mathrm{d}y) \tag{2.28}$$

假定位移 u、v 为 x、y 的单值连续函数，则 N 点的位移（即式(2.27)和式(2.28)）可用对 M 点按泰勒级数展开，即

$$u_2=u_1+\frac{\partial u}{\partial x}\mathrm{d}x+\frac{\partial u}{\partial y}\mathrm{d}y+O((\mathrm{d}x)^2,(\mathrm{d}y)^2) \tag{2.29}$$

$$v_2=v_1+\frac{\partial v}{\partial x}\mathrm{d}x+\frac{\partial v}{\partial y}\mathrm{d}y+O((\mathrm{d}x)^2,(\mathrm{d}y)^2) \tag{2.30}$$

由于 N 在 M 的邻域，$\mathrm{d}l=\sqrt{(\mathrm{d}x)^2+(\mathrm{d}y)^2}$ 是个小量，故忽略 $O((\mathrm{d}x)^2,(\mathrm{d}y)^2)$，则式(2.29)和式(2.30)变为

$$u_2=u_1+\frac{\partial u}{\partial x}\mathrm{d}x+\frac{\partial u}{\partial y}\mathrm{d}y \tag{2.31}$$

$$v_2=v_1+\frac{\partial v}{\partial x}\mathrm{d}x+\frac{\partial v}{\partial y}\mathrm{d}y \tag{2.32}$$

所以，由式(2.25)、式(2.26)、式(2.31)和式(2.32)，可得

$$\delta(\mathrm{d}x)=\frac{\partial u}{\partial x}\mathrm{d}x+\frac{\partial u}{\partial y}\mathrm{d}y \tag{2.33}$$

$$\delta(\mathrm{d}y)=\frac{\partial v}{\partial x}\mathrm{d}x+\frac{\partial v}{\partial y}\mathrm{d}y \tag{2.34}$$

若 MN 平行于 x 轴，则 $\mathrm{d}y=0$，$\delta(\mathrm{d}l)=\delta(\mathrm{d}x)$，于是，由式(2.33)可得

$$\delta(\mathrm{d}x)=\frac{\partial u}{\partial x}\mathrm{d}x \tag{2.35}$$

即

$$\varepsilon_x=\frac{\delta(\mathrm{d}l)}{\mathrm{d}l}=\frac{\delta(\mathrm{d}x)}{\mathrm{d}x}=\frac{\partial u}{\partial x} \tag{2.36}$$

若 MN 平行于 y 轴，则 $\mathrm{d}x=0$，$\delta(\mathrm{d}l)=\delta(\mathrm{d}y)$，于是，由式(2.34)可得

$$\delta(\mathrm{d}y)=\frac{\partial v}{\partial y}\mathrm{d}y \tag{2.37}$$

即

$$\varepsilon_y=\frac{\delta(\mathrm{d}l)}{\mathrm{d}l}=\frac{\delta(\mathrm{d}y)}{\mathrm{d}y}=\frac{\partial v}{\partial y} \tag{2.38}$$

故对于平面问题，可得

$$\varepsilon_x=\frac{\partial u}{\partial x} \tag{2.39}$$

$$\varepsilon_y=\frac{\partial v}{\partial y} \tag{2.40}$$

同理，对于三维问题，可得

$$\varepsilon_x=\frac{\partial u}{\partial x} \tag{2.41}$$

$$\varepsilon_y=\frac{\partial v}{\partial y} \tag{2.42}$$

$$\varepsilon_z=\frac{\partial w}{\partial z} \tag{2.43}$$

现说明切应变的物理意义(推导略去)。设 PM、PN 变形前与 Ox、Oy 坐标方向相同，变形后为 P_1M_1、P_1N_1(如图 2.10 所示)，则 PM、PN 间夹角的改变为

$$\theta=\alpha+\beta \tag{2.44}$$

$$\alpha=\frac{v_1-v_0}{\mathrm{d}x}=\frac{\delta v}{\mathrm{d}x} \tag{2.45}$$

$$\beta=\frac{u_2-u_0}{\mathrm{d}y}=\frac{\delta u}{\mathrm{d}y} \tag{2.46}$$

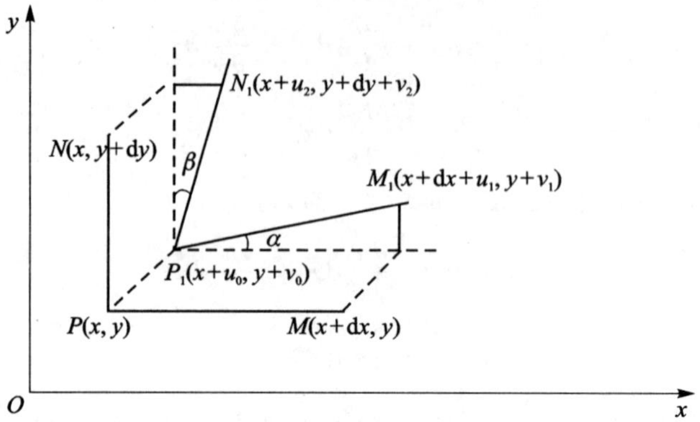

图 2.10　物体剪切变形

由于

$$\delta u=\frac{\partial u}{\partial x}\mathrm{d}x+\frac{\partial u}{\partial y}\mathrm{d}y \tag{2.47}$$

$$\delta v=\frac{\partial v}{\partial x}\mathrm{d}x+\frac{\partial v}{\partial y}\mathrm{d}y \tag{2.48}$$

所以，

$$\left.\begin{aligned}\delta u&=\frac{\partial u}{\partial y}\mathrm{d}y\\ \delta v&=\frac{\partial v}{\partial x}\mathrm{d}x\end{aligned}\right\} \tag{2.49}$$

将式(2.49)代入式(2.45)和式(2.46)，再代入式(2.44)，得到

$$\theta=\frac{\partial u}{\partial y}+\frac{\partial v}{\partial x} \tag{2.50}$$

即切应变为

$$\gamma_{xy}=\frac{\partial u}{\partial y}+\frac{\partial v}{\partial x} \tag{2.51}$$

因此，对于平面问题，有

$$\varepsilon_x=\frac{\partial u}{\partial x} \tag{2.52}$$

$$\varepsilon_y=\frac{\partial v}{\partial y} \tag{2.53}$$

$$\gamma_{xy}=\frac{\partial u}{\partial y}+\frac{\partial v}{\partial x} \tag{2.54}$$

同理，对于三维问题，有

$$\varepsilon_x=\frac{\partial u}{\partial x} \tag{2.55}$$

$$\varepsilon_y=\frac{\partial v}{\partial y} \tag{2.56}$$

$$\varepsilon_z = \frac{\partial w}{\partial z} \tag{2.57}$$

$$\gamma_{xy} = \frac{\partial u}{\partial y} + \frac{\partial v}{\partial x} \tag{2.58}$$

$$\gamma_{yz} = \frac{\partial v}{\partial z} + \frac{\partial w}{\partial y} \tag{2.59}$$

$$\gamma_{xz} = \frac{\partial w}{\partial x} + \frac{\partial u}{\partial z} \tag{2.60}$$

显然，将 x 轴与 y 轴对调，对角度变化没什么不同，即

$$\gamma_{xy} = y_{yx} \tag{2.61}$$

$$\gamma_{yz} = y_{zy} \tag{2.62}$$

$$\gamma_{zx} = y_{xz} \tag{2.63}$$

2.5　广义胡克定律

在材料力学中，物体应力-应变曲线（如图 2.11 所示）表示为 $\sigma_x = E\varepsilon_x$，那么，在三维应力状态下，同样有

$$\left.\begin{aligned}
\sigma_x &= C_{11}\varepsilon_x + C_{12}\varepsilon_y + C_{13}\varepsilon_z + C_{14}\gamma_{xy} + C_{15}\gamma_{yz} + C_{16}\gamma_{zx} \\
\sigma_y &= C_{21}\varepsilon_x + C_{22}\varepsilon_y + C_{23}\varepsilon_z + C_{24}\gamma_{xy} + C_{25}\gamma_{yz} + C_{26}\gamma_{zx} \\
\sigma_z &= C_{31}\varepsilon_x + C_{32}\varepsilon_y + C_{33}\varepsilon_z + C_{34}\gamma_{xy} + C_{35}\gamma_{yz} + C_{36}\gamma_{zx} \\
\tau_{xy} &= C_{41}\varepsilon_x + C_{42}\varepsilon_y + C_{43}\varepsilon_z + C_{44}\gamma_{xy} + C_{45}\gamma_{yz} + C_{46}\gamma_{zx} \\
\tau_{yz} &= C_{51}\varepsilon_x + C_{52}\varepsilon_y + C_{53}\varepsilon_z + C_{54}\gamma_{xy} + C_{55}\gamma_{yz} + C_{56}\gamma_{zx} \\
\tau_{xz} &= C_{61}\varepsilon_x + C_{62}\varepsilon_y + C_{63}\varepsilon_z + C_{64}\gamma_{xy} + C_{65}\gamma_{yz} + C_{66}\gamma_{zx}
\end{aligned}\right\} \tag{2.64}$$

式中，$C_{mn}(m,n=1,2,\cdots,6)$ 为弹性常数，由均匀性假设可知 C_{mn} 与 x、y、z 无关。

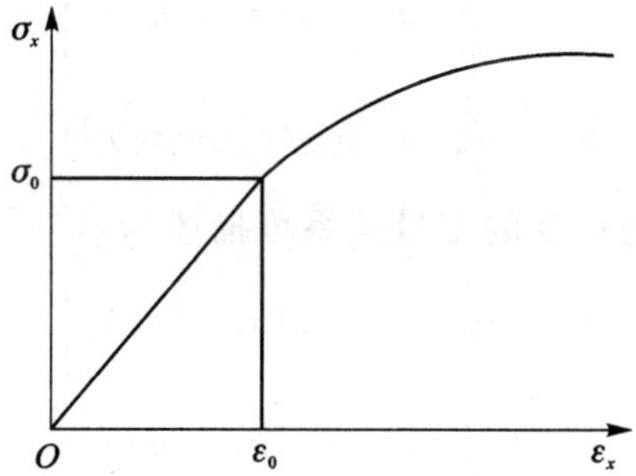

图 2.11　应力-应变曲线

可以证明：对各向同性弹性体，主应变方向必为主应力方向。若令 Ox、Oy、Oz 坐标轴与主应力方向一致，则式(2.64)变为

$$\left.\begin{aligned}
\sigma_x &= C_{11}\varepsilon_x + C_{12}\varepsilon_y + C_{13}\varepsilon_z \\
\sigma_y &= C_{21}\varepsilon_x + C_{22}\varepsilon_y + C_{23}\varepsilon_z \\
\sigma_z &= C_{31}\varepsilon_x + C_{32}\varepsilon_y + C_{33}\varepsilon_z
\end{aligned}\right\} \tag{2.65}$$

在各向同性介质中，ε_x、ε_y、ε_z 对 σ_z 的影响是相同的，所以

$$C_{11}=C_{22}=C_{33} \tag{2.66}$$

同理，ε_y、ε_z 对σ_x 的影响应相同，即

$$C_{12}=C_{13} \tag{2.67}$$

类似地，$C_{21}=C_{23}$，$C_{31}=C_{32}$，…。

由此，令 $C_{11}=C_{22}=C_{33}=a$，$C_{12}=C_{21}=C_{31}=C_{13}=C_{23}=C_{32}=b$，并令 $a-b=2\mu$，$b=\lambda$，则式(2.65)可写为

$$\left.\begin{aligned}\sigma_x&=\lambda(\varepsilon_x+\varepsilon_y+\varepsilon_z)+2\mu\varepsilon_x\\\sigma_y&=\lambda(\varepsilon_x+\varepsilon_y+\varepsilon_z)+2\mu\varepsilon_y\\\sigma_z&=\lambda(\varepsilon_x+\varepsilon_y+\varepsilon_z)+2\mu\varepsilon_z\end{aligned}\right\} \tag{2.68}$$

即各向同性的均匀弹性体，其弹性常数只有2个。

考虑单向拉伸状态，$\sigma_x\neq0$，$\sigma_y=\sigma_z=0$，$\varepsilon_x=\dfrac{\sigma_x}{E}$，$\varepsilon_y=\varepsilon_z=-\nu\varepsilon_x=-\nu\dfrac{\sigma_x}{E}$，代入式(2.68)，可得

$$\sigma_x=\lambda\left(\frac{\sigma_x}{E}-2\nu\frac{\sigma_x}{E}\right)+2\mu\frac{\sigma_x}{E} \tag{2.69}$$

$$0=\lambda\left(\frac{\sigma_x}{E}-2\nu\frac{\sigma_x}{E}\right)+2\mu\nu\frac{\sigma_x}{E} \tag{2.70}$$

于是，由式(2.69)和式(2.70)，可以推出

$$\lambda=\frac{E\nu}{(1-2\nu)(1+\nu)} \tag{2.71}$$

$$\mu=\frac{E\nu}{2(1+\nu)} \tag{2.72}$$

所以，式(2.68)变为

$$\left.\begin{aligned}\varepsilon_x&=\frac{1}{E}[\sigma_x-\nu(\sigma_y+\sigma_z)]\\\varepsilon_y&=\frac{1}{E}[\sigma_y-\nu(\sigma_x+\sigma_z)]\\\varepsilon_z&=\frac{1}{E}[\sigma_z-\nu(\sigma_x+\sigma_y)]\end{aligned}\right\} \tag{2.73}$$

对于任意坐标系下，应力与应变的定量关系可描述为

$$\left.\begin{aligned}\varepsilon_x&=\frac{1}{E}[\sigma_x-\nu(\sigma_y+\sigma_z)]\\\varepsilon_y&=\frac{1}{E}[\sigma_y-\nu(\sigma_x+\sigma_z)]\\\varepsilon_z&=\frac{1}{E}[\sigma_z-\nu(\sigma_x+\sigma_y)]\\\gamma_{xy}&=\frac{\tau_{xy}}{G}\\\gamma_{yz}&=\frac{\tau_{yz}}{G}\\\gamma_{xz}&=\frac{\tau_{xz}}{G}\end{aligned}\right\} \tag{2.74}$$

式中，$G=\dfrac{E}{2(1+\nu)}$为切变模量。上式即为广义胡克定律，亦称弹性体本构关系。对于平面应变问题，只需将所有式中的 E 换成$\dfrac{E}{1-v^2}$，v 换成$\dfrac{v}{1-v^2}$即可。

2.6　应变协调方程

在连续体弹性变形范围内，要求物体变形后必须仍保持其整体性和连续性，这就是变形的协调性，即位移函数 u、v、w 在其定义域内为单值连续函数（如图 2.12 所示，其中，图(a)为变形前的情况，图(b)为变形后出现"撕裂"现象，图(c)为变形后出现"套叠"现象，图(d)为允许变形状态。仅图(d)为协调状态）。为此，将 ε_x 对 y 的二阶导数与 ε_y 对 x 轴的二阶导数相加，得

$$\frac{\partial^2\varepsilon_x}{\partial y^2}+\frac{\partial^2\varepsilon_y}{\partial x^2}=\frac{\partial^3 u}{\partial x\partial y^2}+\frac{\partial^3 v}{\partial y\partial x^2}=\frac{\partial^2}{\partial x\partial y}\left(\frac{\partial u}{\partial y}+\frac{\partial v}{\partial x}\right)=\frac{\partial^2\gamma_{xy}}{\partial x\partial y} \tag{2.75}$$

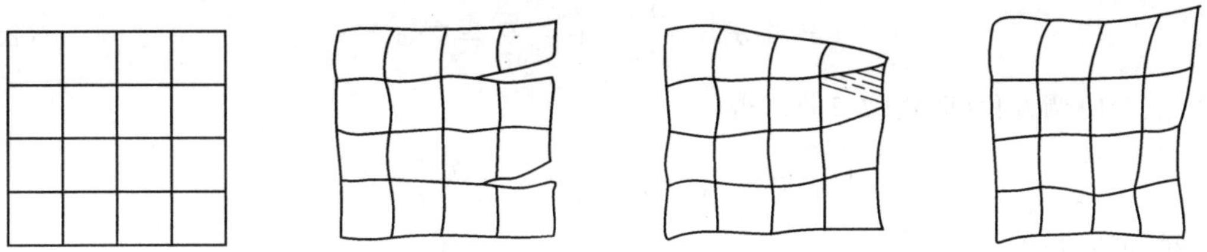

(a)　(b)　(c)　(d)

图 2.12　物体变形协调

所以，三维问题的应变协调方程为

$$\frac{\partial^2\varepsilon_x}{\partial y^2}+\frac{\partial^2\varepsilon_y}{\partial x^2}=\frac{\partial^2\gamma_{xy}}{\partial x\partial y} \tag{2.76}$$

$$\frac{\partial^2\varepsilon_y}{\partial z^2}+\frac{\partial^2\varepsilon_z}{\partial y^2}=\frac{\partial^2\gamma_{yz}}{\partial y\partial z} \tag{2.77}$$

$$\frac{\partial^2\varepsilon_z}{\partial x^2}+\frac{\partial^2\varepsilon_x}{\partial z^2}=\frac{\partial^2\gamma_{xz}}{\partial x\partial z} \tag{2.78}$$

$$2\frac{\partial^2\varepsilon_x}{\partial y\partial z}=\frac{\partial}{\partial x}\left(-\frac{\partial\gamma_{yz}}{\partial x}+\frac{\partial\gamma_{xz}}{\partial y}+\frac{\partial\gamma_{xy}}{\partial z}\right) \tag{2.79}$$

$$2\frac{\partial^2\varepsilon_y}{\partial x\partial z}=\frac{\partial}{\partial y}\left(\frac{\partial\gamma_{yz}}{\partial x}-\frac{\partial\gamma_{xz}}{\partial y}+\frac{\partial\gamma_{xy}}{\partial z}\right) \tag{2.80}$$

$$2\frac{\partial^2\varepsilon_z}{\partial x\partial y}=\frac{\partial}{\partial z}\left(\frac{\partial\gamma_{yz}}{\partial x}+\frac{\partial\gamma_{xz}}{\partial y}-\frac{\partial\gamma_{xy}}{\partial z}\right) \tag{2.81}$$

从物理意义上看，如果位移函数是连续的，变形自然也就可以协调，因而，在以后用位移法解题时，应变协调方程可以自然满足；而用力法解题时，则需要考虑变形协调方程。

若用应力表示应变协调方程（即将应力-应变关系代入上式），可得

$$\left(\frac{\partial^2}{\partial x^2}+\frac{\partial^2}{\partial y^2}\right)(\sigma_x+\sigma_y)=-(1+v)\left(\frac{\partial F_{bx}}{\partial x}+\frac{\partial F_{by}}{\partial y}\right) \tag{2.82}$$

若不计体力或体力为常数,则式(2.82)可写为

$$\left(\frac{\partial^2}{\partial x^2}+\frac{\partial^2}{\partial y^2}\right)(\sigma_x+\sigma_y)=0 \tag{2.83}$$

记为

$$\nabla^2(\sigma_x+\sigma_y)=0 \tag{2.84}$$

此为莱维(Levy)方程,∇^2称为拉普拉斯算子。

引入一个函数 $\varphi(x,y)$,使得

$$\sigma_x=\frac{\partial^2\varphi}{\partial y^2} \tag{2.85}$$

$$\sigma_y=\frac{\partial^2\varphi}{\partial x^2} \tag{2.86}$$

$$\tau_{xy}=-\frac{\partial^2\varphi}{\partial x\partial y} \tag{2.87}$$

将式(2.85)~式(2.87)代入平衡方程,可知恒满足,于是

$$\sigma_x+\sigma_y=\frac{\partial^2\varphi}{\partial x^2}+\frac{\partial^2\varphi}{\partial y^2}=\nabla^2\varphi \tag{2.88}$$

由应变协调方程(即式(2.75)),得

$$\left(\frac{\partial^2}{\partial x^2}+\frac{\partial^2}{\partial y^2}\right)\left(\frac{\partial^2\varphi}{\partial x^2}+\frac{\partial^2\varphi}{\partial y^2}\right)=0 \tag{2.89}$$

式(2.89)可展开为

$$\frac{\partial^4\varphi}{\partial x^4}+2\frac{\partial^4\varphi}{\partial x^2\partial y^2}+\frac{\partial^4\varphi}{\partial y^4}=0 \tag{2.90}$$

简写为

$$\nabla^4\varphi=0 \tag{2.91}$$

上式称为双调和方程,函数 φ 称为应力函数。平面问题应力分量可用应力函数表示,但应满足双调和方程和边界条件。

2.7 用极坐标解平面问题

在飞行器结构中,常常采用具有圆形的结构,如气密座舱的隔框框板。在一般工程问题中,常常需要解决诸如厚筒或薄筒受内外压力的问题、曲梁受力问题以及圆板受法向和面内力作用的问题。这时采用极坐标表示的弹性力学基本方程就很方便。

对于平面问题,极坐标与直角坐标系的关系为

$$\left.\begin{aligned}x&=\rho\cos\varphi\\ y&=\rho\sin\varphi\end{aligned}\right\} \tag{2.92}$$

以及

$$\left.\begin{aligned}\rho^2&=x^2+y^2\\ \varphi&=\arctan\frac{y}{x}\end{aligned}\right\} \tag{2.93}$$

现在来考虑极坐标(ρ,φ)下的平衡方程、几何方程和广义胡克定律。

1. 平衡方程

设物体内部任一点的应力状态为($\sigma_\rho,\sigma_\varphi,\tau_{\rho\varphi}$)，应变状态为($\varepsilon_\rho,\varepsilon_\varphi,\gamma_{\rho\varphi}$)，考察单位厚度的微元体 $abcd$(如图 2.13 所示)。由图 2.13 可知：

$$\overline{ab}=\rho\mathrm{d}\varphi \tag{2.94}$$

$$\overline{bc}=\mathrm{d}\rho=\overline{ad} \tag{2.95}$$

$$\overline{dc}=(\rho+\mathrm{d}\rho)\mathrm{d}\varphi \tag{2.96}$$

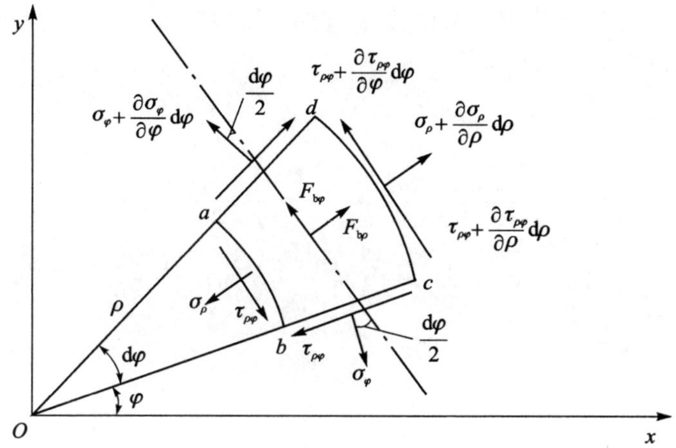

图 2.13　极坐标系下微元体平面应力分量

由图 2.13 还可知，$\overline{ab}$ 边作用有($\sigma_\rho,\tau_{\rho\varphi}$)，$\overline{bc}$ 边作用有($\sigma_\varphi,\tau_{\rho\varphi}$)，$\overline{cd}$ 边作用有$\left(\sigma_\rho+\dfrac{\partial\sigma_\rho}{\partial\rho}\mathrm{d}\rho,\tau_{\rho\varphi}\right)$，$\overline{ad}$ 边作用有$\left(\sigma_\varphi+\dfrac{\partial\sigma_\varphi}{\partial\varphi}\mathrm{d}\varphi,\tau_{\rho\varphi}\right)$，各正应力分量作用在各边中点；此外，微元体 $abcd$ 的中心作用有体力分量：径向体力 $F_{\mathrm{b}\rho}$ 和周向体力 $F_{\mathrm{b}\varphi}$。对微元体的中心求径向力平衡，可得

$$\left(\sigma_\rho+\frac{\partial\sigma_\rho}{\partial\rho}\mathrm{d}\rho\right)(\rho+\mathrm{d}\rho)\mathrm{d}\varphi-\sigma_\rho\rho\mathrm{d}\varphi-\left[\left(\sigma_\varphi+\frac{\partial\sigma_\varphi}{\partial\varphi}\mathrm{d}\varphi\right)\mathrm{d}\rho\sin\frac{\mathrm{d}\varphi}{2}+\sigma_\varphi\mathrm{d}\rho\sin\frac{\mathrm{d}\varphi}{2}\right]+$$
$$\left[\left(\tau_{\rho\varphi}+\frac{\partial\tau_{\rho\varphi}}{\partial\varphi}\mathrm{d}\varphi\right)\mathrm{d}\rho\cos\frac{\mathrm{d}\varphi}{2}-\tau_{\rho\varphi}\mathrm{d}\rho\cos\frac{\mathrm{d}\varphi}{2}\right]+F_{\mathrm{b}\rho}\rho\mathrm{d}\rho\mathrm{d}\varphi=0 \tag{2.97}$$

由于 $\mathrm{d}\varphi$ 为微量，故

$$\left.\begin{aligned}\sin\frac{\mathrm{d}\varphi}{2}&\approx\frac{\mathrm{d}\varphi}{2}\\\cos\frac{\mathrm{d}\varphi}{2}&=1\end{aligned}\right\} \tag{2.98}$$

将式(2.98)代入式(2.97)，略去高次项，整理后可得

$$\frac{\partial\sigma_\rho}{\partial\rho}+\frac{1}{\rho}\frac{\partial\tau_{\rho\varphi}}{\partial\varphi}+\frac{\sigma_\rho-\sigma_\varphi}{\rho}+F_{\mathrm{b}\rho}=0 \tag{2.99}$$

同理，对微元体中心求周向(切向)力平衡，可得

$$\frac{1}{\rho}\frac{\partial\sigma_\rho}{\partial\varphi}+\frac{\partial\tau_{\rho\varphi}}{\partial\rho}+\frac{2\tau_{\rho\varphi}}{\rho}+F_{\mathrm{b}\varphi}=0 \tag{2.100}$$

不考虑体力时，平衡方程为

$$\frac{\partial \sigma_{\rho}}{\partial \rho}+\frac{1}{\rho} \frac{\partial \tau_{\rho \varphi}}{\partial \varphi}+\frac{\sigma_{\rho}-\sigma_{\varphi}}{\rho}=0 \tag{2.101}$$

$$\frac{1}{\rho} \frac{\partial \sigma_{\rho}}{\partial \varphi}+\frac{\partial \tau_{\rho \varphi}}{\partial \rho}+\frac{2 \tau_{\rho \varphi}}{\rho}=0 \tag{2.102}$$

2. 几何方程

考察微元体(单位厚度)$abcd$(如图 2.14 所示)，由于外力作用产生变形和位移，形成 $a'b'c'd'$。设微元体内任一点的位移用径向位移 u_{ρ} 表示(简写为 u)，周向位移用 ν_{φ} 表示(简写为 ν)，则按照应变的几何含义，可以得到

$$\varepsilon_{\rho}=\frac{a'b'-ab}{ab} \approx \cdots=\frac{\partial u}{\partial \rho} \tag{2.103}$$

$$\varepsilon_{\varphi}=\frac{a'd'-ad}{ad} \approx \cdots=\frac{1}{\rho} \frac{\partial \nu}{\partial \varphi}+\frac{u}{\rho} \tag{2.104}$$

$$\gamma_{\rho \varphi}=\gamma_{1}+\gamma_{2} \approx \cdots=\frac{\partial \nu}{\partial \rho}-\frac{\nu}{\rho}+\frac{1}{\rho} \frac{\partial u}{\partial \varphi} \tag{2.105}$$

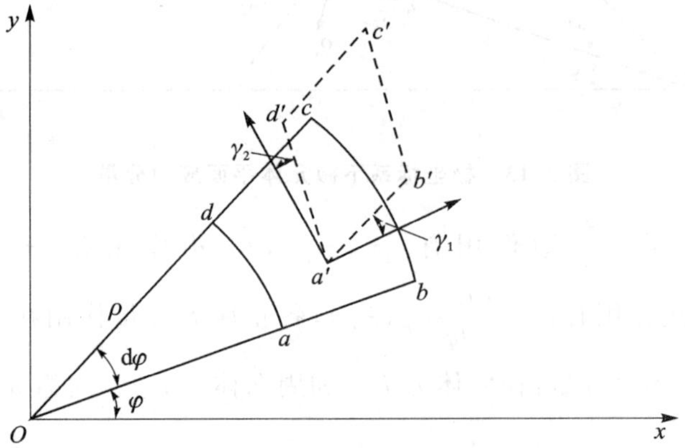

图 2.14 微元体位移

故得到极坐标下的应变-位移关系式：

$$\varepsilon_{\rho}=\frac{\partial u}{\partial \rho} \tag{2.106}$$

$$\varepsilon_{\varphi}=\frac{1}{\rho} \frac{\partial \nu}{\partial \varphi}+\frac{u}{\rho} \tag{2.107}$$

$$\gamma_{\rho \varphi}=\frac{\partial \nu}{\partial \rho}-\frac{\nu}{\rho}+\frac{1}{\rho} \frac{\partial u}{\partial \varphi} \tag{2.108}$$

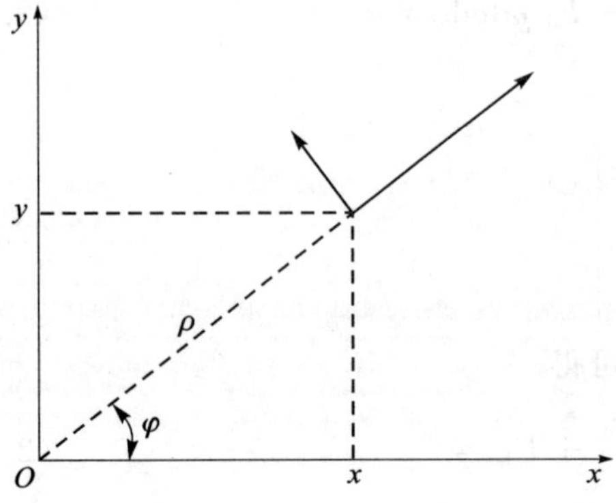

图 2.15 直角坐标系

3. 极坐标下的广义胡克定律

由于极坐标下局部一点的 ρ 和 φ 的坐标仍是一个直角坐标系(如图 2.15 所示)，故胡克定律形式不变，只需将直角坐标系中的 x、y 分别换为 ρ 和 φ 即可。

对于平面应力状态，有

$$\left.\begin{aligned}\varepsilon_{\rho}&=\frac{1}{E}(\sigma_{\rho}-\nu\sigma_{\varphi})\\\varepsilon_{\varphi}&=\frac{1}{E}(\sigma_{\varphi}-\nu\sigma_{\rho})\\\gamma_{\rho\varphi}&=\frac{\tau_{\rho\varphi}}{G}\end{aligned}\right\}\tag{2.109}$$

或

$$\left.\begin{aligned}\sigma_{\rho}&=\frac{E}{1-\nu^{2}}(\varepsilon_{\rho}-\nu\varepsilon_{\varphi})\\\sigma_{\varphi}&=\frac{E}{1-\nu^{2}}(\varepsilon_{\varphi}-\nu\varepsilon_{\rho})\\\tau_{\rho\varphi}&=G\gamma_{\rho\varphi}\end{aligned}\right\}\tag{2.110}$$

对于平面应变状态，有

$$\left.\begin{aligned}\varepsilon_{\rho}&=\frac{1+\nu}{E}[(1+\nu)\sigma_{\rho}-\nu\sigma_{\varphi}]\\\varepsilon_{\varphi}&=\frac{1+\nu}{E}[(1+\nu)\sigma_{\varphi}-\nu\sigma_{\rho}]\\\gamma_{\rho\varphi}&=\frac{\tau_{\rho\varphi}}{G}\end{aligned}\right\}\tag{2.111}$$

或

$$\left.\begin{aligned}\sigma_{\rho}&=\frac{E}{(1+\nu)(1+2\nu)}[(1+\nu)\varepsilon_{\rho}+\nu\varepsilon_{\varphi}]\\\sigma_{\varphi}&=\frac{E}{(1+\nu)(1+2\nu)}[(1+\nu)\varepsilon_{\varphi}+\nu\varepsilon_{\rho}]\\\tau_{\rho\varphi}&=G\gamma_{\rho\varphi}\end{aligned}\right\}\tag{2.112}$$

4. 应变协调方程

用应力法求解时，采用与导出直角坐标系应变协调方程同样的方法，可推出极坐标下的协调方程：

$$\frac{\partial^{2}\varepsilon_{\varphi}}{\partial\rho^{2}}+\frac{1}{\rho^{2}}\frac{\partial^{2}\varepsilon_{\rho}}{\partial\varphi^{2}}+\frac{2}{\rho}\frac{\partial\varepsilon_{\varphi}}{\partial\rho}-\frac{1}{\rho}\frac{\partial\varepsilon_{\rho}}{\partial\rho}=\frac{1}{\rho}\frac{\partial^{2}\gamma_{\rho\varphi}}{\partial\rho\partial\varphi}-\frac{1}{\rho^{2}}\frac{\partial\gamma_{\rho\varphi}}{\partial\varphi}\tag{2.113}$$

2.8　功与弹性应变能

能量法是与静力学方法平行的一种求解方法，对许多问题的求解更为方便，也能解决一些其他方法难以解决的复杂问题。

1. 外力功与应变能的一般表达式

常力（集中力）直线运动：

$$W=F\cdot S\cos\theta\tag{2.114}$$

变力曲线运动：

$$W=\int_0^S \delta w=\int_0^S F\,\mathrm{d}s\cos\theta \tag{2.115}$$

变形体（p 不是常力，但准静态，非冲击，即非波动）：

$$W=\int_0^\Delta p\,\mathrm{d}\delta \tag{2.116}$$

力与运动的关系如图 2.16 所示。

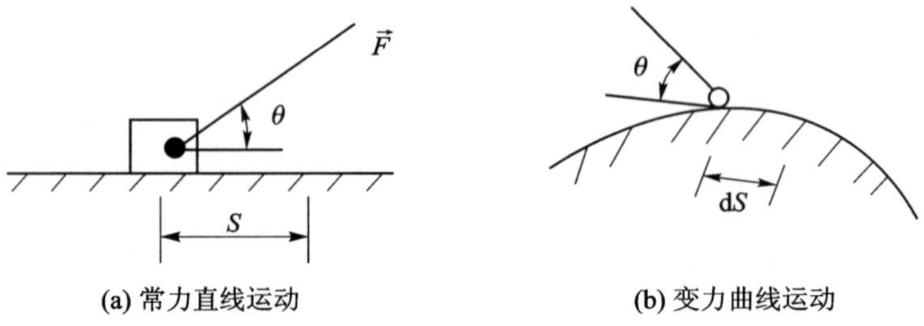

图 2.16　力与运动的关系

对线弹性体（准静态），有

$$p=k\delta \tag{2.117}$$

因此，

$$W=\int_0^\Delta p\,\mathrm{d}\delta=\int_0^\Delta k\delta\,\mathrm{d}\delta=\frac{k\Delta^2}{2} \tag{2.118}$$

$$W=\frac{1}{2}P\Delta \tag{2.119}$$

线弹性结构外力功的计算不能运用叠加原理，这是因为 $\Delta_i=(P_1,P_2,\cdots,P_n)$，$W$ 是 P_i 的二次函数而不是线性函数。

2. 广义力与广义位移

若集中力偶为 M、转角为 θ，则

$$U=W=\int M\,\mathrm{d}\theta=\frac{1}{2}M\theta \tag{2.120}$$

忽略剪力，在小变形条件下，因各广义力引起的变形不耦合，即变形与 $N(x)$、$T(x)$、$M(x)$不耦合，弹性杆外力功（广义力乘以广义位移）可以叠加，其一般表达式为

$$\mathrm{d}W=\frac{1}{2}N(x)\,\mathrm{d}\delta+\frac{1}{2}T(x)\,\mathrm{d}\phi+\frac{1}{2}M(x)\,\mathrm{d}\theta=\frac{N^2(x)\,\mathrm{d}x}{2EA}+\frac{T^2(x)\,\mathrm{d}x}{2GI_p}+\frac{M^2(x)\,\mathrm{d}x}{2EI} \tag{2.121}$$

$$W=\int_l \frac{N^2(x)}{2EA}\mathrm{d}x+\int_l \frac{T^2(x)}{2GI_p}\mathrm{d}x+\int_l \frac{M^2(x)}{2EI}\mathrm{d}x \tag{2.122}$$

对于斜弯曲，弯矩沿主形心轴分解，$\int_l \frac{M^2(x)}{2EI}\mathrm{d}x$ 换成$\int_l \frac{M_y^2(x)}{2EI_y}\mathrm{d}x+\int_l \frac{M_z^2(x)}{2EI_z}\mathrm{d}x$。

对于图 2.17 所示的弯曲梁，其变形为

$$y_A^P=\frac{Pl^3}{3EI} \tag{2.123}$$

$$y_A^M=\frac{Ml^3}{2EI} \tag{2.124}$$

$$\theta_A^P = \frac{Pl^2}{2EI} \tag{2.125}$$

$$\theta_A^M = \frac{Ml}{EI} \tag{2.126}$$

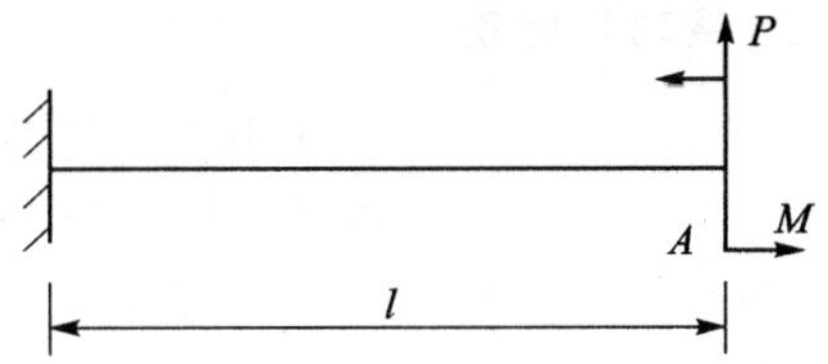

图 2.17　弯曲悬臂梁

则 P 单独作用下外力功为

$$W^P = \frac{1}{2}P \cdot \frac{Pl^3}{3EI} = \frac{P^2l^3}{6EI} \tag{2.127}$$

M 单独作用下外力功为

$$W^M = \frac{1}{2}M \cdot \frac{Ml}{EI} = \frac{M^2l}{2EI} \tag{2.128}$$

P 和 M 共同作用下外力功为

$$W^{P+M} = \frac{1}{2}P(y_A^P + y_A^M) + \frac{1}{2}M(\theta_A^P + \theta_A^M) = \frac{Pl^3}{6EI} + \frac{PMl^2}{4EI} + \frac{PMl^2}{4EI} + \frac{M^2l}{2EI} \tag{2.129}$$

中性层曲率表示的弯曲梁弯曲变形(如图 2.18 所示)公式为

$$\frac{1}{\rho} = \frac{M(x)}{EI} \tag{2.130}$$

式中,M 可以通过弯矩方程表示为 x 的函数;ρ 为曲率半径,可由 y' 和 y'' 表示为

$$\frac{1}{\rho} = \frac{\pm y''}{(1+y'^2)^{3/2}} \tag{2.131}$$

于是,挠曲轴微分方程变为

$$\frac{\pm y''}{(1+y'^2)^{3/2}} = \frac{M(x)}{EI} \tag{2.132}$$

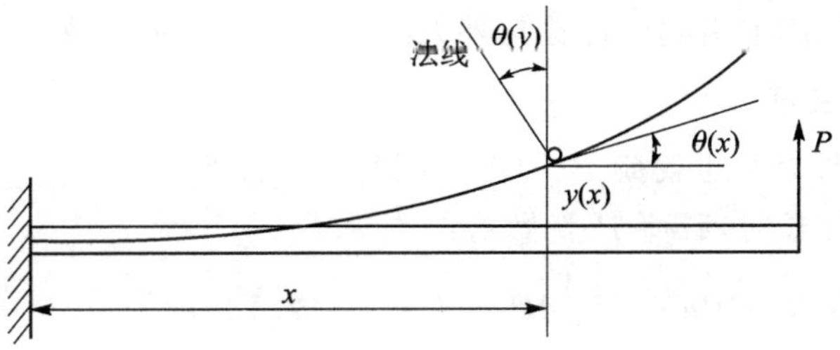

图 2.18　弯曲悬臂梁

由于小变形,$y'(\approx\theta) < 0.0175$(弧度),$y'^2 \ll 1$,故

$$1 + y'^2 \approx 1 \tag{2.133}$$

将式(2.133)代入式(2.132),得到

$$y'' = \frac{M(x)}{EI} \tag{2.134}$$

于是

$$\mathrm{d}W = \frac{1}{2}M(x)\mathrm{d}\theta = \frac{1}{2}EIy''\mathrm{d}(y') = \frac{EI}{2}(y'')^2\mathrm{d}x = \frac{EI}{2}\left[\frac{\partial^2 w(x)}{\partial x^2}\right]^2\mathrm{d}x \tag{2.135}$$

3. 实功与虚功

当结构发生变形时，作用于结构的外力会在相应的位移上做功，可分为两种不同的情况：

① 外力在自身引起的位移上做功，这种功称为实功。例如，图 2.19 所示简支梁上外力 P_1 在位移 w_{11} 上所做的功即为实功，如图 2.20 中的阴影面积 A_1 所示，其中 w_{11} 为外力 P_1 引起的位移。

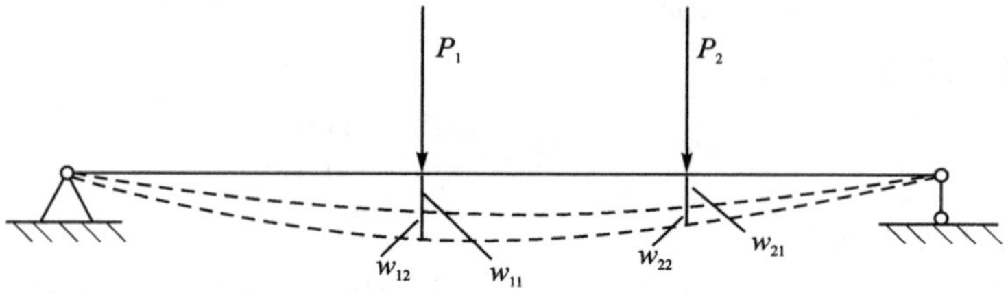

图 2.19 弯曲简支梁

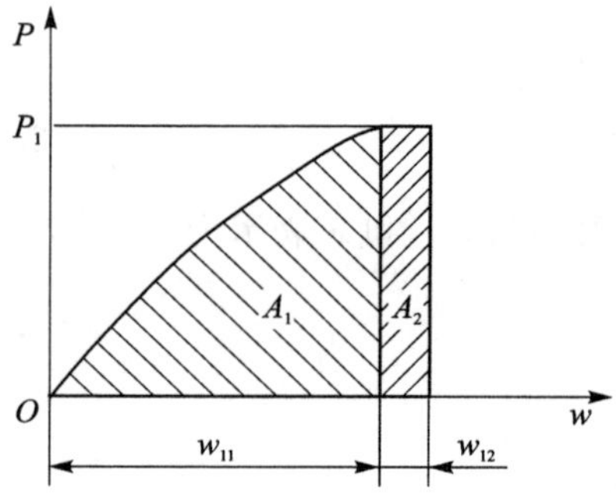

图 2.20 简支梁的载荷-位移曲线

② 外力在其他因素引起的位移上做功，这种功称为虚功。例如，图 2.19 所示简支梁上外力 P_1 在位移 w_{12} 所做的功即为虚功，如图 2.20 中的阴影面积 A_2 所示，其中 w_{12} 为外力 P_2 在外力 P_1 处引起的位移。因此，实功为 $P_1w_{11}/2$ 和 $P_2w_{22}/2$，而虚功为 $P_1w_{21}/2$ 和 $P_2w_{12}/2$。

实功与虚功的区别在于：① 做实功时，外力随位移而变，故实功为变力做功；做虚功时，外力不随位移而变，故虚功为常力做功。②做实功时，外力与自身引起的位移在方向上总是一致的，所以，实功恒为正功；做虚功时，其他因素引起的位移与外力的方向就不一定一致了，所以，虚功可正、可负。

4. 应变能与余应变能

结构元件受到逐渐增大的载荷 P 的作用(如图 2.21 所示)，当元件因受载而伸长时，载荷 P 就做功：

$$\int_0^u P\,\mathrm{d}u = Pu - \int_0^P u\,\mathrm{d}P \tag{2.136}$$

在静力学中，由于不考虑惯性力(质量力)，所以，假设载荷的施加是非常缓慢的，同时，在加载过程中没有热量的产生和消散，且系统的动能可忽略不计，则按照能量守恒原理，可知

载荷所做的功 $W=$ 结构变形所储存的应变能 U

也就是说，变形体的应变能量储存于其内部。

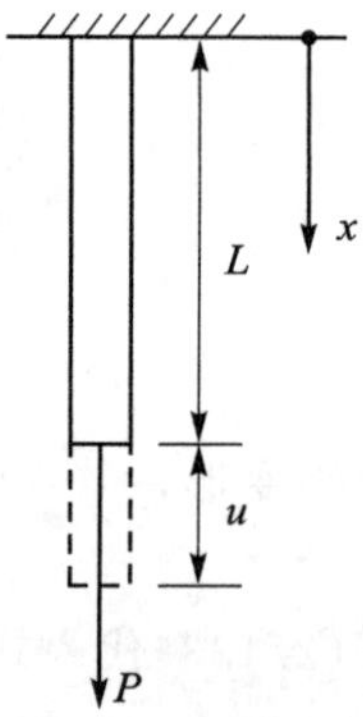

图 2.21 受简单拉伸的弹性元件

对于具有非线性弹性特征的元件，根据典型的载荷-位移曲线，可得

$$W = \int_0^u P\,\mathrm{d}u = \int_0^L A\sigma_x\varepsilon_x\,\mathrm{d}x = U \tag{2.137}$$

式中，A 为元件的横截面积；L 为元件的长度；应变 $\varepsilon_x = \mathrm{d}u/\mathrm{d}x$。

显然，

$$\frac{\mathrm{d}U}{\mathrm{d}u} = P \tag{2.138}$$

$$\frac{\mathrm{d}U^*}{\mathrm{d}P} = u \tag{2.139}$$

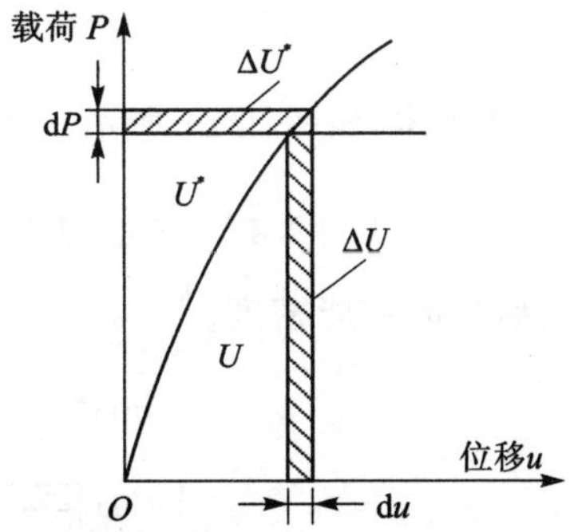

图 2.22　非线性弹性元件的载荷-位移曲线

从图 2.22 也可以清楚地看出，在线性弹性情况下，曲线退化为直线，U 与 U^* 相等，应变能和余应变能是完全可以互换的。实际上，上式中的 $\mathrm{d}U^*/\mathrm{d}P = u$ 就是大家所熟知的卡氏第一定理，它只适用于线性弹性($n=1$)的情况，正确的关系式应是

$$\frac{\mathrm{d}U^*}{\mathrm{d}P} = u$$

它无论是在线性弹性还是在非线性弹性情况下都是适用的。

对于如图 2.23 所示的微体，外力 $\sigma_x \mathrm{d}y\mathrm{d}z$ 在 AD 边单位应变上所做的功为 $-\sigma_x \mathrm{d}y\mathrm{d}z \cdot \mathrm{d}u$，外力 $\sigma_x \mathrm{d}y\mathrm{d}z$ 在 CB 边单位应变上所做的功为 $\sigma_x \mathrm{d}y\mathrm{d}z \cdot \left[\mathrm{d}u + \frac{\partial(\mathrm{d}u)}{\partial x}\mathrm{d}x\right]$，则外力 $\sigma_x \mathrm{d}y\mathrm{d}z$ 在微体上做的功为

$$\mathrm{d}W_{\sigma_x} = \sigma_x \mathrm{d}y\mathrm{d}z \frac{\partial(\mathrm{d}u)}{\partial x}\mathrm{d}x = \sigma_x \mathrm{d}y\mathrm{d}z \cdot \mathrm{d}\left(\frac{\partial u}{\partial x}\right)\mathrm{d}x = \sigma_x \mathrm{d}\varepsilon_x \cdot \mathrm{d}x\mathrm{d}y\mathrm{d}z \tag{2.140}$$

外力 $\sigma_x \mathrm{d}y\mathrm{d}z$ 在微体上做的总功为

$$W_{\sigma_x} = \int_0^{\varepsilon_x} \sigma_x \mathrm{d}\varepsilon_x \mathrm{d}x\mathrm{d}y\mathrm{d}z = u_0 \mathrm{d}x\mathrm{d}y\mathrm{d}z \tag{2.141}$$

式中，$u_0 = \int_0^{\varepsilon_x} \sigma_x \mathrm{d}\varepsilon_x$ 为单位体积的应变能。

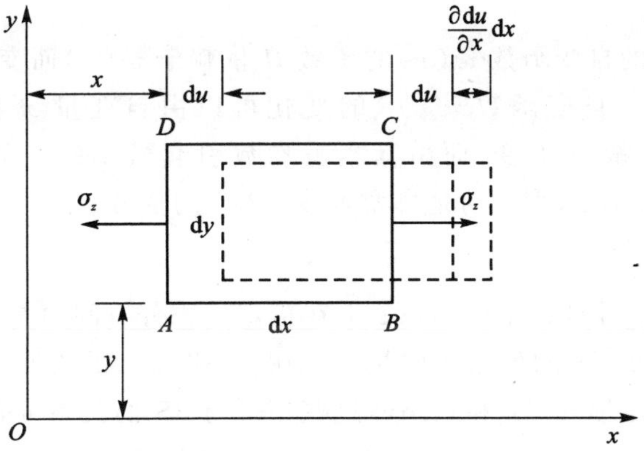

图 2.23　微元体外力功

同理，可得 W_{σ_y}、W_{σ_z}、$W_{\tau_{xy}}$、$W_{\tau_{yz}}$、$W_{\tau_{zx}}$。因此，不难推广到一般情况：

$$U = \iiint_V u_0 \mathrm{d}x\mathrm{d}y\mathrm{d}z \tag{2.142}$$

$$u_0=\int_0^{\varepsilon_x}\sigma_x \mathrm{d}\varepsilon_x+\int_0^{\varepsilon_y}\sigma_y \mathrm{d}\varepsilon_y+\int_0^{\varepsilon_z}\sigma_z \mathrm{d}\varepsilon_z+\int_0^{\gamma_{xy}}\tau_{xy} \mathrm{d}\gamma_{xy}+\int_0^{\gamma_{yz}}\tau_{yz} \mathrm{d}\gamma_{yz}+\int_0^{\gamma_{zx}}\tau_{zx} \mathrm{d}\gamma_{zx} \tag{2.143}$$

对于线弹性体(如图 2.24 所示),则有

$$u_0=\frac{1}{2}(\sigma_x\varepsilon_x+\sigma_y\varepsilon_y+\sigma_z\varepsilon_z+\tau_{xy}\gamma_{xy}+\tau_{yz}\gamma_{yz}+\tau_{zx}\gamma_{zx}) \tag{2.144}$$

式中,u_0 又称为应变能密度。

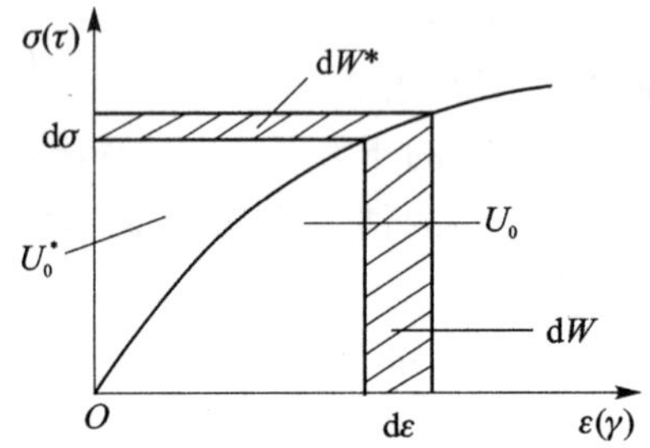

图 2.24 应力-应变曲线

单位体积的余应变能(即余应变能密度)为

$$u_0^*=\int_0^{\sigma_x}\varepsilon_x \mathrm{d}\sigma_x+\int_0^{\sigma_y}\varepsilon_y \mathrm{d}\sigma_y+\int_0^{\sigma_z}\varepsilon_z \mathrm{d}\sigma_z+\int_0^{\tau_{xy}}\gamma_{xy} \mathrm{d}\tau_{xy}+\int_0^{\tau_{yz}}\gamma_{yz} \mathrm{d}\tau_{yz}+\int_0^{\tau_{zx}}\gamma_{zx} \mathrm{d}\tau_{zx} \tag{2.145}$$

总余应变能为

$$U^*=\iiint_V u_0^* \mathrm{d}x\mathrm{d}y\mathrm{d}z \tag{2.146}$$

在线弹性情况下,$U^*=U$。

2.9 虚位移原理和最小势能原理

如果满足边界条件的自变函数 $w(x)$ 的函数 Π 依赖于 $w(x)$ 而变化,此时,$w(x)$ 称为自变函数,Π 则称为泛函。自变函数 $w(x)$ 的变化可以由自变量 x 的变化 $\mathrm{d}x$ 引起(记为 $\mathrm{d}w(x)$),也可以是自变量 x 不变,而由其本身参数引起微小的变化(记为 $\delta w(x)$),如果 $\delta w(x)$ 足够小,是一无穷小量,则称为是自变函数 $w(x)$ 的变分。

1. 格林恒等式

令 ϕ、φ 为任意函数,并且在坐标 $Oxyz$ 下在指定的积分空间内是连续的。考虑一微面积 $\mathrm{d}S$(如图 2.25 所示),α 是 $\mathrm{d}S$ 的外法线向量,$\mathrm{d}S$ 在 yz 平面上的投影为矩形 $\mathrm{d}y\mathrm{d}z$,在其余两个平面上的投影分别为矩形 $\mathrm{d}z\mathrm{d}x$ 和 $\mathrm{d}x\mathrm{d}y$,这些矩形与 $\mathrm{d}S$ 的关系可表示为

$$\left.\begin{aligned}\mathrm{d}y\mathrm{d}z&=\mathrm{d}S\cos\theta_{\alpha x}=l\mathrm{d}S\\ \mathrm{d}z\mathrm{d}x&=\mathrm{d}S\cos\theta_{\alpha y}=m\mathrm{d}S\\ \mathrm{d}x\mathrm{d}y&=\mathrm{d}S\cos\theta_{\alpha z}=n\mathrm{d}S\end{aligned}\right\} \tag{2.147}$$

式中,l、m、n 是 α 与 x、y、z 轴相应的方向余弦。

利用分部积分,可知

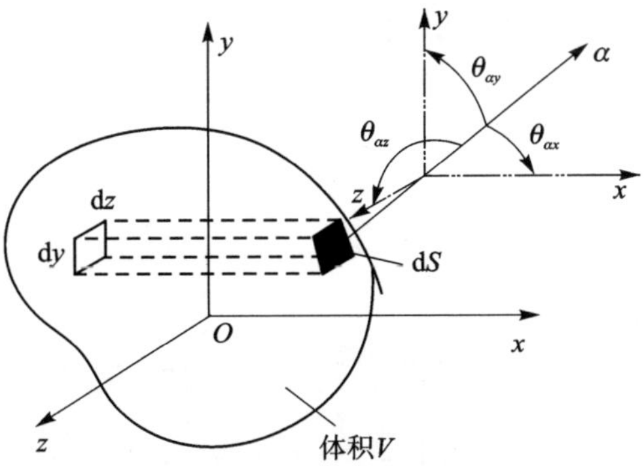

图 2.25　弹性连续体

$$I_x=\int_V \frac{\partial\varphi}{\partial x}\frac{\partial\psi}{\partial x}\mathrm{d}V=\int_S\varphi\frac{\partial\psi}{\partial x}l\,\mathrm{d}S-\int_S\int_x\varphi\frac{\partial^2\psi}{\partial x^2}l\,\mathrm{d}S\,\mathrm{d}x=\int_S\varphi\frac{\partial\psi}{\partial x}l\,\mathrm{d}S-\int_V\varphi\frac{\partial^2\psi}{\partial x^2}\mathrm{d}V \tag{2.148}$$

同理

$$I_y=\int_V \frac{\partial\varphi}{\partial y}\frac{\partial\psi}{\partial y}\mathrm{d}V=\int_S\varphi\frac{\partial\psi}{\partial y}m\,\mathrm{d}S-\int_V\varphi\frac{\partial^2\psi}{\partial y^2}\mathrm{d}V \tag{2.149}$$

$$I_z=\int_V \frac{\partial\varphi}{\partial z}\frac{\partial\psi}{\partial z}\mathrm{d}V=\int_S\varphi\frac{\partial\psi}{\partial z}n\,\mathrm{d}S-\int_V\varphi\frac{\partial^2\psi}{\partial z^2}\mathrm{d}V \tag{2.150}$$

式中，I_x、I_y、I_z 称为格林恒等式，它将体积空间上的积分转换成表面积分。

于是，利用式(2.148)～式(2.150)，可推出

$$I=\left(\frac{\partial\varphi}{\partial x}\frac{\partial\psi}{\partial x}+\frac{\partial\varphi}{\partial y}\frac{\partial\psi}{\partial y}+\frac{\partial\varphi}{\partial z}\frac{\partial\psi}{\partial z}\right)\mathrm{d}V=\int_S\varphi\left(\frac{\partial\psi}{\partial x}l+\frac{\partial\psi}{\partial y}m+\frac{\partial\psi}{\partial z}n\right)\mathrm{d}S-\int_V\varphi\nabla^2\psi\mathrm{d}V \tag{2.151}$$

式中，$\nabla^2=\frac{\partial^2}{\partial x^2}+\frac{\partial^2}{\partial y^2}+\frac{\partial^2}{\partial z^2}$是拉普拉斯算子。式(2.151)称为格林恒等式。

2. 虚功原理(虚位移原理)

对任意形状弹性体，在表面载荷 p_x、p_y、p_z 和体力 $F_{\mathrm{b}x}$、$F_{\mathrm{b}y}$、$F_{\mathrm{b}z}$ 的作用下，产生弹性位移 u_x、u_y、u_z，应变 ε_x、ε_y、ε_z、γ_{xy}、γ_{yz}、γ_{zx}，以及应力 σ_x、σ_y、σ_z、τ_{xy}、τ_{yz}、τ_{zx}，则它们满足的平衡状态方程如下：① 平衡方程；② 几何方程(位移-应变方程)；③ 物理方程(应力-应变方程)；④ 力的边界条件；⑤ 协调方程。

在此平衡状态下，设想物体偏离平衡位置有一无限小的位移 δu_x、δu_y、δu_z(称“虚位移”或“可能位移”，满足：① 位移边界条件；② 是连续的，即虚位移引起的虚应变必须满足协调方程，但它们引起的虚应力不一定满足平衡方程)，考虑平衡方程在虚位移上的体积分，得到

$$\int_V\left(\frac{\partial\sigma_x}{\partial x}+\frac{\partial\tau_{xy}}{\partial y}+\frac{\partial\tau_{xz}}{\partial z}+F_{\mathrm{b}x}\right)\delta u_x\mathrm{d}V+\int_V\left(\frac{\partial\tau_{yx}}{\partial x}+\frac{\partial\sigma_y}{\partial y}+\frac{\partial\tau_{yz}}{\partial z}+F_{\mathrm{b}y}\right)\delta u_y\mathrm{d}V+$$
$$\int_V\left(\frac{\partial\tau_{zx}}{\partial x}+\frac{\partial\tau_{zy}}{\partial y}+\frac{\partial\sigma_z}{\partial z}+F_{\mathrm{b}y}\right)\delta u_z\mathrm{d}V=0 \tag{2.152}$$

利用格林恒等式(2.151)，将虚位移 δu_i 作为格林恒等式中的$\partial\psi/\partial i$，则式(2.152)可写成

$$\int_S (\sigma_x l + \tau_{xy} m + \tau_{xz} n)\delta u_x \mathrm{d}S + \int_V F_{bx}\delta u_x \mathrm{d}V - \int_V \left(\sigma_x \frac{\partial \delta u_x}{\partial x} + \tau_{xy}\frac{\partial \delta u_x}{\partial y} + \tau_{xz}\frac{\partial \delta u_x}{\partial z}\right)\mathrm{d}V +$$

$$\int_S (\tau_{yx} l + \sigma_y m + \tau_{yz} n)\delta u_y \mathrm{d}S + \int_V F_{by}\delta u_y \mathrm{d}V - \int_V \left(\tau_{yx} \frac{\partial \delta u_y}{\partial x} + \sigma_y\frac{\partial \delta u_y}{\partial y} + \tau_{yz}\frac{\partial \delta u_y}{\partial z}\right)\mathrm{d}V +$$

$$\int_S (\tau_{zx} l + \tau_{zy} m + \sigma_z n)\delta u_x \mathrm{d}S + \int_V F_{bz}\delta u_z \mathrm{d}V - \int_V \left(\tau_{zx} \frac{\partial \delta u_z}{\partial x} + \tau_{zy}\frac{\partial \delta u_z}{\partial y} + \sigma_z\frac{\partial \delta u_z}{\partial z}\right)\mathrm{d}V = 0 \tag{2.153}$$

考虑到 δu_i 是连续函数，以及力的边界条件、几何方程，则

$$\delta\varepsilon_x = \delta\left(\frac{\partial u_x}{\partial x}\right) = \frac{\partial}{\partial x}(\delta u_x) \tag{2.154}$$

$$\delta\varepsilon_y = \delta\left(\frac{\partial u_y}{\partial y}\right) = \frac{\partial}{\partial y}(\delta u_y) \tag{2.155}$$

$$\delta\varepsilon_z = \delta\left(\frac{\partial u_z}{\partial z}\right) = \frac{\partial}{\partial z}(\delta u_z) \tag{2.156}$$

$$\delta\gamma_{xy} = \delta\left(\frac{\partial u_y}{\partial x} + \frac{\partial u_x}{\partial y}\right) = \frac{\partial}{\partial x}(\delta u_y) + \frac{\partial}{\partial y}(\delta u_x) \tag{2.157}$$

$$\delta\gamma_{yz} = \delta\left(\frac{\partial u_z}{\partial y} + \frac{\partial u_y}{\partial z}\right) = \frac{\partial}{\partial y}(\delta u_z) + \frac{\partial}{\partial z}(\delta u_y) \tag{2.158}$$

$$\delta\gamma_{zx} = \delta\left(\frac{\partial u_z}{\partial x} + \frac{\partial u_x}{\partial z}\right) = \frac{\partial}{\partial z}(\delta u_x) + \frac{\partial}{\partial x}(\delta u_z) \tag{2.159}$$

及

$$\left.\begin{aligned} \sigma_x l + \tau_{xy} m + \tau_{xz} n = p_x \\ \tau_{yx} l + \sigma_y m + \tau_{yz} n = p_y \\ \tau_{zx} l + \tau_{zy} m + \sigma_z n = p_z \end{aligned}\right\} \tag{2.160}$$

联立式(2.153)～式(2.160)，得到

$$\int_S (p_x \delta u_x + p_y \delta u_y + p_z \delta u_z)\mathrm{d}S + \int_V (F_{bx}\delta u_x + F_{by}\delta u_y + F_{bz}\delta u_2)\mathrm{d}V =$$

$$\int_V (\sigma_x \delta\varepsilon_x + \sigma_y \delta\varepsilon_y + \sigma_z \delta\varepsilon_z + \tau_{xy}\delta\gamma_{xy} + \tau_{yz}\delta\gamma_{yz} + \tau_{zx}\delta\gamma_{zx})\mathrm{d}V \tag{2.161}$$

上式左边第 1 项表示表面力做的虚功，记为 δW_p；左边第 2 项表示体力做的虚功，记为 δW_F；右边表示在虚位移上的应变能，叫作虚应变能，记为 δU，于是

$$\delta W = \delta W_p + \delta W_F = \delta U \tag{2.162}$$

上式即为虚功原理，又称为虚位移原理。从虚功原理出发，由边界条件可求平衡状态下的变形量、应力和应变。虚功原理可用文字表达如下：任何从协调的变形状态 u 出发的虚位移 δu，如果能使外力虚功 δW 等于虚应变能 δU，则弹性结构在给定载荷作用下处于平衡状态。

注意：

① 上述虚功原理是由平衡方程、几何方程导出的，也可由 $\delta W = \delta U$ 导出平衡方程。

② 令 $V = U - W$，则虚功原理就可以简洁地表示为 $\delta V = 0$，这与泛函极值是统一的。

③ 在利用虚功原理解题时，也要学会给出虚位移、虚功、虚应变能；如以前梁的例子，其虚位移为 δw。

④ 虚功原理同样适用于几何非线性变形的情况。

弹性体在外力作用下会产生变形和位移，通常将外力在相应位移上所做的功称为外力势能，它在变形后转化成变形能(即应变能)，则

弹性体的总势能 E = 应变能 U − 外力势能 W

最小势能原理指出，在所有满足给定几何边界条件的位移场中，真实的位移场使弹性体的总势能取最小值，即

$$\delta E=\delta(U_0-W)=0 \tag{2.163}$$

式中，U_0 为真实位移场的应变能；W 为外力势能。

同时，

$$\delta^2 E \geqslant 0 \tag{2.164}$$

此原理的证明可由虚功原理导出。

例题 2-1　试用虚功原理求图 2.26 所示简支梁的挠度曲线，并求出 $a=l/2$ 的挠度(不计剪切变形的影响)。

解　设挠度曲线为 $w=\sum\limits_{n=1}^{\infty} a_n \sin\dfrac{n\pi x}{l}$，显然，满足 $w(0)=w(l)=0$ 的边界条件。

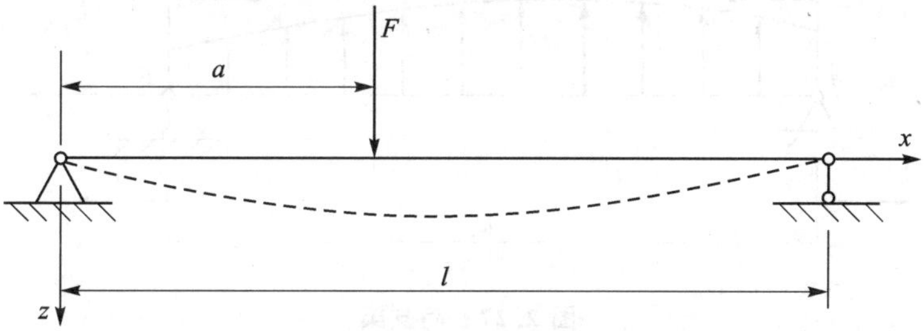

图 2.26　简支梁

应变能：$U=\dfrac{1}{2EI}\displaystyle\int_0^l\left(\frac{d^2w}{dx^2}\right)dx=\frac{EI\pi^4}{4l^4}\sum_{n=1}^{\infty}n^4a_n^2$；

虚位移：$\delta w=\sum\limits_{n=1}^{\infty}\delta a_n\sin\dfrac{n\pi x}{l}$；

虚功：$\delta W=F\delta w\Big|_{x=a}=F\sum\limits_{n=1}^{\infty}\delta a_n\sin\dfrac{n\pi a}{l}$；

虚应变能：$\delta U=\sum\limits_{n=1}^{\infty}\dfrac{\partial U}{\partial a_n}\delta a_n=\dfrac{EI\pi^4}{2l^3}\sum\limits_{n=1}^{\infty}n^4a_n\delta a_n$。

根据虚功原理 $\delta W=\delta U$，由 a_n 的任意性，得到

$$F\sin\frac{n\pi a}{l}=\frac{EI\pi^4}{2l^3}n^4a_n$$

从而

$$a_n=\frac{2Fl^3\sin\dfrac{n\pi a}{l}}{EIn^4\pi^4}$$

所以

$$w=\frac{2Fl^3}{EI\pi^4}\sum_{n=1}^{\infty}\frac{1}{n^4}\sin\frac{n\pi a}{l}\sin\frac{n\pi x}{l}$$

当 $a=l/2$ 时，

$$w=\frac{2Fl^3}{EI\pi^4}\left(1+\frac{1}{3^4}+\frac{1}{5^4}+\cdots\right)$$

取级数的第一项，可得

$$w=\frac{2Fl^3}{EI\pi^4}\approx\frac{Fl^3}{48.7EI}$$

例题 2-2 对于图 2.27 所示简支梁，假定其挠度为

$$w(x)=\sum_{i=1}^{n}A_i w_i(x)$$

式中，$w_i(x)$为满足位移边界条件的已知函数，试述虚位移的概念，列出外力虚功的表达式，并求广义位移 A_k 所对应的广义外力。

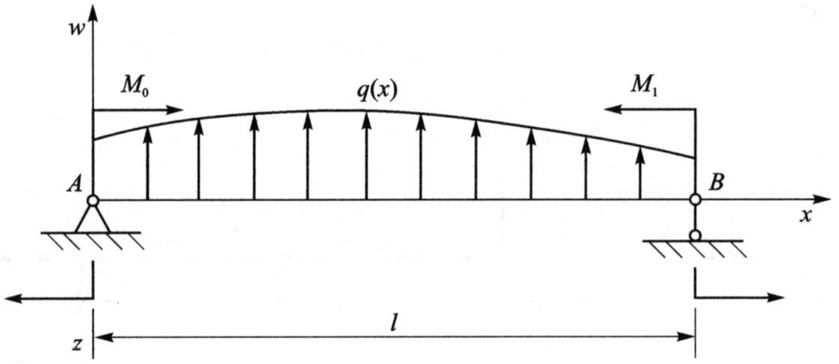

图 2.27 简支梁

解 对于受分布载荷 $q(x)$作用的简支梁，位移（挠度）可用以下函数来表示：

$$w(x)=\sum_{i=1}^{n}A_i w_i(x)$$

式中，$w_i(x)$是满足位移边界条件的已知连续函数，即

$$w_i(0)=0,\quad w_i(l)=0$$

而 A_i 是待定常数。由上面的公式可知，如果已知 A_i，则可求得任意截面的位移。故 A_i 称为广义位移。

如果 A_k 产生一无限小的增量 δA_k，而其他广义位移不变，则 $w(x)$也将产生一无限小的增量 $\delta w(x)$：

$$\delta w(x)=w_k(x)\delta A_k$$

因为 $\delta w(x)$不是由自变量 x 的改变产生的，而是由参量 A_k 的改变而产生的（见图 2.28），故 $\delta w(x)$不能称为微分，而应称为变分。上式所给的位移变分显然满足位移边界条件，即

$$\delta w(0)=0,\quad \delta w(l)=0$$

以上满足位移连续条件、位移边界条件的位移与位移变分均可称为虚位移或可能位移。

载荷 $q(x)$在虚位移 $\delta w(x)$上所做的功，称为外力虚功，用 δW_e 表示，它定义为

$$\delta W_e=\int q(x)\delta w(x)\mathrm{d}x+M_l\delta\theta_l-M_0\delta\theta_0$$

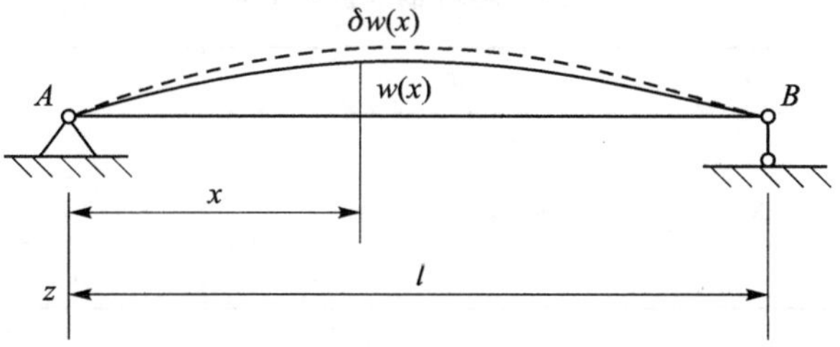

图 2.28　简支梁

式中

$$\delta\theta_l = \frac{\mathrm{d}}{\mathrm{d}x}\delta w(x)\Big|_{x=l}$$

$$\delta\theta_0 = \frac{\mathrm{d}}{\mathrm{d}x}\delta w(x)\Big|_{x=0}$$

将边界条件公式代入上面的公式，得

$$\delta W_e = \left[\int_0^l q(x)w_k(x)\mathrm{d}x + M_l \frac{\mathrm{d}}{\mathrm{d}x}w_k(x)\Big|_{x=l} - M_0 \frac{\mathrm{d}}{\mathrm{d}x}w_k(x)\Big|_{x=0}\right]\delta A_k$$

与广义位移 A_k 对应的广义外力 F_k 就是当 $\delta A_k=1$ 时外力所做的虚功，因此，

$$F_k = \frac{\delta W_e}{\delta A_k} = \left[\int_0^l q(x)w_k(x)\mathrm{d}x + M_l \frac{\mathrm{d}}{\mathrm{d}x}w_k(x)\Big|_{x=l} - M_0 \frac{\mathrm{d}}{\mathrm{d}x}w_k(x)\Big|_{x=0}\right]$$

例题 2-3　桁架在节点 1 处受到水平方向的集中力 P 的作用(如图 2.29 所示)，利用最小势能原理，求各杆内力。

解　设节点 1 产生水平方向的位移为 u_x，垂直方向的位移为 u_y。在节点 1 有位移的情况下，桁架各杆将产生相应的变形 Δl_{1-2}、Δl_{1-3}、Δl_{1-4}。根据图 2.29 给出的几何参数，不难得出各杆的变形 ΔL_i 和各杆的原来长度 L_i(如表 2.1 所列)为

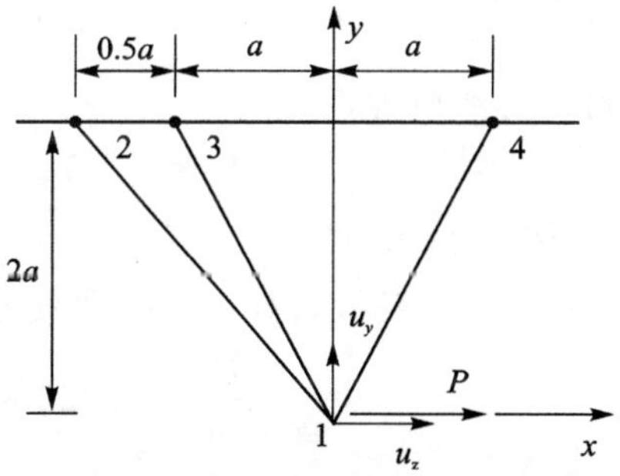

图 2.29　受水平集中力作用的桁架

$$l_{1-2} = \sqrt{(1.5a)^2+(2a)^2} = 2.5a$$

$$l_{1-3} = l_{1-4} = \sqrt{a^2+(2a)^2} = 2.36a$$

$$\begin{aligned}\Delta l_{1-2} &= \sqrt{(1.5a+u_x)^2+(2a-y_y)^2} - l_{1-2}\\ &= \sqrt{(2.5a)^2+3au_x-4au_y+(u_x^2+u_y^2)} - 2.5a\\ &= 2.5a\left(\sqrt{1+\frac{3au_x-4au_y}{6.25a^2}+\frac{u_x^2+u_y^2}{6.25a^2}}-1\right)\end{aligned}$$

由小变形假设，略去二阶小量，得

$$\Delta l_{1-2} = 2.5a\left(\sqrt{1+\frac{3au_x-4au_y}{6.25a^2}}-1\right) = 2.5a\left(1+\frac{1}{2}\,\frac{3au_x-4au_y}{6.25a^2}-1\right) = 0.6u_x - 0.8u_y$$

表 2.1　各杆的长度和变形

杆号 i	ΔL_i	L_i
1-2	$0.6u_x-0.8u_y$	$2.5a$
1-3	$0.447\,2u_x-0.894u_y$	$2.236a$
1-4	$-0.447\,2u_x-0.894u_y$	$2.236a$

设各杆的横截面积 A 和弹性模量 E 均相同，于是，各杆因变形而产生的内力为

$$N_i=\frac{EA}{L_i}\Delta L_i$$

式中，EA/L_i 是杆的拉伸(压缩)刚度。

各杆的应变能为

$$U_i=\frac{1}{2}N_i\Delta L_i=\frac{1}{2}\frac{EA}{L_i}(\Delta L_i)^2$$

整个桁架的应变能为

$$U=\sum U_i$$

外力势能为

$$W=Pu_x$$

系统的总势能为

$$\Pi=\sum U_i-Pu_x=\frac{EA}{a}(0.161\,443u_x^2-0.192u_xu_y+0.485\,771u_y^2)-Pu_x$$

由最小势能原理：

$$\delta\Pi_{u_x}=0$$

$$\delta\Pi_{u_y}=0$$

式中，下标 u_x、u_y 表示只对 u_x、u_y 取变分，于是有

$$\frac{EA}{a}(0.322\,885u_x-0.192u_y)-P=0$$

$$\frac{EA}{a}(-0.192u_x+0.971\,542u_y)=0$$

从中可以解出

$$u_x=3.509\,5\,\frac{Pa}{EA}$$

$$u_y=0.693\,6\,\frac{Pa}{EA}$$

将上述位移值代入各杆 ΔL_i 及 N_i 的表达式，即可算出各杆的内力为

$$N_{1\text{-}2}=0.620\,3P$$

$$N_{1\text{-}3}=0.424\,5P$$

$$N_{1\text{-}4}=-0.979\,3P$$

不难验证，这些内力满足节点 1 处与载荷 P 的平衡条件：

$$\sum X_x=0$$

$$\sum X_y = 0$$

例题 2-4　试根据势能原理，求图 2.30 所示简支梁中力偶作用面 A、B 的绝对角位移。

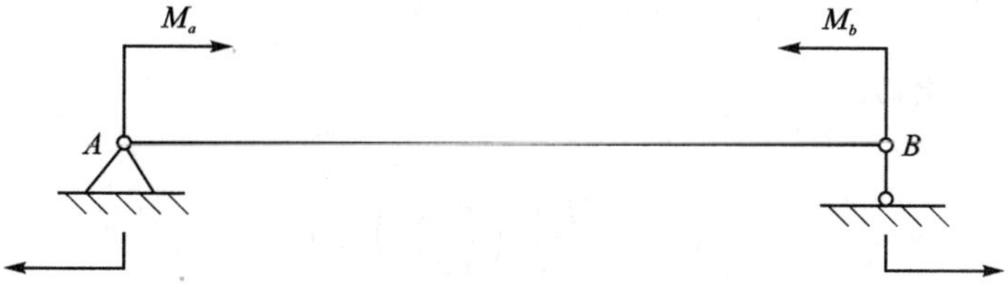

图 2.30　两端受弯的简支梁

解　根据材料力学中关于剪力、弯矩、载荷集度间的关系可知

$$\frac{\mathrm{d}^2 M(x)}{\mathrm{d}x^2} = \frac{\mathrm{d}Q(x)}{\mathrm{d}x} = q(x)$$

由于梁上没有分布载荷，即 $q(x)=0$，则

$$\frac{\mathrm{d}^2 M(x)}{\mathrm{d}x^2} = 0$$

又

$$M(x) = EIw''(x)$$

所以

$$\frac{\mathrm{d}^4 w}{\mathrm{d}x^4} = 0$$

积分上式，得到

$$w = a_3 x^3 + a_2 x^2 + a_1 x + a_0$$

对于简支梁，位移边界条件为

$$\begin{cases} w\big|_{x=0} = 0 \\ w\big|_{x=l} = 0 \end{cases}$$

又设

$$\begin{cases} \theta\big|_{x=0} = \dfrac{\mathrm{d}w}{\mathrm{d}x}\bigg|_{x=0} = \theta_A \\ \theta\big|_{x=l} = \dfrac{\mathrm{d}w}{\mathrm{d}x}\bigg|_{x=l} = \theta_B \end{cases}$$

则

$$a_0 = 0$$

$$a_1 = \theta_A$$

$$a_2 = -(\theta_B + 2\theta_A)/l$$

$$a_3 = (\theta_A + \theta_B)l^2$$

于是，位移函数可写成如下形式：

$$w = \theta_A f_A(x) + \theta_B f_B(x)$$

式中

$$\begin{cases} f_A(x)=\dfrac{1}{l^3}(x^3-2lx^2+l^2x) \\ f_B(x)=\dfrac{1}{l^2}(x^3-lx^2) \end{cases}$$

故 θ_A 与 θ_B 即为广义位移。

内力势能为

$$U=\frac{EI}{2}\int_0^l\left(\frac{\mathrm{d}^2w}{\mathrm{d}x^2}\right)^2\mathrm{d}x$$

将位移函数代入上式，可得

$$U=\frac{EI}{2}(K_{AA}\theta_A^2+K_{AB}\theta_A\theta_B+K_{BB}\theta_B^2)$$

式中

$$\begin{cases} K_{AA}=\displaystyle\int_0^l\left(\frac{\mathrm{d}^2f_A}{\mathrm{d}x^2}\right)^2\mathrm{d}x \\ K_{AB}=\displaystyle\int_0^l\frac{\mathrm{d}^2f_A}{\mathrm{d}x^2}\frac{\mathrm{d}^2f_B}{\mathrm{d}x^2}\mathrm{d}x \\ K_{BB}=\displaystyle\int_0^l\left(\frac{\mathrm{d}^2f_B}{\mathrm{d}x^2}\right)^2\mathrm{d}x \end{cases}$$

外力势能为

$$V=M_A\theta_A-M_B\theta_B$$

从而，总势能为

$$\Pi=U+V=\frac{EI}{2}(K_{AA}\theta_A^2+K_{AB}\theta_A\theta_B+K_{BB}\theta_B^2)+M_A\theta_A-M_B\theta_B$$

根据最小势能原理，获得

$$\delta\Pi_{\theta_A}=\frac{\partial\Pi}{\partial\theta_A}\delta\theta_A=0$$

$$\delta\Pi_{\theta_B}=\frac{\partial\Pi}{\partial\theta_B}\delta\theta_B=0$$

即

$$\frac{\partial\Pi}{\partial\theta_A}\delta\theta_A=0$$

$$\frac{\partial\Pi}{\partial\theta_B}\delta\theta_B=0$$

将总势能函数代入上式，可得

$$\begin{cases} EI(K_{AA}\theta_A+K_{AB}\theta_B)=-M_A \\ EI(K_{AB}\theta_A+K_{BB}\theta_B)=M_B \end{cases}$$

由以上两式即可求得 θ_A 与 θ_B，具体求解时，可先求算 $f_A(x)$ 和 $f_B(x)$ 的二阶导数，即

$$\begin{cases} \dfrac{\mathrm{d}^2f_A}{\mathrm{d}x^2}=\dfrac{1}{l^2}(6x-4l) \\ \dfrac{\mathrm{d}^2f_B}{\mathrm{d}x^2}=\dfrac{1}{l^2}(6x-2l) \end{cases}$$

然后，将上式代入 K_{AA}、K_{AB} 和 K_{BB} 公式，进行积分，求得

$$\begin{cases} K_{AA} = \dfrac{4}{l} \\ K_{AB} = \dfrac{2}{l} \\ K_{BB} = \dfrac{4}{l} \end{cases}$$

最后，将上式代入求解方程，即可求得所要求的两个角位移：

$$\begin{cases} \theta_A = -\left(\dfrac{M_A l}{3EI} + \dfrac{M_B l}{6EI}\right) \\ \theta_B = \dfrac{M_A l}{6EI} + \dfrac{M_B l}{3EI} \end{cases}$$

式中，正号代表角位移为正，即梁截面发生逆时针方向的转动，负号则代表顺时针方向的转动。

2.10　虚力原理和最小余能原理

上节所讨论的能量原理，都是以虚功原理为基础的，即假设结构产生虚位移。下面要讨论余虚功原理等各种能量原理，将假设结构产生了虚力。

当结构由于外部的真实力（环境的）作用时，结构产生变形，其内部相应地产生应力、应变。与虚功原理相仿，在此结构上加上微小的虚拟载荷，即（与位移 u 不相干的，或无关的）虚拟表面力 δp、体力 δX，以及集中广义力 δP（包括与这些虚拟载荷相平衡的虚拟反作用力在内），则在结构内部产生虚拟应力，这些应力分布，即“可能应力”（所谓可能应力，就是只满足与虚拟载荷平衡的力的边界条件和结构内部的平衡微分方程，但并不要求满足协调条件），记可能应力为 $\delta\sigma$、$\delta\tau$。

注意，上面所说的位移状态是真实的，即它同时满足几何方程（位移-应变方程）、物理方程（本构方程或应力-应变方程）、平衡方程以及位移的边界条件（运动等边界条件和几何边界条件），所以，可能应力状态或虚拟应力状态 $\delta\sigma$、$\delta\tau$ 可以看成是对真实应力状态的某种偏离。

设想在真实的位移状态 u 下，相应的真实应力状态有无限小的偏离 $\delta\sigma$、$\delta\tau$。对平衡方程取应力和体力的变分，并分别用真实位移 u_x、u_y 和 u_z 相乘，再沿整个结构（弹性体）积分，即得

$$\int_V \left(\frac{\partial \delta\sigma_x}{\partial x} + \frac{\partial \delta\tau_{xy}}{\partial y} + \frac{\partial \delta\tau_{xz}}{\partial z} + \delta F_{\mathrm{b}x}\right) u_x \mathrm{d}V + \int_V \left(\frac{\partial \delta\tau_{yx}}{\partial x} + \frac{\partial \delta\sigma_y}{\partial y} + \frac{\partial \delta\tau_{yz}}{\partial z} + \delta F_{\mathrm{b}y}\right) u_y \mathrm{d}V +$$
$$\int_V \left(\frac{\partial \delta\tau_{zx}}{\partial x} + \frac{\partial \delta\tau_{zy}}{\partial y} + \frac{\partial \delta\sigma_z}{\partial z} + \delta F_{\mathrm{b}z}\right) u_z \mathrm{d}V = 0 \tag{2.165}$$

利用格林恒等式，并记式中的 $\phi = \delta\sigma, \delta\tau$ 以及 $\partial\psi/\partial i = u_i (i = x, y, z)$ 等，即可得

$$\int_S [(\delta\sigma_x l + \delta\tau_{xy} m + \delta\tau_{xz} n) u_x + (\delta\tau_{yx} l + \delta\sigma_y m + \delta\tau_{yz} n) u_y + (\delta\tau_{zx} l + \delta\tau_{zy} m + \delta\sigma_z n) u_z] \mathrm{d}S +$$
$$\int_V (\delta F_{bx} u_x + \delta F_{by} u_y + \delta F_{bz} u_z) \mathrm{d}V =$$
$$\int_V \left[\delta\sigma_x \frac{\partial u_x}{\partial x} + \delta\sigma_y \frac{\partial u_y}{\partial y} + \delta\sigma_z \frac{\partial u_z}{\partial z} + \delta\tau_{xy}\left(\frac{\partial u_x}{\partial y} + \frac{\partial u_y}{\partial x}\right) + \right.$$

$$\delta\tau_{yz}\left(\frac{\partial u_y}{\partial z}+\frac{\partial u_z}{\partial y}\right)+\delta\tau_{zx}\left(\frac{\partial u_z}{\partial x}+\frac{\partial u_x}{\partial z}\right)\Big]dV \tag{2.166}$$

考虑在弹性体的表面上，可能应力(虚拟应力)应满足下列力的边界条件：

$$\left.\begin{aligned}\delta\sigma_x l+\delta\tau_{xy}m+\delta\tau_{xz}n=\delta p_x\\ \delta\tau_{yx}l+\delta\sigma_y m+\delta\tau_{yz}n=\delta p_y\\ \delta\sigma_{zx}l+\delta\tau_{zy}m+\delta\sigma_z n=\delta p_z\end{aligned}\right\} \tag{2.167}$$

于是

$$\int_S(\delta p_x u_x+\delta p_y u_y+\delta p_z u_z)\mathrm{d}S+\int_V(\delta F_{bx}u_x+\delta F_{by}u_y+\delta F_{bz}u_z)\mathrm{d}V=$$

$$\int_V(\delta\sigma_x\varepsilon_x+\delta\sigma_y\varepsilon_y+\delta\sigma_z\varepsilon_z+\delta\tau_{xy}\gamma_{xy}+\delta\tau_{yz}\gamma_{yz}+\delta\tau_{zx}\gamma_{zx})\mathrm{d}V \tag{2.168}$$

将上式左端各项的总和记为 δW^*，右端记为 δU^*，则上式可写成

$$\delta W^*=\delta U^* \tag{2.169}$$

上式即为余虚功原理，又称虚力原理。它可用文字阐述为：平衡状态下，微小虚外力 δp、δX 在变形结构真实位移上所做的功(余虚功 δW^*)等于虚应力 $\delta\sigma$、$\delta\tau$ 在真实应变上所完成的总虚应变余能(或称余虚应变能 δU^*)，则该变形结构在给定载荷和环境作用下处于变形协调状态。

因为在推导余虚功原理时曾用到线性的位移-应变方程，因此，余虚功原理只适用于小变形的情况。这里的"余能"即为"余势能"。从余虚功原理可导出最小余能原理：在所有满足平衡方程和应力边界条件的应力场中，真实的应力场使物体的总余能最小。

对于待求广义位移 u_r，施加一虚广义力 δP_r，它在结构内产生的虚应力为 $\delta\sigma_{ii}^r$、$\delta\tau_{ij}^r$，即可能应力，满足平衡条件和力边界条件，并不要求与其对应的虚应变满足协调条件，于是，根据虚力原理，得到

$$u_r\delta P_r=\int_V(\varepsilon_{xx}\delta\sigma_{xx}^r+\cdots+\varepsilon_{zz}\delta\sigma_{zz}^r+\gamma_{xy}\delta\tau_{xy}^r+\cdots+\gamma_{zx}\delta\tau_{zx}^r)\,\mathrm{d}V \tag{2.170}$$

根据可能应力定义，可以令 $\delta\sigma_{ii}^r$、$\delta\tau_{ij}^r$ 与 δP_r 成正比，即

$$\left.\begin{aligned}\delta\sigma_{ii}^r=\bar{\sigma}_{ii}^r\delta P_r\\ \delta\tau_{ij}^r=\bar{\tau}_{ij}^r\delta P_r\end{aligned}\right\} \tag{2.171}$$

式中，$\delta\sigma_{ii}^r$、$\delta\tau_{ij}^r$ 即为单位广义虚力 $\delta P_r=1$ 引起的可能应力。

将式(2.171)代入式(2.170)，则

$$u_r=\int_V(\varepsilon_{xx}\bar{\sigma}_{xx}^r+\cdots+\varepsilon_{zz}\bar{\sigma}_{zz}^r+\gamma_{xy}\bar{\tau}_{xy}^r+\cdots+\gamma_{zx}\bar{\tau}_{zx}^r)\,\mathrm{d}V \tag{2.172}$$

例题 2-5 对于图 2.31 所示悬臂梁，若以 $q(x)=\sum_{i=1}^{n}B_i q_i(x)$ 为载荷函数，试述虚载荷的概念，列出外力余虚功表达式，并求广义载荷 B_i 以及所对应的广义位移。

解 梁上的分布载荷用以下函数表示：

$$q(x)=\sum_{i=1}^{n}B_i q_i(x)$$

式中，$q_i(x)$为已知函数；而 B_i 为已知系数。由上式可知，只要已知 B_i，则任意位置的载荷 $q(x)$亦随之确定，所以，B_i 称为广义载荷。

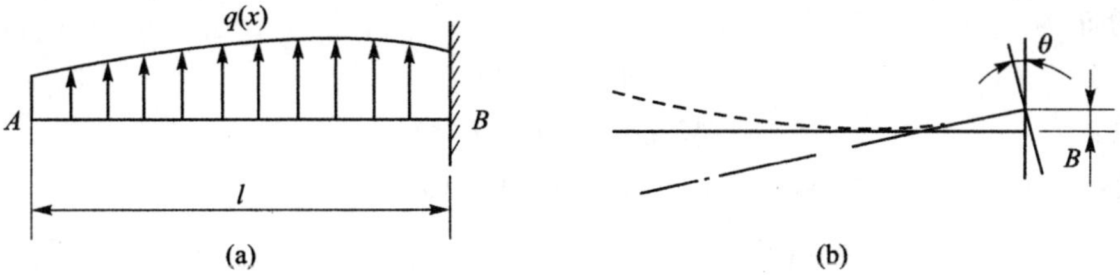

图 2.31　受分布力的悬臂梁

如果 B_i 产生无限小的增量 δB_i，而其他广义载荷保持不变，则 $q(x)$ 也将产生无限小的增量 $\delta q(x)$：

$$\delta q(x)=\delta B_i q_i(x)$$

式中，$\delta q(x)$ 称为虚载荷或可能载荷。

虚载荷在协调位移上所做的功称为外力余虚功，常以 δW_e^* 记之，并用下式表示：

$$\delta W_e^*=\int_0^l w(x)\delta q(x)\mathrm{d}x-w_l\delta Q_l+\theta_l\delta M_l$$

如果在位移边界上没有位移，则

$$\delta W_e^*=\int_0^l w(x)\delta q(x)\mathrm{d}x$$

将虚载荷公式代入上式，得到

$$\delta W_e^*=\left[\int_0^l w(x)q_k(x)\mathrm{d}x\right]\delta B_k$$

与广义载荷 B_k 对应的广义位移 f_k 就是当 $\delta B_k=1$ 时虚载荷所做的余虚功。因此

$$f_k=\frac{\partial W_e^*}{\partial B_k}=\int_0^l w(x)q_k(x)\mathrm{d}x$$

从而

$$\delta W_e^*=f_k\delta B_k$$

例题 2-6　试用最小余能原理，求图 2.32 所示超静定梁的支反力（F 作用在 AB 的中点）。

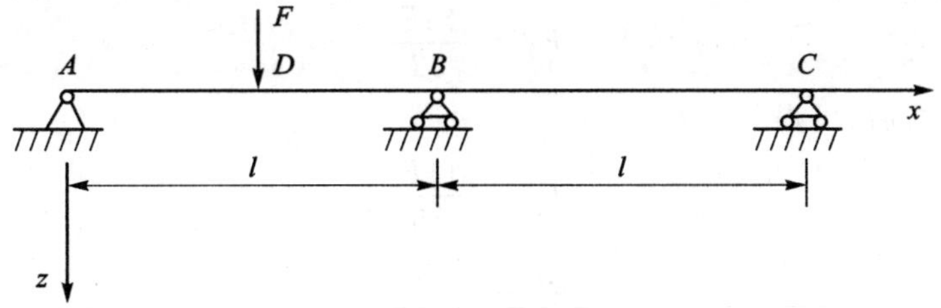

图 2.32　一度静不定简支梁

解　此梁为一次超静定梁，取 A 支点处支反力、多余支反力，则它等价于图 2.33。

由静力平衡条件，可得

$$F_z^B=\frac{3}{2}F-2F_E^A$$

$$F_z^C=F_z^A-\frac{F}{2}$$

梁的弯矩分布为

$\overline{AD}$ 段： $$M_{AD}=F_z^A x$$

$\overline{DB}$ 段： $$M_{DB}=F(x-l/2)$$

$\overline{BC}$ 段： $$M_{BC}=F_z^A(2l-x)+F(x-l/2)$$

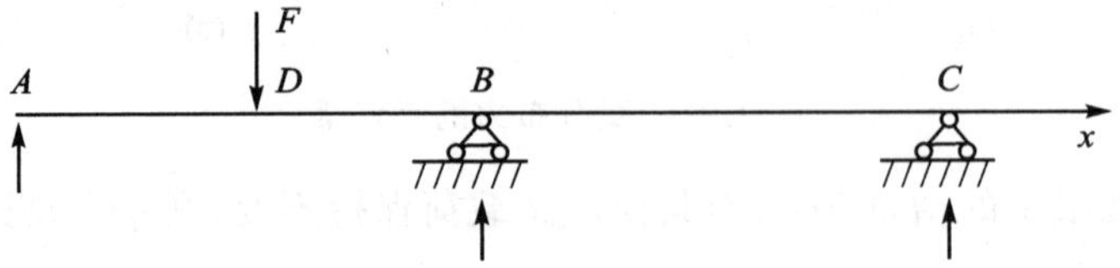

图 2.33 静定简支梁

由于在线弹性情况下，余应变能与应变能相等，则梁的余应变能为

$$U_{AD}^*=\frac{1}{2EI}\int_0^{l/2}M_{AD}^2\,\mathrm{d}x=\frac{1}{2EI}\int_0^{l/2}F_z^A\,\mathrm{d}x$$

$$U_{DB}^*=\frac{1}{2EI}\int_{l/2}^{l}M_{DB}^2\,\mathrm{d}x=\frac{1}{2EI}\int_{l/2}^{l}[F_z^A x-F(x-l/2)]^2\,\mathrm{d}x$$

$$U_{BC}^*=\frac{1}{2EI}\int_{l}^{2l}M_{BC}^2\,\mathrm{d}x=\frac{1}{2EI}\int_{l}^{2l}[F_z^A(2l-x)+F(x/2-l)]^2\,\mathrm{d}x$$

所以，总余应变能为

$$U^*=U_{AD}^*+U_{DB}^*+U_{BC}^*$$

又由于支座 A、B、C 处的位移为零，所以，外力及支反力的余虚功为

$$\delta W^*=0$$

于是，总余能为

$$\Pi^*=U^*-W^*=U^*$$

由最小余能原理 $\delta\Pi^*=0$，可得

$$\frac{\partial \Pi^*}{\partial F_z^A}=0$$

积分求解后，可得

$$F_z^A=\frac{13F}{32}$$

代入 F_z^B、F_z^C 表达式后，可得

$$F_z^B=\frac{11F}{16}$$

$$F_z^C=-\frac{3F}{32}$$

习　　题

2-1　写出如图 2-1 所示情况的边界条件。

2-2　图 2-2 中的短柱体处于平面应力状态，试证在牛角尖端 C 处的应力等于零。

2-3　单位厚度薄板受力如图 2-3 所示，给定应力函数 $\varphi_f=-\tau xy-\frac{1}{2}py^2$，求：(1) 应

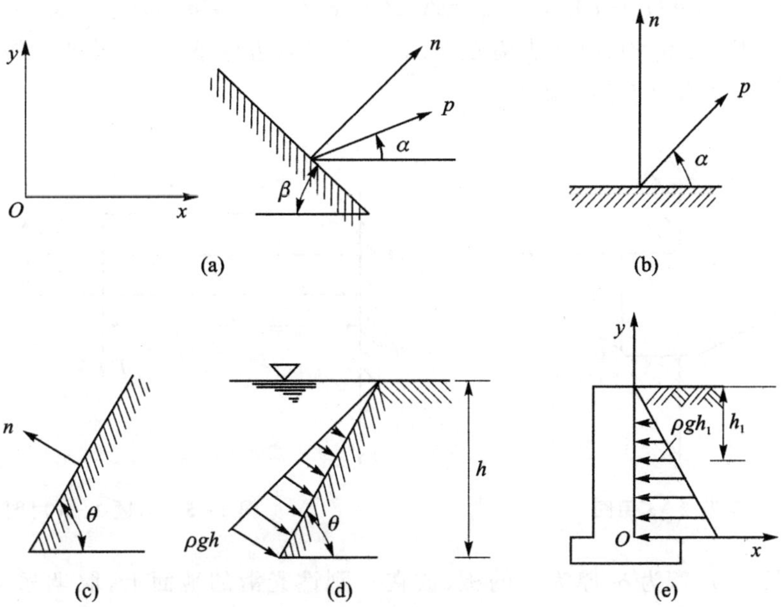

图 2-1　习题 2-1 用图

力分量 σ_x、σ_y、τ_{xy}；(2) 应变分量 ε_x、ε_y、γ_{xy}；(3) 位移分量 u、v。

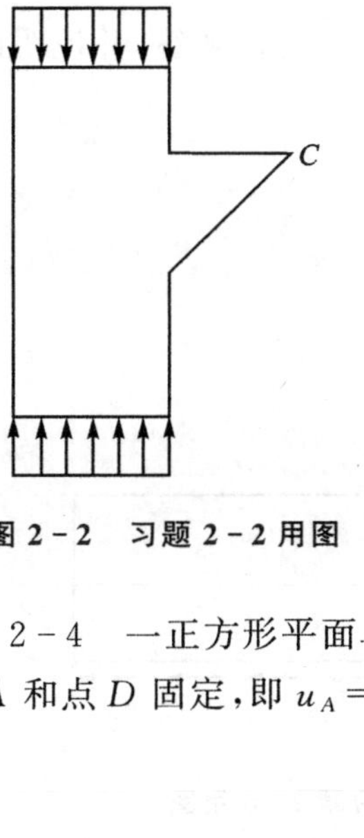

图 2-2　习题 2-2 用图

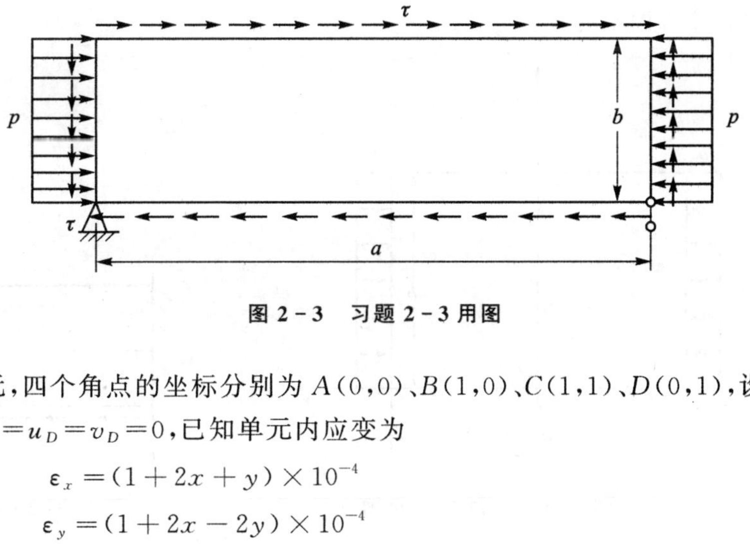

图 2-3　习题 2-3 用图

2-4　一正方形平面单元，四个角点的坐标分别为 $A(0,0)$、$B(1,0)$、$C(1,1)$、$D(0,1)$，设点 A 和点 D 固定，即 $u_A = v_A = u_D = v_D = 0$，已知单元内应变为

$$\varepsilon_x = (1 + 2x + y) \times 10^{-4}$$

$$\varepsilon_y = (1 + 2x - 2y) \times 10^{-4}$$

$$\gamma_{xy} = (3 + 3x) \times 10^{-4}$$

求点 B 和点 C 的位移 u_B、v_B、u_C、v_C。

2-5　如图 2-4 所示的三角形悬臂梁，只受重力作用，而梁的密度为 ρ，试用纯三次式的应力函数 $\varphi_f = Ax^3 + Bx^2y + Cxy^2 + Dy^3$，求解系数 A、B、C、D 和应力分量 σ_x、σ_y、τ_{xy}。

2-6　一长为 l、高为 h、宽为 b 的悬臂梁，在自由端受集中力 F 的作用，取坐标系如图 2-5 所示，现给出某组应力分布

$$\sigma_x=-2A(l-x)y,\quad \tau_{xy}=A(B-y^2),\quad \sigma_y=\sigma_z=\tau_{yz}=\tau_{xz}=0$$

要求检查平衡方程(无体力)、应变协调方程、上下面应力边界条件,以及两端的圣维南边界条件,试问:什么情况下有可能都满足?

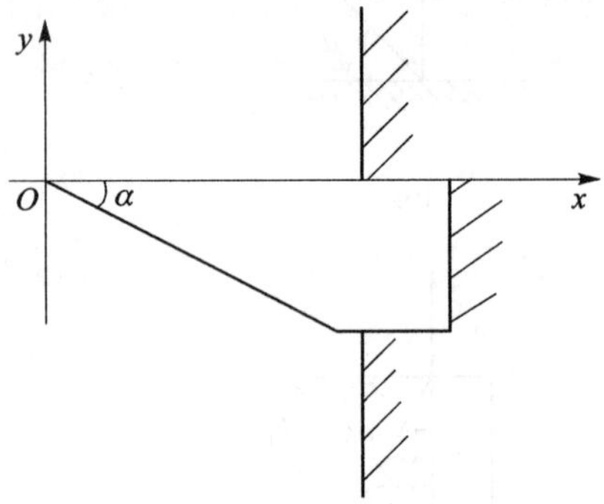

图 2-4　习题 2-5 用图

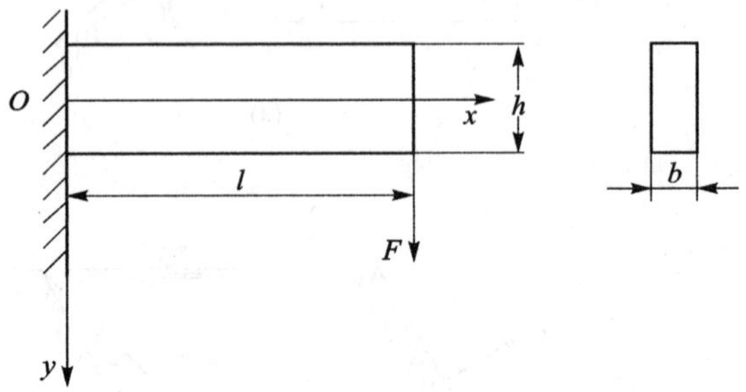

图 2-5　习题 2-6 用图

2-7　一长为 a、宽为 b、厚为 1 的板,放在一刚性光滑的地面上,取坐标系如图 2-6 所示,原点取在板的中面,板受 x 方向均布力 q 的作用,已知位移场为 $u=A_1x+A_2$,$v=B_1y+B_2$,$w=C_1z+C_2$ 的形式,假设弹性模量为 E,泊松比为 μ,试求待定系数及 u、v、w 的表达式。

2-8　如图 2-7 所示,悬臂梁($-c<y<0$,$0<x<l$)沿下边受均布剪力,而上边和 $x=l$ 一端不受力,可用应力函数 $\varphi_f=s\left(\frac{1}{4}xy-\frac{xy^2}{4c}-\frac{xy^3}{4c^2}+\frac{ly^2}{4c}+\frac{ly^3}{4c^2}\right)$得出解答,并说明此解答在哪方面不完善。

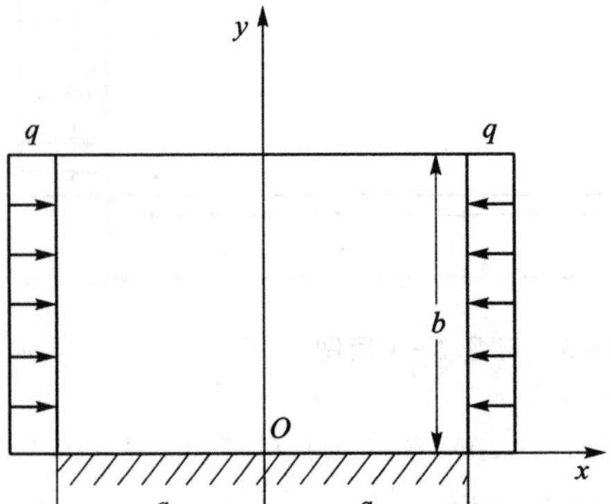

图 2-6　习题 2-7 用图

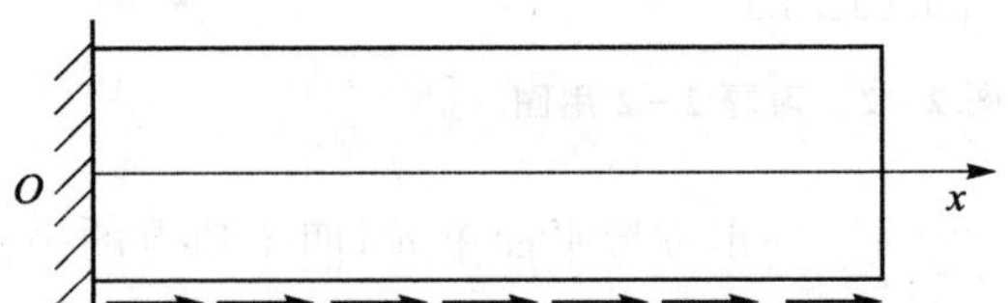

图 2-7　习题 2-8 用图

2-9　如图 2-8 所示的简支梁,只受重力作用,而梁的密度为 ρ,试证明应力函数 $\varphi_f=Ax^2y^3+By^5+Cy^3+Dx^2y$ 满足双调和方程,并求解系数 A、B、C、D 和应力分量 σ_x、σ_y、τ_{xy}。

2-10　图 2-9 中的悬臂梁受均布载荷作用,求其最大应力。

(1) 采用应力函数 $\varphi_f=\dfrac{q}{2\left(1-\frac{\pi}{4}\right)}\left[-x^2+xy+(x^2+y^2)\left(\frac{\pi}{4}-\arctan\frac{y}{x}\right)\right]$ 求解;

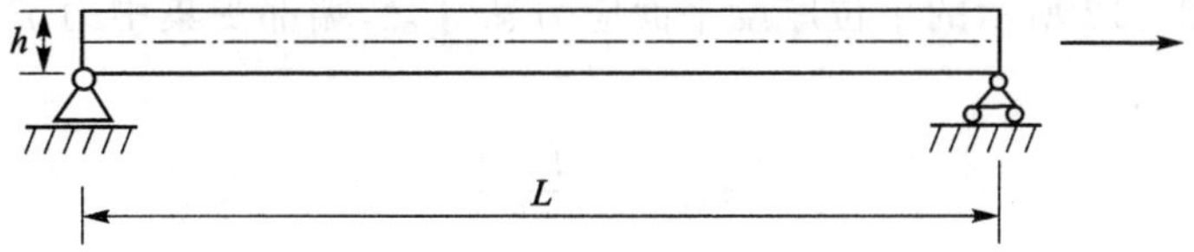

图 2-8　习题 2-9 用图

(2) 采用初等理论求解，并比较以上结果。

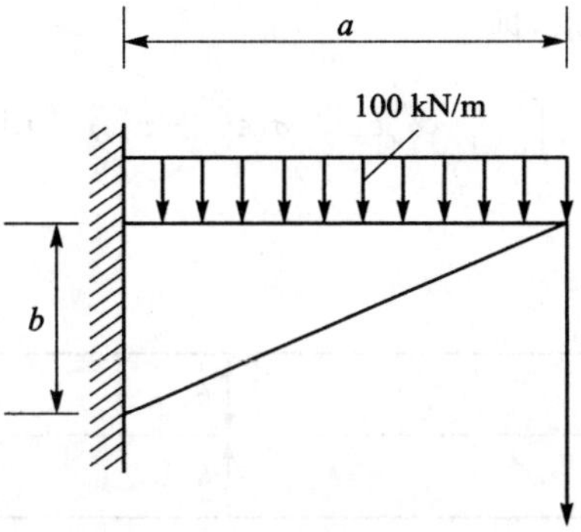

图 2-9　习题 2-10 用图

2-11　已知下列位移，试求指定点的应变状态。

(1) $u=(3x^2+20)\times10^{-2}$，$v=(4xy)\times10^{-2}$，在(0,2)点处。

(2) $u=(6x^2+15)\times10^{-2}$，$v=(8zy)\times10^{-2}$，$w=(3z^2-2xy)\times10^{-2}$，在(1,3,4)点处。

2-12　如图 2-10 所示的悬臂梁右端受 F 的作用，如取挠曲线为 $w=ax^2+bx^3$，试求 a、b的值。

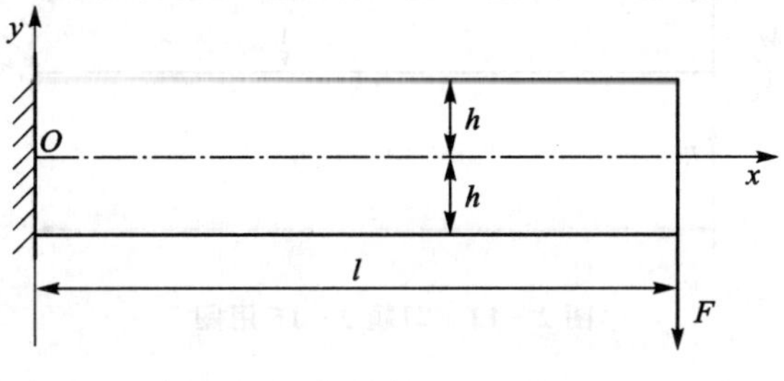

图 2-10　习题 2-12 用图

2-13　对于如图 2-11 所示的简支梁，试检验下列挠度表达式是否都是几何可能位移。

(1) $w=x(l-x)(a_1+a_2x+\cdots+a_nx^n)$；

(2) $w=\sum\limits_{n=1}^{\infty}a_n\sin\dfrac{n\pi x}{l}$。

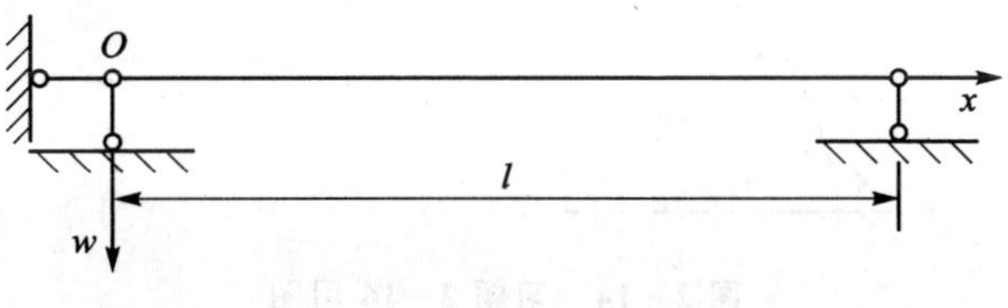

图 2-11　习题 2-13 用图

2-14　如图2-12所示的单位厚度平面应力悬臂梁，端部受集中力 P 的作用，已知应力分布为

$$\sigma_x = -\frac{Pxy}{I}$$

$$\sigma_y = 0$$

$$\tau_{xy} = -\frac{P}{2I}\left[\left(\frac{h}{2}\right) - y^2\right], \quad I = \frac{1}{12}h^3$$

试利用外力功等于内力功的关系，即

$$P\delta = \int_{-\frac{h}{2}}^{\frac{h}{2}}\int_0^l (\sigma_x\varepsilon_x + \sigma_y\varepsilon_y + \tau_{xy}\gamma_{xy})\mathrm{d}x\mathrm{d}y$$

求自由端挠度 δ。

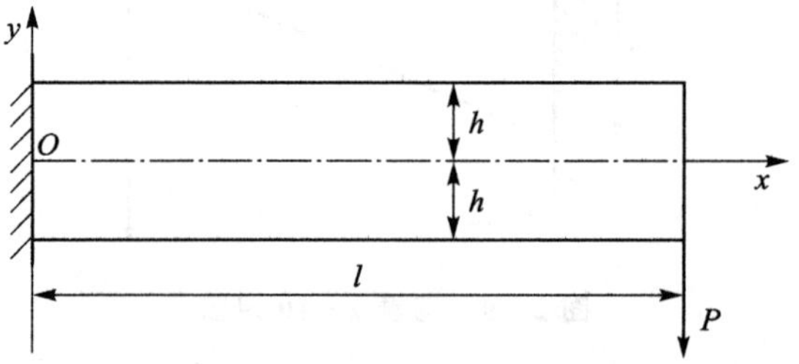

图2-12　习题2-14用图

2-15　如图2-13所示的两端固支梁，在离左端距离 a 处，作用集中力 P，这时左支承的反力 R 和反力矩 M 都作为未知系数，试用最小余能原理求出反力 R 和反力矩 M。

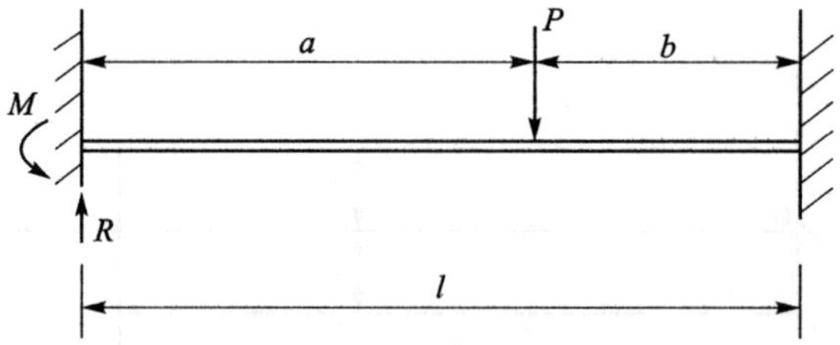

图2-13　习题2-15用图

2-16　试用能量原理求如图2-14所示的等截面细长杆件自由端 C 的垂直位移 f_C。a、R、P 及 EI 均为已知。

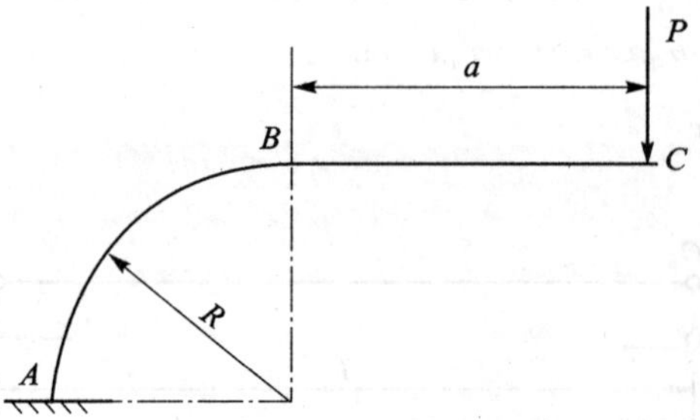

图2-14　习题2-16用图

2－17　如图 2－15 所示的双跨连续梁，抗弯刚度为 EI，受均布载荷 q 的作用。试用最小余能原理求中间简支处的弯矩。

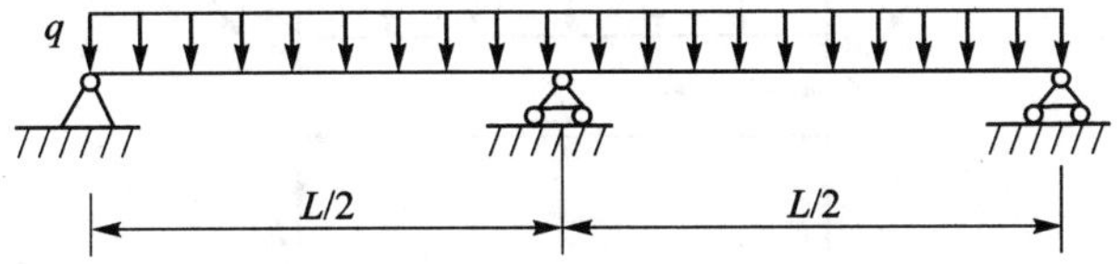

图 2－15　习题 2－17 用图

2－18　使用虚功原理求如图 2－16 所示的梁的挠度函数 w。设 $w=a_1\sin\dfrac{\pi x}{l}$，抗弯刚度为 EI。

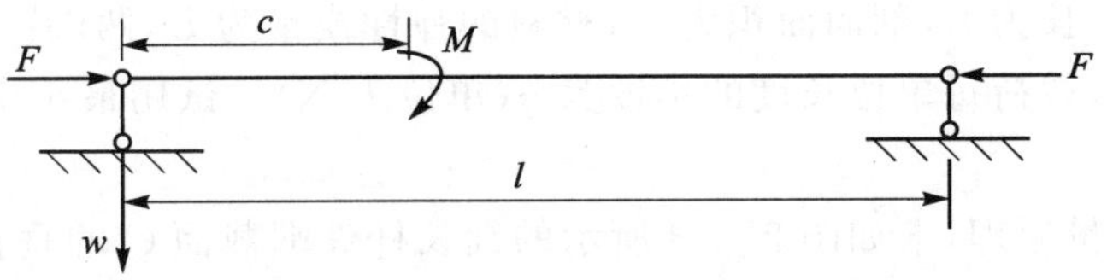

图 2－16　习题 2－18 用图

2－19　已知如图 2－17 所示的悬臂梁，其跨度为 L，抗弯刚度为 EI，在自由端受载荷 F 的作用。试用最小势能原理求最大挠度值。

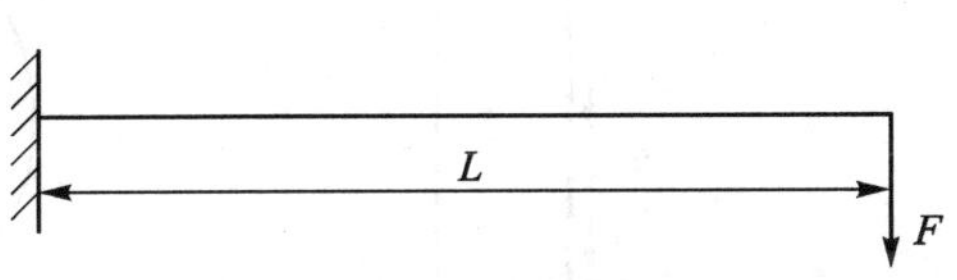

图 2－17　习题 2－19 用图

2－20　如图 2－18 所示，一悬臂梁受均载 q 的作用，试根据挠度与载荷集度的关系式，推导挠度函数 $w(x)$，并用最小势能原理求 $w_{\max}$。$\left(\text{注:变形势能公式 } E=\dfrac{EI}{2}\int_0^l\left(\dfrac{\mathrm{d}^2w}{\mathrm{d}x^2}\right)^2\mathrm{d}x\text{。}\right)$

2－21　如图 2－19 所示，一端固定、一端简支梁受均载 q 的作用，选用梁的变形

$$w=a\left\{\cos\left[\frac{\pi}{2}\left(1-\frac{x}{l}\right)\right]-\cos\left[\frac{3\pi}{2}\left(1-\frac{x}{l}\right)\right]\right\}$$

试用最小势能原理求待定系数 a，以及中点($x=l/2$)处的 w 值。

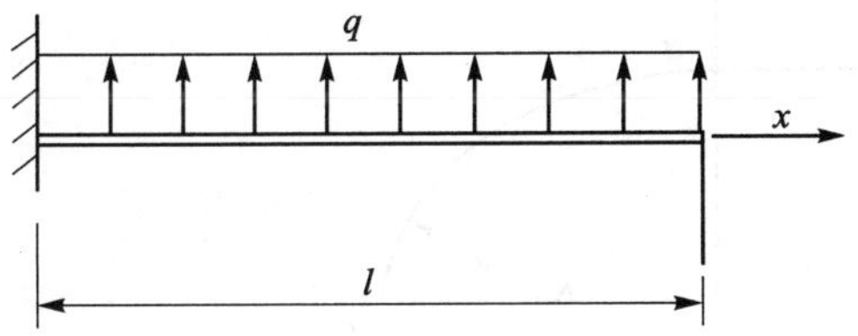

图 2－18　习题 2－20 用图

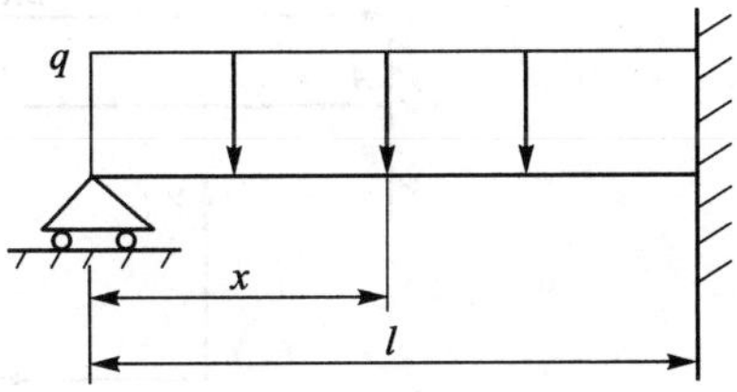

图 2－19　习题 2－21 用图

2－22　如图 2－20 所示，两端固定的梁，受均载 q 的作用，试用最小余能原理求未知反力 R 和反力矩 M。

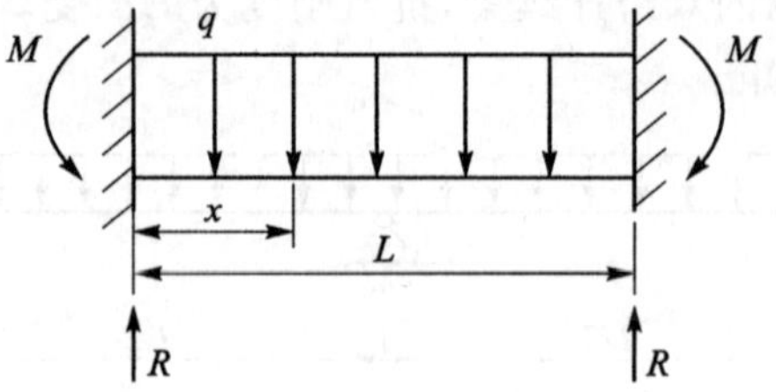

图 2-20　习题 2-22 用图

2-23　有一杆，长为 L，剖面面积为 A，材料的弹性模量为 E，热膨胀系数为 α，两端固定在刚性基础上，如图 2-21 所示。设在杆固定于基础之后，受到均匀分布的温度 T 的作用。试应用最小势能原理决定杆内的应力分布。

2-24　有一杆，长为 L，剖面面积为 A，材料的弹性模量为 E，两端固定在刚性基础上，如图 2-22 所示。分布载荷每单位长度的集度为 q(单位为 N)。试用最小余能原理决定杆内的应力分布。

2-25　采用能量原理，求如图 2-23 所示的细长杆件端截面 C 的垂直位移 f_C、水平位移 Δ_C 及转角 θ_C。$a=R$，P 和 EI 均为已知。

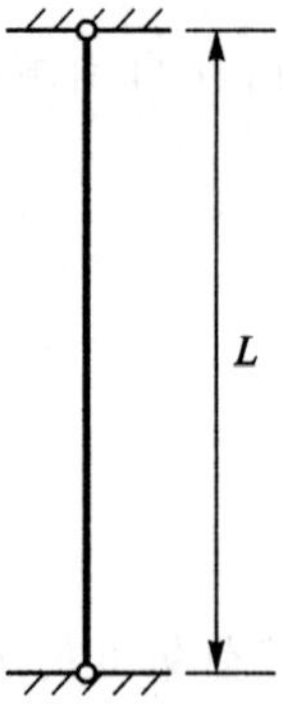

图 2-21　习题 2-23 用图

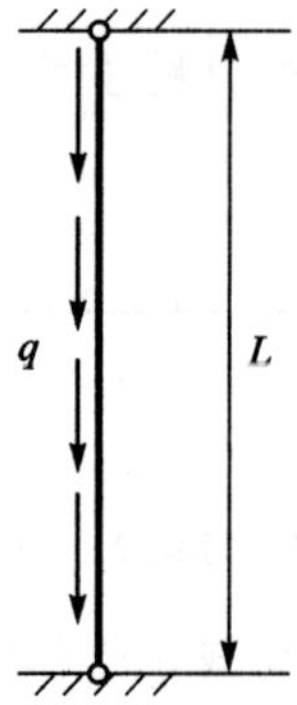

图 2-22　习题 2-24 用图

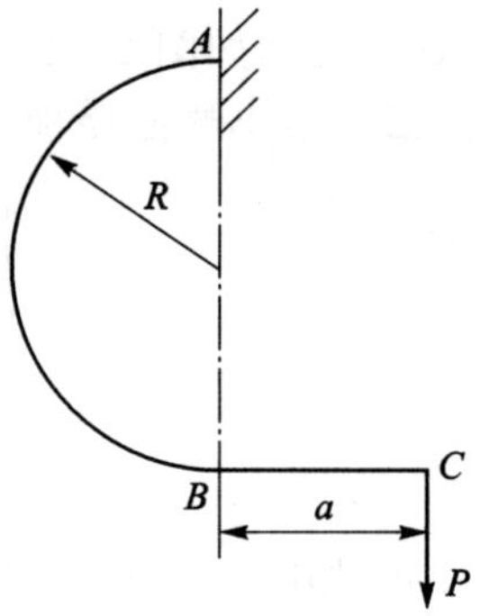

图 2-23　习题 2-25 用图

2-26　采用能量原理，试求如图 2-24 所示的静不定细长杆件 C 端的支反力及 B 点处沿力 P 方向的位移。

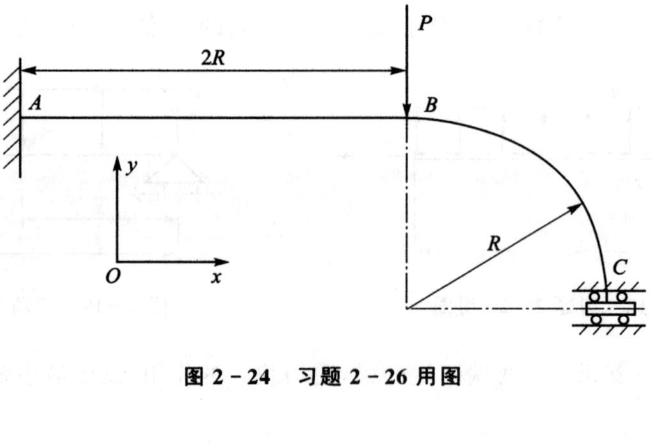

图 2-24　习题 2-26 用图

第 3 章　杆系结构系统

3.1　几何不变系统及其分析

结构的主要功能在于支承和传递外载荷到支承点。从安全性的角度看，传力路线愈多，结构愈安全。在这种结构中，如果其中有一条传力路线遭到破坏，结构仍能保持一定的传力功能。在术语中称这样的结构为“破损-安全结构”。对多传力路线结构的设计和分析比对单一传力路线结构要复杂和困难得多。

杆系结构由横向尺寸远小于纵向尺寸的细长杆件组成，实际中常见于桥梁、轻型飞机结构等。根据杆件在实际结构中的承力和传力特性，杆系结构的计算模型主要可分为 2 类，即桁架结构和刚架结构。当然，还可以有桁架和刚架组合而成的混合杆系结构。桁架和刚架结构具有不同的承力和传力特点。这些特点主要是由实际结构的结构形式和外加载荷的作用方式所决定的。在计算模型中，保留了结构在实际传力过程中的主要特性，而把一些次要的特性略去不计。对这两类基本计算模型的区别讨论如下。

1. 桁架结构

它由直杆组成，结构主要通过杆的轴力来承受和传递载荷。

力学模型：

① 组成桁架的各直杆，在杆的两端通过无摩擦的理想铰链互相连接；

② 各杆只受沿杆轴线作用以及施加于杆两端的集中力作用。

表示方法：将连接直杆两端理想铰链中心的直线称为杆的轴线，而把理想铰链的中心称为桁架结构的节点。图 3.1(a)、(b)、(c)表示了组成桁架结构的元件(直杆)、理想铰链(节点)和桁架。在图 3.1(c)中，实际上是用节点和轴线来表示一个桁架，而并不考虑直杆的具体横剖面形状和尺寸。

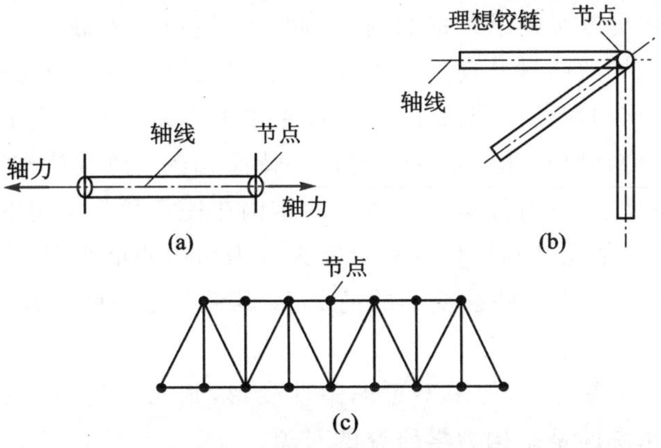

图 3.1　桁架结构及其元件

第①个假设的力学含义是，这种形式的结构，在节点处的弯曲力矩很小，往往只占总应力的很少份额，因而可以略去不计。因此，假设的真实目的，在于略去结构元件承受弯曲和剪切的能力，同时，也隐含着略去（不计）杆件的自身重量（否则必有弯曲和剪切存在）。

如果一个杆系结构在承受和传递载荷时所产生的变形主要是杆件的伸长或缩短，弯曲和剪切变形的成分很少，则对这样的杆系结构就可以理想化为桁架结构来分析。反过来，如果想设计一个结构，让它用杆件的轴力来传递外载荷，那么可以把该结构设计成桁架。

2. 刚架结构

它是由直杆（梁）和曲杆（梁）组成的结构，通过结构中杆件的拉、压、剪切、弯曲来传递载荷，如机身隔框、舱门框等。

力学模型：

① 元件之间（直杆或曲杆之间）刚性连续：元件与元件之间用理想接头而不是刚性接头连接（见图 3.2(a)）。所谓“刚性接头”是指，杆与杆之间的夹角如果在受力变形之前为 α，则在受力变形之后仍为 α。杆件与杆件在连接端处的所有变形都是连续的、一致的。

② 杆件横剖面的内力包括轴力、剪力、弯矩和扭矩。

③ 可以在刚架的任何部位施加任何形式的载荷，如图 3.2(b)所示。

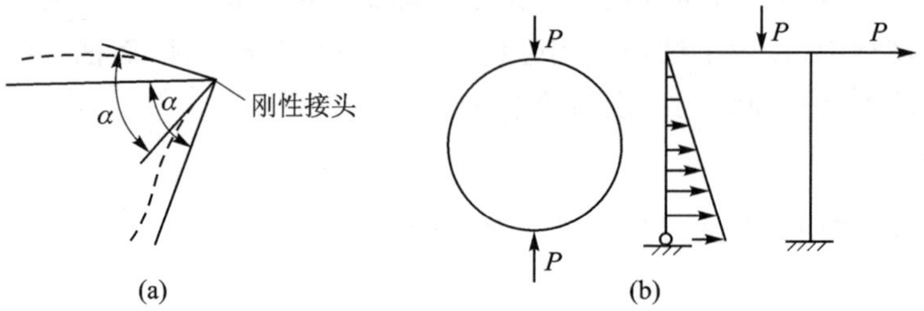

图 3.2 刚架的刚性连接及受力方式

3. 系统分类

结构和载荷的集合称为“系统”。结构要能发挥它承力与传力的功能，首先必须是几何不变的。结构在任意载荷的作用下保持其几何形状不变的特性，称为结构的几何不变性。

结构在载荷作用下，各元件会发生拉压、剪切和弯曲变形，即结构的弹性变形。由于弹性变形才会产生相应的内力来平衡外加的载荷，因此，也可以说，外载荷是通过这些内力来传递的。元件的变形自然会导致结构几何形状发生变化，但这种弹性变形是微小的，也是必需的。

几何不变性是指，结构在任意载荷作用下，如果不考虑元件弹性变形引起的结构几何形状的微小变化，则结构保持其原有几何形状不变这一特性。在任意载荷作用下，只有几何不变的结构才能承力和传力；反之，只有能承力和传力的结构在任意载荷作用下才是几何不变的。这样，几何不变性就成为判断元件和构件的集合能否成为结构的重要判据。

① 几何可变系统：在不产生弹性变形的情况下，其元件之间就能发生相对的刚体位移，是不能承受外力的系统。

② 几何不变系统：在受力时，如果不考虑弹性变形，其元件间不会发生相对刚体位移，能保持原有形状。这种系统即是结构力学研究的对象。

③ 几何瞬变系统：系统在初始构型下不能平衡，但在受力、产生较大弹性变形后，可以达

到平衡。

结构力学所研究的对象是几何不变的结构。可以用两种方法来检查和判断结构的几何不变性，即“运动学方法”和“静力学方法”。

运动学方法只适用于比较简单的结构；而静力学方法则不仅适用于简单结构，还适用于复杂的实际结构，因此，静力学方法是更为可取的一种方法。

3.2　判断几何不变性的运动学方法

所谓运动学方法，是指引用约束和自由度的概念来判断结构几何不变性的一种方法。显然，如果元件组装成结构后，该结构只剩下刚体自由度，则该结构是几何不变的，但它是可移动的；如果组装后结构的自由度为零，则该结构是几何不变的，也是不可移动的。

在采用运动学方法时，可以将结构中的元件（或节点）看做自由体，而把节点（或元件）看做约束，根据自由度与约束的关系来判断结构是否为几何不变的。建议把节点看做自由体，而把杆元件看做约束，这样做比较方便。一个物体的自由度是这样定义的，即确定该物体在坐标系中的位置所需的独立坐标数。同样，也可以按杆计算自由度，以节点计算约束。此时要注意，如 n 个杆共用一个节点，则经此节点可提供 $2(n-1)$ 个约束（平面结构）或 $3(n-1)$ 个约束（空间结构）。

1. 引用约束和自由度的概念，判断系统几何不变性的方法

自由度：确定物体在坐标系中的位置所需的独立坐标数。

约束数：减少自由度的设施。

自由度：平面点 2 个、空间点 3 个；
　　　　平面杆（梁、刚体）3 个、空间杆（梁、刚体）6 个。

约　束：平面铰链 2 个、空间铰链 3 个（两杆共用一铰）；
　　　　平面铰链 $2(n-1)$ 个、空间铰链 $3(n-1)$ 个（n 杆共用一铰）；
　　　　平面杆、空间杆 1 个（只约束两点间的距离）。

2. 以杆为约束，以节点计自由度，判断系统几何不变性的方法

① 几何不变，但可移动的桁架结构的必要条件：

平面桁架：$m \geqslant 2n-3$。

空间桁架：$m \geqslant 3n-6$。

m 为杆件数，n 为节点数。

② 几何不变，不可移动的桁架结构的必要条件：

平面桁架：$m \geqslant 2n$。

空间桁架：$m \geqslant 3n$。

③ 系统几何不变性辨别的充分条件：

在平面基本结构上，每增加 1 个节点，就有 2 根不在同一直线上的杆与该基本结构相连，则该结构是几何不变的。

在空间基本结构上，每增加 1 个节点，有 3 根不在同一平面上的杆与基本结构相连，则该结构是几何不变的。

上述条件也叫作结构构造的“组成法”规则。

平面基本结构如图 3.3 所示。

空间基本结构如图 3.4 所示。

图 3.5 所示为一个几何不变但可移动的平面桁架。为了研究它的几何不变性，可以先计算一下自由度与约束的关系：8 个节点共有 16 个自由度，加上 13 根杆，共有 13 个约束，最后剩下 3 个自由度，因此，符合几何不变但可移动的必要条件。然后，再根据组成法判断保证几何不变性的条件是否充分。以节点 1、2、3 构成基本结构，然后逐次加上节点 4、5、…、8。每加 1 个节点，都要检查是否都有不在同一直线上的 2 根杆连接在已组成的几何不变的结构上，由此可以得出所组成的平面桁架是否确实是几何不变的。如图 3.5 所示结构，以 1－2－3 为基本结构，用“组成法”规则分析如下：

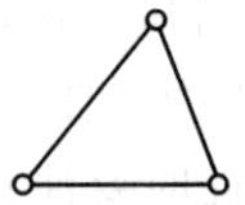

图 3.3　三角形

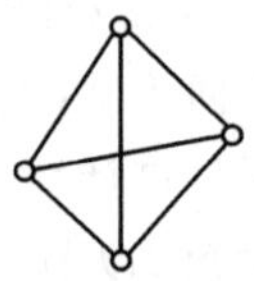

图 3.4　四面体

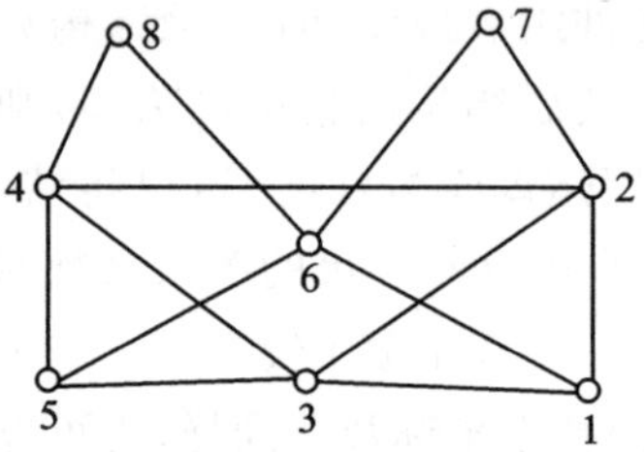

图 3.5　平面桁架

① 增加 4 号节点，用杆 4－2、杆 4－3 与基本结构相连。扩大后的结构满足“组成法”规则，是几何不变的。

② 增加 5 号节点，用杆 5－6、杆 5－4 与扩大后的系统相连，满足“组成法”规则，是几何不变的。

③ 照此法分别考察 6、7、8 号节点，它们均是用 2 根不在同一直线上的杆与扩大后的基本结构相连，满足“组成法”规则，故整个系统是几何不变的。

在以上讨论中强调，在平面桁架的组成中，为了消除 1 个节点的自由度，必须通过不在同一直线上的 2 根杆来实现。这是因为，对于每根平面或空间的杆，它只能消除在杆轴线方向的自由度。1 个平面节点在 x 和 y 坐标轴方向的自由度必须由 2 根不在同一直线上的杆来消除。如果 2 根杆在同一直线上，那么显然，在垂直于该直线方向的节点自由度并没有受到约束，因此，仍然是可移动(可变形)的。例如，图 3.6 所表示的平面桁架有 2 个节点 3 和 4，它们的 4 个自由度应由 4 根杆加以约束，这样才能成为几何不变和不可移动的结构。但是，研究它的组成可以发现，节点 4 由 2 根轴线在同一直线上的杆连接到基础上，因此，该节点不能承受并传递与该直线相垂直方向的载荷。于是，当节点 3 用 2 根不在同一直线上的杆连接到节点 1 和 4 上时，由于节点 4 在一个方向的自由度并未被约束住，因此，节点 3 在该方向也仍然是可动的(可变形的)，在受到图 3.6 所示载荷 P 的作用后，桁架就会变形，如图 3.6 中虚线所示。

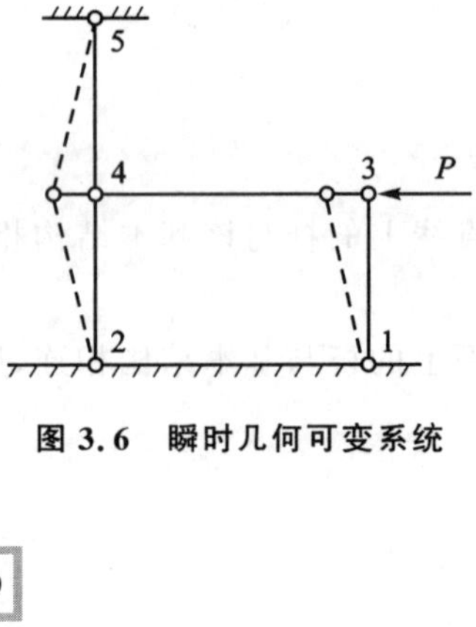

图 3.6　瞬时几何可变系统

显然，图 3.6 所示结构的几何可变和可移动性并不是由于杆数少于节点的自由度数，而是由于杆的安排不当。因此，在载荷作用下，桁架发生变形，原来在同一直线上的杆 2－4 和杆 4－5 不再在同一直线上(图 3.6 中虚线所表示的位置)，这时，结构就成为不可移动和不可变形的了。对于这一类结构，称之为"瞬时几何可变系统"。当然，作为一个结构，即使瞬时几何可变，也是不能容许的。在组成一个结构时，必须避免出现这种情况。

在分析较复杂结构的几何不变性和不可移动性时，为了分析方便，可以把结构的一部分甚至一根杆看做具有自由度的刚体，而把节点看成约束。当把节点看成具有自由度的物体时，由于它是一个理想的点，所以，不存在转动自由度，节点的自由度就只剩下平移自由度。但当把结构的一部分或杆看成具有自由度的物体时，必须把转动自由度也计算在内。因此，对于平面刚体，它的自由度数等于 3。同样的道理，节点可以限制刚体的平移，但不能限制它的转动，所以一个平面节点的约束数为 2。

即使自由度数和约束数都满足了保证几何不变性的必要条件，但桁架是否确实是几何不变的，也还需通过瞬时几何可变性来检查。

例题 3-1　分析图 3.7 所示系统的几何不变性和移动性。

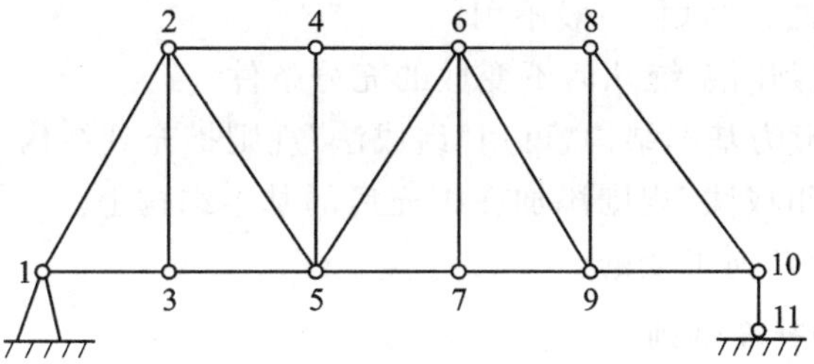

图 3.7　平面桁架及其组成(1)

解　① 计算系统自由度、约束数。

本系统共计有 9 个自由节点(1 号节点与基础相连，不计入在内)、18 根杆。故如以节点计自由度、杆为约束，则本系统有 18 个自由度、18 个约束。

② 必要条件分析。

因为 $m=18, n=9$，所以 $m=2n$，满足平面系统几何不变的必要条件。

③ 充分条件分析。

以 1-2-3 为基本结构，每增加一个点，如点 4、5、6、…，都可以有两根不在同一直线上的杆与之相连，故满足"组成法"规则。由于 $m=2n$，故本系统又是不可移动的。

结论：本系统是几何不变的且不可移动。

例题 3-2　分析图 3.8 所示系统的几何不变性。

解　① 分析系统的自由度与约束。

本系统共计有 17 根杆、10 个节点，以节点计自由度，有 20 个自由度；以杆为约束，有 17 个约束。

② 必要条件分析。

$m=17, n=10, m=2n-3$，满足平面系统几何不变的必要条件。

注意：本题还可以以杆计自由度，以节点计约束，则 17 根杆的自由度为 $17\times3=51$。

节点约束数：节点 1、3 有 2 杆与之相连，约束数为 2，此两节点总约束数为 4。

节点 5、6、7、8、9、10 为 3 杆与之相连，约束数分别为 $(3-1)\times2=4$，此 5 节点总约束数为 20。

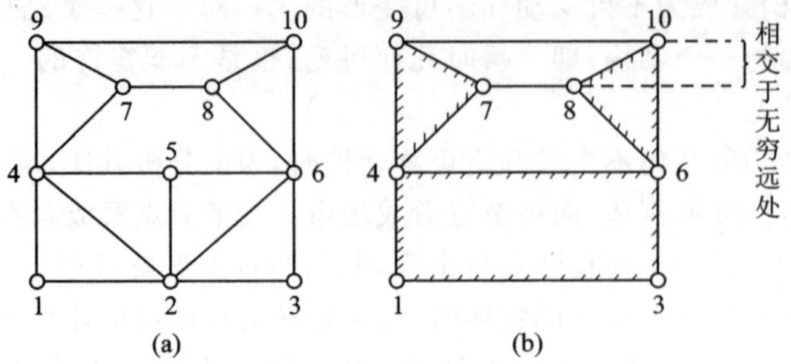

图 3.8　平面桁架结构

节点 2、6、4 有 5 杆与之相连，约束数为(5－1)×2＝8，故此三节点总约束数为 24。

故全部节点总约束数为 48，则自由度数－3＝总约束数，满足几何不变方程内系统的必要条件，此结论与节点计自由度、杆计约束数的结论是一致的。但从本题可看出，以杆计自由度、节点计约束数的分析方法较麻烦，一般不用。

③ 用“组成法”规则判断系统几何不变性的充分条件。

如以 1－2－4 三角形为基本结构，可用“组成法”规则扩充到结构 1－2－3－6－5－4 上，但节点 7、8、9、10 无法用“组成法”规则添加在扩充后的基本结构上。

结论：本系统是瞬时几何可变的。

4. “组成法”规则的补充规则

当 3 个刚盘互相用 3 个铰相接时，若铰不共线，则系统是几何不变系统；若 3 铰共线，则系统是瞬变系统。本补充规则中，铰可以是“虚铰”(2 杆延长线的交点或平行 2 杆认为相交于无穷远点)。刚盘可视为基本结构，或基本结构满足“组成法”的扩充结构。

如图 3.9 和图 3.10 所示，2 杆在一直线上，通过 3 铰相连结构，可进行“等效变换”以满足“组成法”补充规则的判别要求。可见该系统是瞬时几何可变系统。

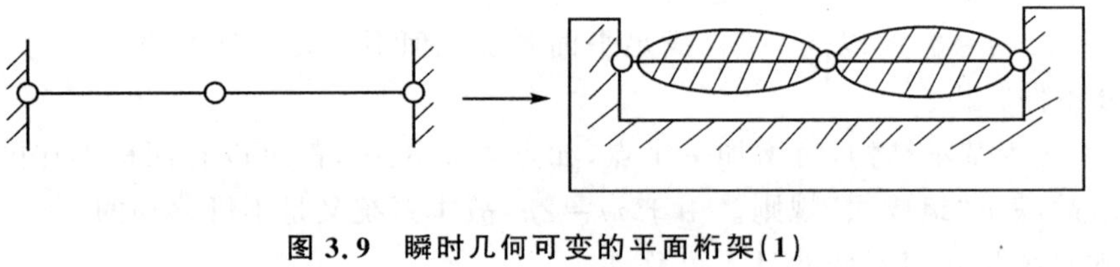

图 3.9　瞬时几何可变的平面桁架(1)

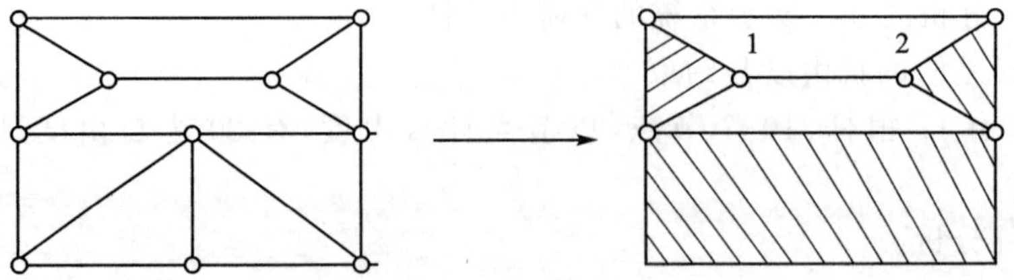

图 3.10　瞬时几何可变的平面桁架(2)

例题 3－3　分析图 3.11 所示结构的几何不变性。

解　① 分析系统的自由度与约束。

本结构共计有 13 根杆，即 13 个约束；8 个节点，16 个自由度。

② 几何不变性必要条件分析。

$m=2n-3=16-3=13$，满足几何不变性的必要条件。

③ 几何不变性充分条件分析。

显然"组成法"规则无法判断，应使用补充规则，将结构进行等效转换。

为了判别是否符合几何不变性的充分条件，可以把图 3.11(a)所示平面桁架看成由 3 个刚体组成。这 3 个刚体用 6 根杆(每 2 根杆相当于 1 个平面铰链)彼此相连(如图 3.11(b)所示)。由图 3.11(b)可见，4 根斜杆的延长线相交于一点，相当于 2 个节点重叠在一起；而 2 根平行杆则在无穷远处相交，因此，3 个铰链在同一直线上，桁架是瞬时几何可变的。

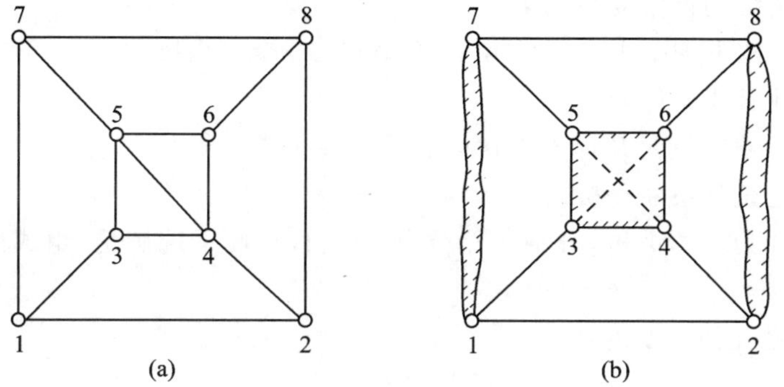

图 3.11　平面桁架及其组成(2)

结论：此系统是瞬时几何可变的。

以上讨论的都是平面桁架的情况。对于空间桁架，可以用类似的方法进行分析。例如，当以节点为自由度、以杆为约束时，每个节点具有 3 个自由度，每根杆具有 1 个约束。如果约束数和自由度数相等，则满足桁架几何不变且不可移动的必要条件；如果自由度数－约束数＝6，则满足几何不变但可移动的必要条件，其中 6 是空间结构作为刚体运动的自由度数。

空间结构系统瞬时几何可变辨别法——"组成法"空间系统的补充规则：用"组成法"找出几何不变部分，并将之看成刚体，如刚体与刚体之间用 6 根不在同一平面内且不通过同一轴线的杆相连接，则为几何不变系统。

例题 3－4　分析图 3.12(a)所示结构的几何不变性。

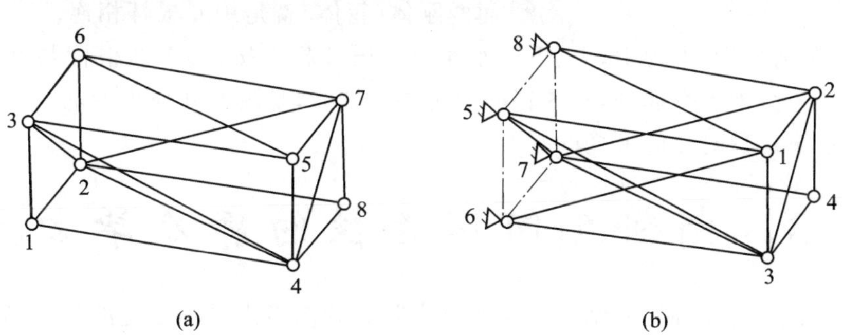

图 3.12　空间桁架及其组成(1)

解　① 分析系统的自由度与约束。

系统共计有 18 根杆，即 18 个约束；8 个节点，24 个自由度。

② 几何不变性必要条件分析。

$m=3n-6=3\times8-6=18$，满足空间系统几何不变的必要条件。

③ 几何不变性充分条件分析。

将 2-3-4、5-6-7 视为 2 个刚盘，作为基本结构，6 根杆将 2 个刚盘连接起来，不共面，且不通过同一轴线，满足补充规则，组成几何不变结构。分别扩充节点 1、8，每扩充 1 个节点，均有 3 根不在同一平面上的杆与之相连，满足"组成法"规则。

结论：此系统是几何不变的。

例题 3-5 分析图 3.12(b)所示结构的几何不变性。

解 ① 分析系统的自由度与约束。

本系统共计有 12 根杆，即 12 个约束；4 个节点，12 个自由度。

② 几何不变性必要条件分析。

$m=3n=3\times4=12$，满足几何不变性的必要条件。

③ 几何不变性充分条件分析。

以 1-5-6-8 为基本结构，分别扩充节点 3、2、4，故此系统满足"组成法"规则，是几何不变系统。

结论：此系统是几何不变的。

例题 3-6 分析图 3.13 所示结构的几何不变性。

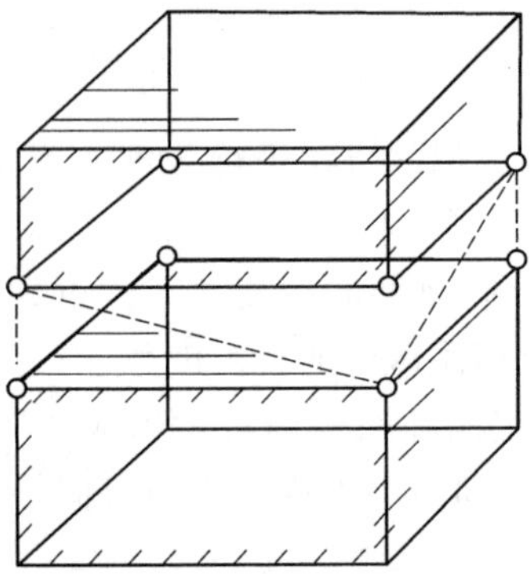

图 3.13 空间桁架及其组成(2)

解 ① 分析系统的自由度与约束。

结构中，上、下两个矩形箱段为几何不变系统，它们通过 6 根杆相互连接。系统有 6 根杆，即 6 个约束；2 个刚体，12 个自由度。

② 几何不变性必要条件分析。

$m=6n-6=2\times6-6=6$，满足空间系统几何不变性的必要条件。

③ 几何不变性充分条件分析。

分析：显然此题通过"组成法"规则无法得出结论，但它满足几何不变性的必要条件，即空间刚体有 6 个自由度，而两刚体(箱体)就是用 6 根杆相连。

应用补充规则分析，本题中，上、下两刚体用 6 根杆相连接，其中 3 根杆共点，其他 3 根杆互相平行，可认为交于无穷远处，故 6 根杆通过同一轴线，是瞬时几何可变的。

结论：此系统是瞬时几何可变的。

3.3 判断几何不变性的静力学方法

静力学判别方法：通过检查结构能否通过有限大的内力来平衡给定的外载，判定结构的几何不变性。如有限大内力可平衡外载，则结构为几何不变的。

用运动学方法判断结构的几何不变性(和不可移动性)，对于简单结构固然是可行的，但对于复杂的实际结构却会遇到很大困难。实际上，判断结构几何不变性的最有效方法是平衡计算，即静力学方法。

结构的功用是通过其各个元件的内力来平衡(承受)外加的载荷,或者说,是通过其各元件的内力来传递外载荷的。只有几何不变的结构才能承力和传力。反之,只有能承力和传力的结构才是几何不变的。静力学的方法就是要通过检查结构是否能提供有限大的内力来平衡给定的外载荷,间接地检查结构是否为几何不变的。

下面讨论在运动学方法中曾经研究过的例子。图 3.14(a)表示的瞬变系统是最简单的由 1 个节点和 2 根杆组成的平面桁架,杆与水平线的夹角为 β,在节点上受到外力 P 的作用。P 的作用方向与水平线相垂直。在 P 的作用下,杆内将产生内力 N(见图 3.14(b))。根据平衡条件,则

$$N=\frac{P}{2\sin\beta} \tag{3.1}$$

由上式可见,β 角愈大,由载荷 P 所引起的内力 N 就愈小;β 角愈小,则 N 愈大。当 $\beta\to 0$ 时,$N\to\infty$。这表明,在 β 很小的情况下,结构无法提供有限大的内力来平衡(传递)外载荷;在 N 很大的情况下,杆的伸长变形也很大,节点下沉明显(见图 3.14(c))。这时,结构的弹性变形会使 β 角增大而使内力 N 减小。这就是说,在施加载荷 P 的瞬间,结构无法提供足够的内力以平衡外力,从而产生很大的几何变形。但当几何变形达到一定值时(见图 3.14(c)),结构的内力可以与外载荷平衡,几何变形不再扩大。这种现象称为瞬时几何可变。

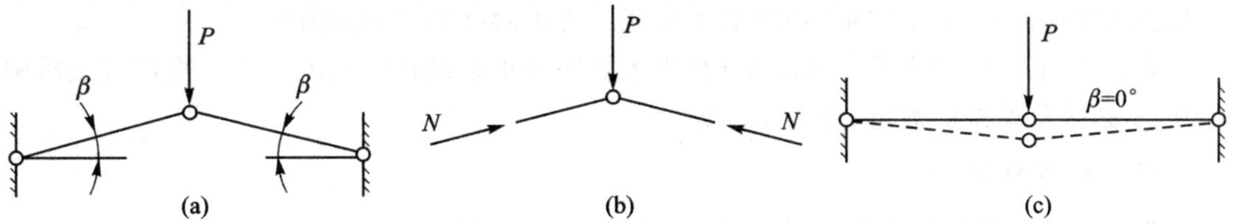

图 3.14 桁架的平衡

可见,在不考虑弹性变形的情况下,结构内力要趋于无穷大才可平衡外力,此结构不是几何不变系统,而是瞬时几何可变的。当以杆为约束(未知力)、以节点计自由度(方程数)时,可有如下结论:

(1) 未知内力数小于可建立的平衡方程数——几何可变系统。

(2) 未知内力数等于平衡方程数,且各方程线性独立——几何不变系统(如图 3.15(a) 所示)。

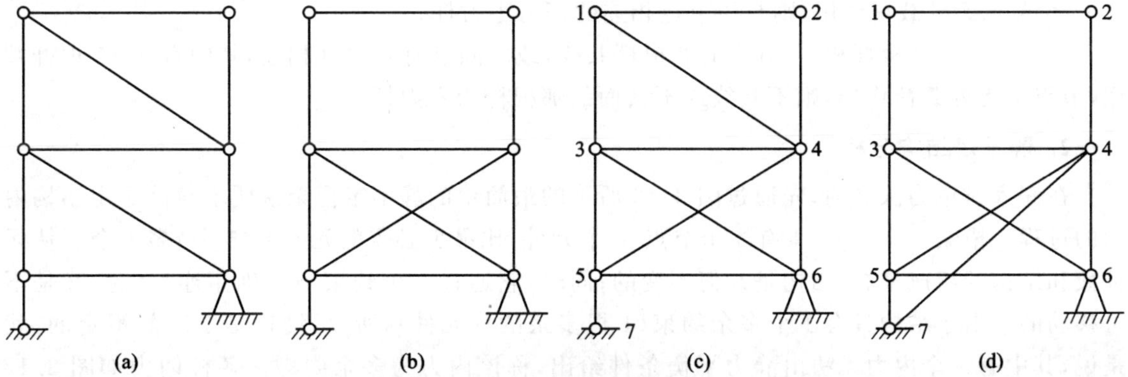

图 3.15 平面桁架及其组成

(3) 未知内力数等于平衡方程数,且方程线性相关,则可能:

① 系统是瞬时几何可变的。

② 结构(系统)布局不合理——几何可变系统(如图 3.15(b)所示)。

(4) 未知内力数大于平衡方程数,则可能:

① 几何不变静不定结构(如图 3.15(c)所示)。

② 几何可变结构——瞬时几何可变(如图 3.15(d)所示)。

3.4 力法正则方程

求解结构的内力时,可以用位移作为基本未知量,也可以用内力作为基本未知量,与它们对应的能量原理分别是最小势能原理和最小余能原理。如果以内力为基本未知量,利用最小余能原理求解,则称这种求解方法为"力的方法"或"力法";反之,就是"位移法"。在用力法求解时,如果结构的未知内力数等于可利用的静力平衡条件数,则称这样的结构为"静定结构"。当未知内力数大于可利用的静力平衡条件数时,为了求解内力,还必须利用辅助条件(附加条件),即变形协调条件。对这样的结构,由于不能单纯依赖静力平衡条件求解,因此就称它为"静不定结构"。

力法:以内力为基本未知量,利用最小余能原理求解结构内力的方法。

位移法:以节点位移为基本未知量,利用势能原理求解结构内力的方法。用位移法求解结构内力,不必区分结构的静定、静不定问题。

1. 静定结构分析

在进行静定桁架内力分析时,常用节点法和剖面法,即

① 节点法:以杆内力为未知量,对每个节点建立 2 个(平面桁架)或 3 个(空间桁架)平衡方程。

② 剖面法:对桁架结构取分离体,暴露出分离体剖面处各杆内力,建立分离体 2 个(平面桁架)或 3 个(空间桁架)平衡方程。

③ 求解技术:

- 对称性应用:对称元件内力相等;对称线(面)上,元件只有对称内力。
- 判断零力杆:平面节点与不共线的 2 根杆相连,或空间节点与不共面的 3 根杆相连,且节点无外载荷作用,则与该节点相连的杆为零力杆。

平面节点有 3 根杆相连,其中有 2 根杆共线,或空间点有 n 根杆相连,其中有 $n-1$ 根杆共面,节点上无外载荷作用,则不共线或不共面的那根杆为零力杆。

2. 静不定结构分析

在深入讨论力法之前,先通过图 3.16 所示的最简单的静不定桁架说明求解静不定结构内力的过程。桁架 1-2-3-4 有 4 个节点、6 个元件,比最少必需的元件数(5 个)多 1 个。从元件数和结构的组成来看,结构是几何不变的;同时,它通过 3 个约束与基础相连,因此,又是不可移动的。由于结构具有 1 个多余约束(1 根多余的杆元件),所以,结构是 1 度静不定的,就是说,其中有一个内力无法由静力平衡条件给出,称该内力为多余内力。各杆内力如图 3.17 所示。

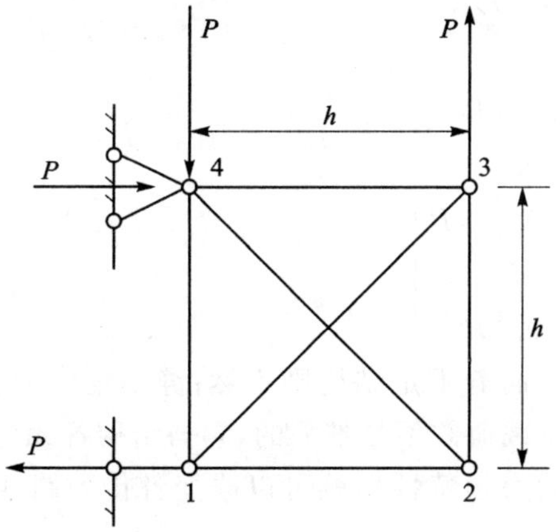

图 3.16 静不定结构

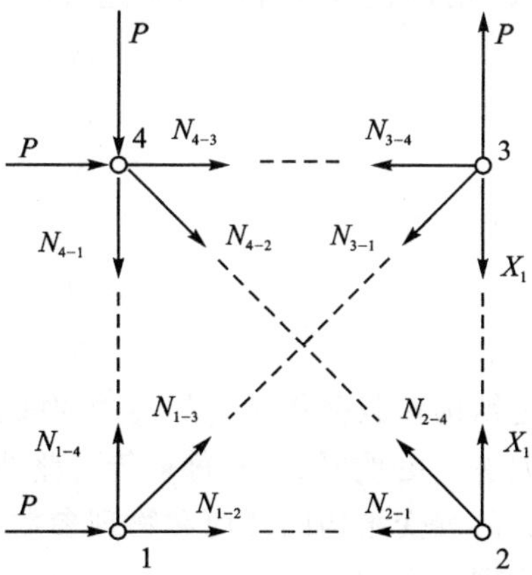

图 3.17 各杆内力

令杆 2－3 的内力为多余内力，并计为 X_1，则由节点 3 的平衡，可得

$$N_{31}=N_{13}=\sqrt{2}(P-X_1) \tag{3.2}$$

$$N_{34}=-N_{31}/\sqrt{2}=-P+X_1 \tag{3.3}$$

节点 2 的平衡方程为

$$N_{24}=N_{42}=-\sqrt{2}X_1 \tag{3.4}$$

$$N_{21}=N_{12}=X_1 \tag{3.5}$$

节点 1 的平衡方程为

$$N_{14}=N_{41}=-N_{31}/\sqrt{2}=-P+X_1 \tag{3.6}$$

从上面内力公式可知，各杆内力由于 X_1 的存在而无法得到。现利用最小余能原理，求解 X_1。对于如图 3.16 所示的结构，最小余能原理的余能可表示为

$$\Gamma(X_1)=\frac{1}{2}\sum_{i=1}^{6}\frac{N_i^2}{EA_i}L_i \tag{3.7}$$

式中，A_i、L_i 分别是第 i 杆的剖面面积和长度；E 为弹性模量。

最小余能原理是：倘若可能内力（满足平衡条件的内力）就是问题的精确解（满足平衡条件和变形协调条件的解），则 $\Gamma(X_1)$ 达到最小值。将各杆内力代入上式，可得

$$\Gamma(X_1)=\frac{h}{2EA}\left[X_1^2+2\sqrt{2}(P-X_1)^2+(-P+X_1)^2+2\sqrt{2}X_1^2+(-P+X_1)^2\right] \tag{3.8}$$

式中，h 为桁架的高度。

由最小余能原理，得到

$$\frac{\partial\Gamma(X_1)}{\partial X_1}=0 \tag{3.9}$$

即

$$X_1-2\sqrt{2}(P-X_1)+(-P+X_1)+2\sqrt{2}X_1+X_1+(-P+X_1)=0 \tag{3.10}$$

求解式(3.10)，可得

$$X_1=0 \tag{3.11}$$

将 X_1 的值代入各杆内力表达式(3.2)～式(3.6)，则

$$\left.\begin{aligned} N_{23}&=N_{32}=0.5P\\ N_{13}&=N_{31}=0.707P\\ N_{34}&=N_{43}=-0.5P\\ N_{24}&=N_{42}=-0.707P\\ N_{12}&=N_{21}=0.5P\\ N_{14}&=N_{41}=-0.5P \end{aligned}\right\} \tag{3.12}$$

静定结构在载荷作用下的传力路线是唯一的，而静不定结构则不然；静不定度愈多，传力路线就愈多。更重要的是，每条传力路线传递多少载荷并不是唯一的，它与结构各元件的刚度密切相关。改变结构的几何和物理参数(如材料的力学特性)，就可以改变各传力路线所传递载荷的比例。

在本题的求解过程中，由于

$$\frac{\partial \Gamma(X_1)}{\partial X_1}=2\sum_{i=1}^{6}\frac{N_i\overline{N}_iL_i}{EA_i}=\frac{19.3h}{EA}X_1-\frac{9.656h}{EA}P=0 \tag{3.13}$$

设 X_1 前的系数为 δ_{11}，第二项用 Δ_{1P} 表示，这两个符号中第一个下标“1”表示相对位移的位置是在 X_1 的切口处；第二个下标“1”表示位移是 $X_1(X_1=1)$ 引起的，“P”表示位移是由载荷 P 引起的，因而，式(3.13)变为

$$\delta_{11}X_1+\Delta_{1P}=0 \tag{3.14}$$

则称为“正规方程”。

由上面各杆含 X_1 的内力公式(3.2)～式(3.6)，可得

$$\left.\begin{aligned} N_{31}&=N_{13}=\sqrt{2}P-\sqrt{2}X_1\\ N_{21}&=N_{12}=X_1\\ N_{41}&=N_{14}=-P+X_1\\ N_{23}&=N_{32}=X_1\\ N_{24}&=N_{42}=-\sqrt{2}P\\ N_{34}&=N_{43}=-P+X_1 \end{aligned}\right\} \tag{3.15}$$

由此可见，各杆内力分为两部分，一部分与 P 有关，此状态称为〈P〉状态或载荷状态；一部分与〈X_1〉有关($X_1=1$)，称为〈1〉状态或单位状态。〈P〉状态是与外载平衡的内力，单位状态 X_1·〈1〉则是对载荷状态的修正，〈P〉+X_1·〈1〉能同时满足平衡条件和变形协调条件。载荷状态与单位状态如图 3.18 所示。

〈P〉状态具有如下特点：① 与外载相平衡；② 可以不满足变形协调的可能内力；③ 有多种取法。〈1〉状态的特点包括：① 自身平衡；② 可与〈P〉状态独立。现通过图 3.19 所示的静不定桁架进一步说明静不定结构内力分析的力法原理，各杆 EA 均相同。

本结构共计有 6 个节点，12 个自由度，应有 9 根杆约束就可以是静定结构，但有 11 根杆约束，故是两度静不定问题。选取〈P〉和〈1〉、〈2〉状态(如图 3.20 和图 3.21 所示)，图中实线为承力杆件，虚线为零力杆件。

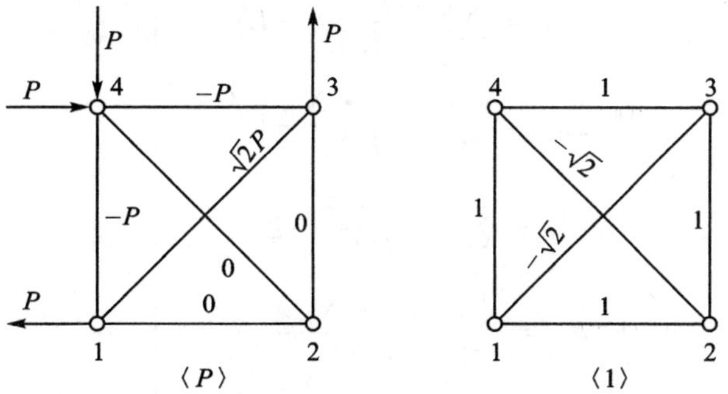

图 3.18　载荷状态与单位状态

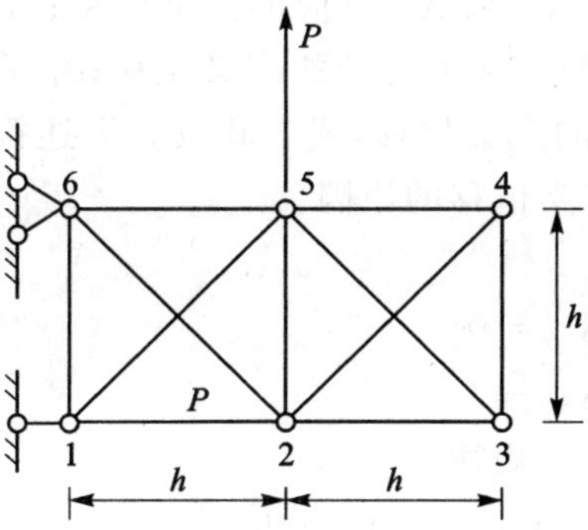

图 3.19　静不定桁架

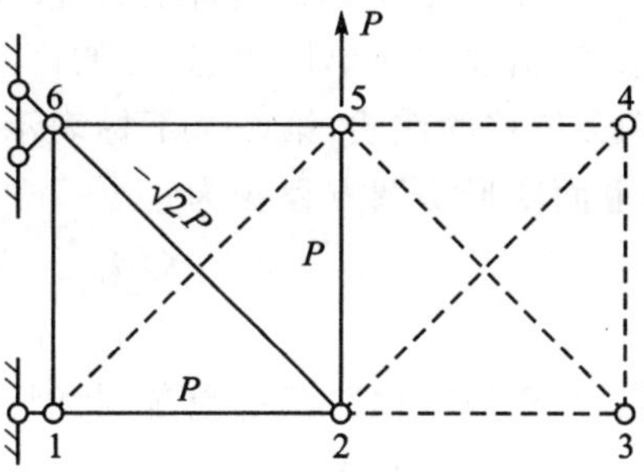

图 3.20　⟨P⟩状态

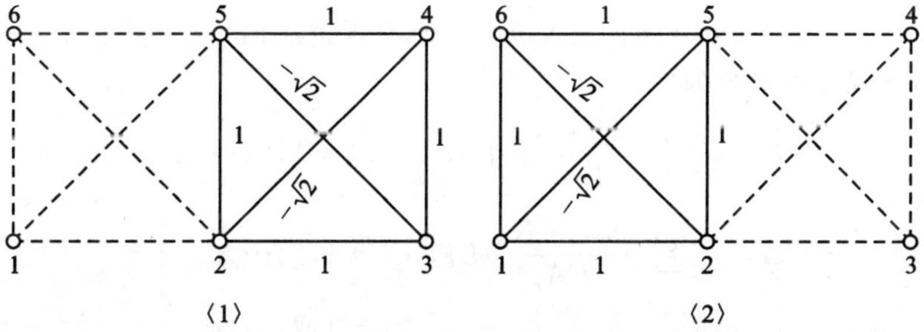

图 3.21　单位状态

依据选取的⟨P⟩、⟨1⟩、⟨2⟩状态，可以建立正则方程。杆的真实内力为

$$N = N_P + X_1 \overline{N}_1 + X_2 \overline{N}_2 \tag{3.16}$$

式中，X_1 和 X_2 由最小余能原理或变形协调条件确定，即

$$\left.\begin{aligned} \sum_{i=1}^{11} \frac{N_{Pi} \cdot N_{1i}}{EA_i} L_i + X_1 \sum_{i=1}^{11} \frac{N_{1i} \cdot N_{1i}}{EA_i} L_i + X_2 \sum_{i=1}^{11} \frac{N_{2i} \cdot N_{1i}}{EA_i} L_i = 0 \\ \sum_{i=1}^{11} \frac{N_{Pi} \cdot N_{2i}}{EA_i} L_i + X_2 \sum_{i=1}^{11} \frac{N_{2i} \cdot N_{1i}}{EA_i} L_i + X_2 \sum_{i=1}^{11} \frac{N_{2i} \cdot N_{2i}}{EA_i} L_i = 0 \end{aligned}\right\} \tag{3.17}$$

记

$$\left.\begin{aligned}\Delta_{1P}&=\sum_{i=1}^{11}\frac{N_{Pi}\cdot N_{1i}}{EA_i}L_i\\\Delta_{2P}&=\sum_{i=1}^{11}\frac{N_{Pi}\cdot N_{2i}}{EA_i}L_i\\\delta_{11}&=\sum_{i=1}^{11}\frac{N_{1i}\cdot N_{1i}}{EA_i}L_i\\\delta_{22}&=\sum_{i=1}^{11}\frac{N_{2i}\cdot N_{2i}}{EA_i}L_i\\\delta_{12}&=\delta_{21}=\sum_{i=1}^{11}\frac{N_{1i}\cdot N_{2i}}{EA_i}L_i\end{aligned}\right\}\tag{3.18}$$

式中，Δ_{1P} 和 Δ_{2P} 分别为外力引起的并与单位广义力 X_1 和 X_2 对应的广义位移；δ_{11} 和 δ_{22} 分别为 $X_1=1$ 和 $X_2=1$ 引起的与单位状态〈1〉和〈2〉的广义力对应的广义位移；δ_{12} 和 δ_{21} 分别为单位状态〈2〉引起的与单位状态〈1〉的广义力对应的广义位移，或者相反。上述符号第 1 个下标表示广义位移的性质，第 2 个下标表示引起该广义位移的原因。

于是，上面变形协调方程变为

$$\left.\begin{aligned}X_1\delta_{11}+X_2\delta_{12}+\Delta_{1P}=0\\X_1\delta_{21}+X_2\delta_{22}+\Delta_{2P}=0\end{aligned}\right\}\tag{3.19}$$

此为本结构的“正规方程”，其系数排列和计算有一定的规律。

$$\left.\begin{aligned}X_1\delta_{11}+X_2\delta_{12}+X_3\delta_{13}+\cdots+X_n\delta_{1n}+\Delta_{1P}=0\\X_2\delta_{21}+X_2\delta_{22}+X_3\delta_{23}+\cdots+X_n\delta_{2n}+\Delta_{2P}=0\\\vdots\qquad\qquad\\X_1\delta_{n1}+X_2\delta_{n2}+X_3\delta_{n3}+\cdots+X_n\delta_{nn}+\Delta_{nP}=0\end{aligned}\right\}\tag{3.20}$$

对于桁架结构，正规方程系数为

$$\left.\begin{aligned}\delta_{ij}&=\sum_{k=1}^{s}\frac{N_{ik}\cdot N_{jk}}{EA_k}L_k,\quad i,j=1,2,\cdots,n\\\Delta_{iP}&=\sum_{k=1}^{s}\frac{N_{Pk}\cdot N_{ik}}{EA_k}L_k,\quad i=1,2,\cdots,n\\\delta_{ij}&=\delta_{ji},\quad i=1,2,\cdots,n\end{aligned}\right\}\tag{3.21}$$

式中，s 是结构元件(杆)的总数。

由式(3.21)，得到正规方程系数：

$$\left.\begin{aligned}\Delta_{1P}&=P\\\Delta_{2P}&=(2+2\sqrt{2})P\\\delta_{11}&=4+4\sqrt{2}\\\delta_{22}&=4+4\sqrt{2}\\\delta_{12}&=\delta_{21}=1.0\end{aligned}\right\}\tag{3.22}$$

则正规方程为

$$\left.\begin{aligned}9.66X_1+X_2+P=0\\X_1+9.66X_2+2(1+\sqrt{2})P=0\end{aligned}\right\}\tag{3.23}$$

求解上式，可得

$$\left.\begin{aligned} X_1 &= -0.052P \\ X_2 &= -0.494P \end{aligned}\right\} \tag{3.24}$$

将式(3.24)代入杆的真实内力公式，可得各杆内力，如图 3.22 所示。

力法原理还可用于静不定刚架结构分析，例如，图 3.23 所示静不定刚架，受载荷 P 的作用，剖面面积 $A=2\ \mathrm{cm}^2$，$I=(1/12)\mathrm{cm}^4$，$E=2\times10^7\ \mathrm{N/cm}^2$。本结构共计有 3 个自由度、6 个约束、3 度静不定，选取〈P〉和〈1〉、〈2〉、〈3〉状态（如图 3.24 和图 3.25 所示）。

注意：

(1) 画图时弯矩画在受压面，轴力以拉伸为正、压缩为负，剪力正负依 $\mathrm{d}M_P/\mathrm{d}s$ 正负确定，s 积分方向以 $A\to B\to C\to D\to E$ 为正方向。

(2) 选取单位状态时，要求：

① 自身平衡；

② 各单位状态独立。

于是，利用最小余能原理，可以导出正则方程中的系数公式：

$$\left.\begin{aligned} \Delta_{iP} &= \int_s \frac{M_i M_P}{EI}\mathrm{d}s + \int_s \frac{N_i N_P}{EA}\mathrm{d}s + \int_s \frac{Q_i Q_P}{EA}\mathrm{d}s, \\ \delta_{ij} &= \int_s \frac{M_i M_j}{EI}\mathrm{d}s + \int_s \frac{N_i N_j}{EA}\mathrm{d}s + \int_s \frac{Q_i Q_j}{EA}\mathrm{d}s, \end{aligned}\quad i,j=1,2,3\right\} \tag{3.25}$$

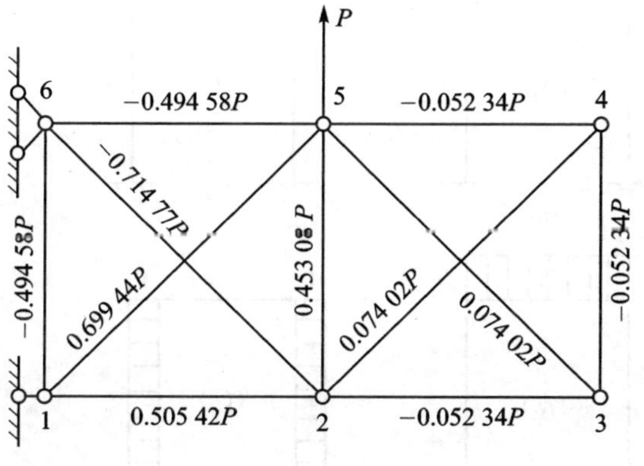

图 3.22　桁架内力分布

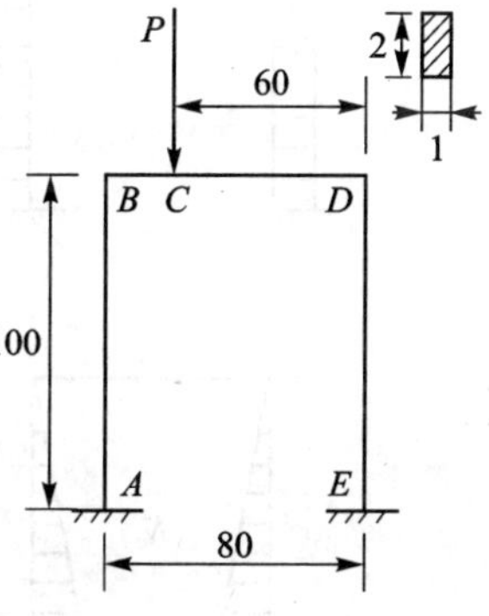

图 3.23　静不定刚架

将刚架参数代入式(3.25)，得到

$$\left.\begin{aligned} \Delta_{1P} &= \frac{-2\,200P}{EI} \\ \Delta_{2P} &= -\frac{100\,000P}{EI} \\ \Delta_{3P} &= -\frac{86\,666P}{EI} + \frac{100P}{EA} + \frac{20P}{EA} \end{aligned}\right\} \tag{3.26}$$

$$\left.\begin{aligned}
\delta_{11} &= \frac{280}{EI} \\
\delta_{22} &= \frac{666\ 692}{EI} \\
\delta_{33} &= \frac{362\ 683}{EI} \\
\delta_{12} &= -\frac{10\ 000}{EI} = \delta_{21} \\
\delta_{13} &= \delta_{31} = 0 \\
\delta_{23} &= \delta_{32} = 0
\end{aligned}\right\} \tag{3.27}$$

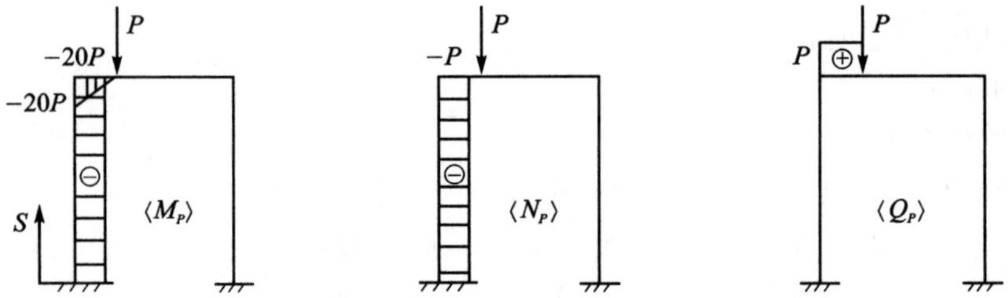

图 3.24 〈P〉状态

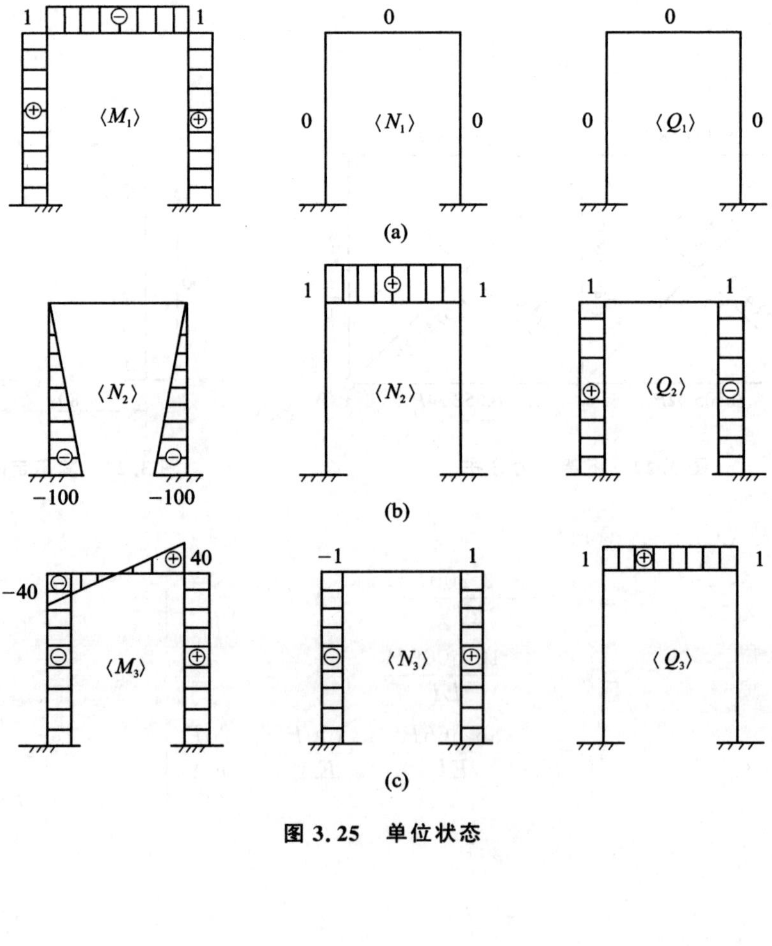

图 3.25 单位状态

通过求解正规方程组，获得多余未知力，最后的内力分布如图 3.26 所示。

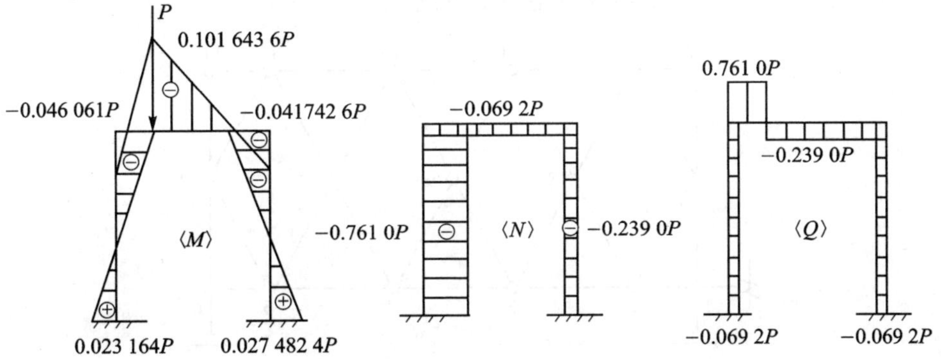

图 3.26　内力分布图

习　　题

3-1　试分析图 3-1 所示结构的几何不变性和不可移动性，计算结构在载荷 P 作用下的内力。方法如下：(1) 用节点法；(2) 用剖面法。标出载荷 P 的传力路线。

3-2　试分析图 3-2 所示结构的几何不变性和不可移动性，计算结构在载荷 P 作用下的内力。

3-3　计算图 3-3 所示桁架结构的自由度、约束数，分析其几何不变性，并说明原因。

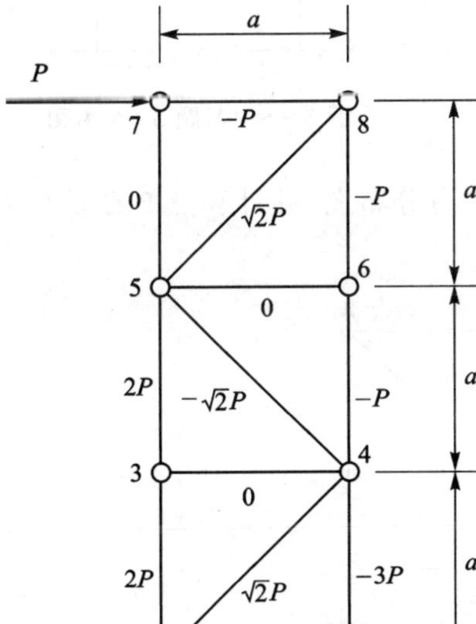

图 3-1　习题 3-1 用图

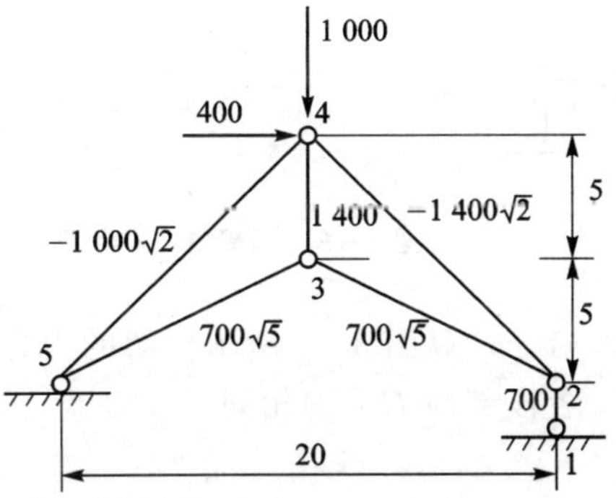

图 3-2　习题 3-2 用图

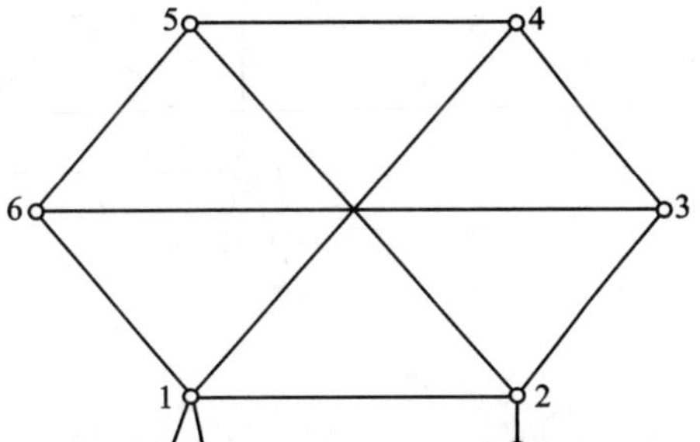

图 3-3　习题 3-3 用图

3－4　分析图 3－4 所示平面桁架系统的几何不变性。计算出系统的多余约束数，并说明它是几何不变系统还是几何可变系统或是瞬变系统。

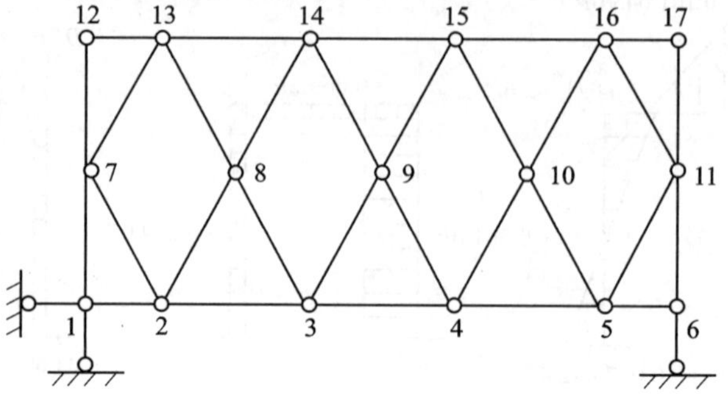

图 3－4　习题 3－4 用图

3－5　分析图 3－5 所示刚架系统的几何不变性。计算出系统的多余约束数，并说明它是几何不变系统还是几何可变系统或是瞬变系统。

3－6　分析图 3－6 所示钢架系统的静不定度。

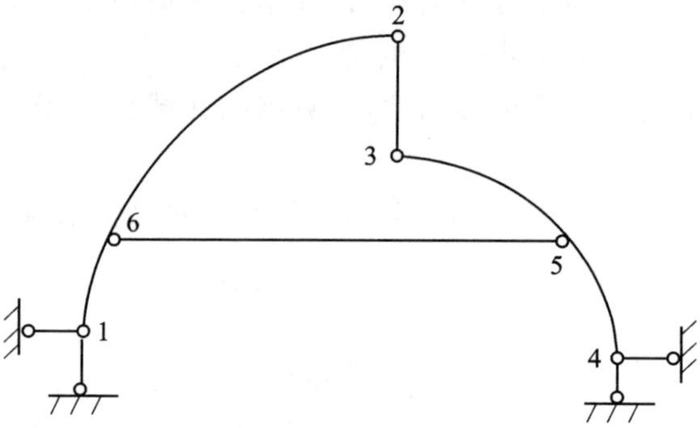

图 3－5　习题 3－5 用图

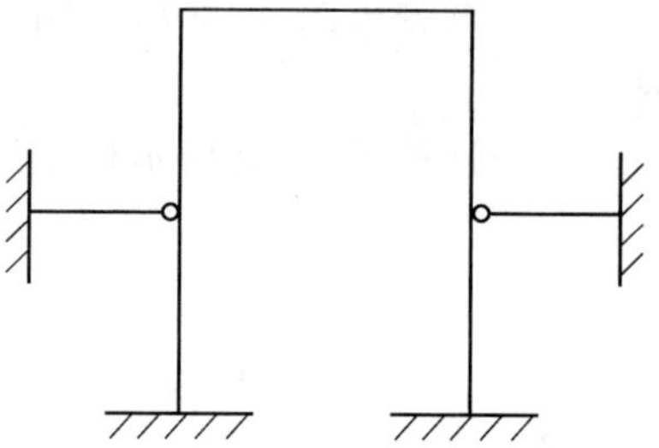

图 3－6　习题 3－6 用图

3－7　计算图 3－7 所示桁架的内力，画出各杆的内力分布图，并计算点 2 在垂直方向的位移。各段剖面 EA 均相同。

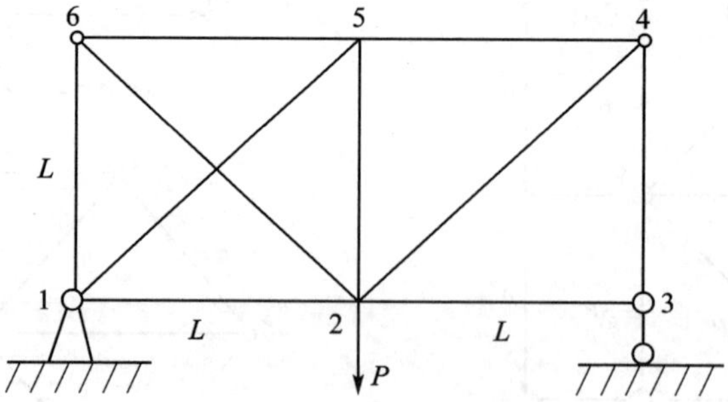

图 3－7　习题 3－7 用图

第4章　薄壁结构——板与壳

4.1　薄板弯曲的基本方程

工程中常会遇到板受到垂直于板面的横向载荷，从而使得板产生弯曲挠度的问题。为求解板的弯曲扰度，常将板进行分类，并建立相应的分析方法。

$$\text{板}\begin{cases}\text{薄板}——\left(\dfrac{1}{8}\sim\dfrac{1}{100}\right)\leqslant\dfrac{\text{厚板}\ \delta}{\text{最小板宽}\ b}\leqslant\left(\dfrac{1}{5}\sim\dfrac{1}{8}\right)\\ \text{厚板}——\dfrac{\delta}{b}\geqslant\left(\dfrac{1}{5}\sim\dfrac{1}{8}\right)\\ \text{薄膜}——\dfrac{\delta}{b}\geqslant\left(\dfrac{1}{8}\sim\dfrac{1}{100}\right)\end{cases}$$

为分析薄板的挠度，普遍采用如下假设：① 平面或直法线假设，即变形前垂直于中面的任一直线段，变形后仍为直线段，并且垂直于变形后的弹性曲面，且长度不变（如图4.1所示）；② 平面应力状态假设，即垂直于板面方向的应力较小，所以，σ_z 略去不计，τ_{yz}、τ_{xz} 较面应力小一个量级。

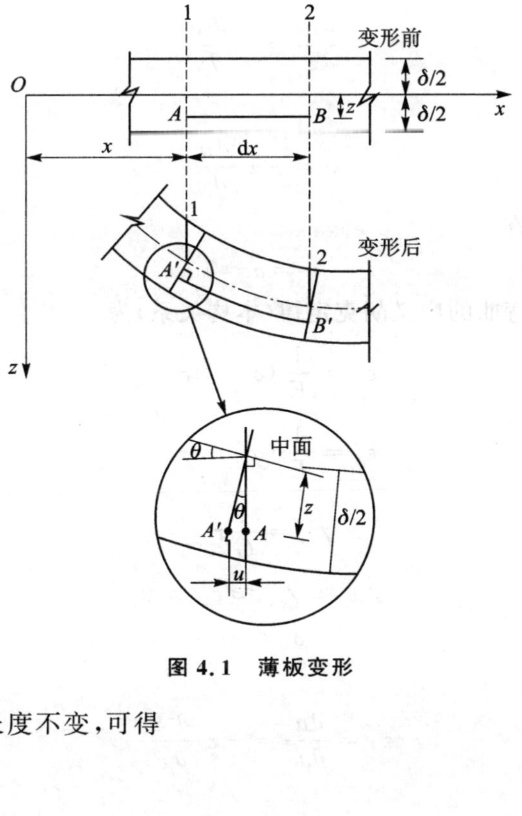

图4.1　薄板变形

由假设①中直法线长度不变，可得

$$\varepsilon_z=\frac{\partial w}{\partial z}\approx 0 \tag{4.1}$$

$$w=w(x,y) \tag{4.2}$$

即板的弯曲挠度仅是 x 和 y 的函数。

考虑图 4.1 中 $y=$常数的截面，由假设①，可得

$$\gamma_{xz}\approx 0 \tag{4.3}$$

即

$$\frac{\partial w}{\partial x}+\frac{\partial u}{\partial z}=0 \tag{4.4}$$

或

$$\frac{\partial u}{\partial z}=-\frac{\partial w}{\partial x} \tag{4.5}$$

对式(4.5)积分，得到

$$u=-z\frac{\partial w}{\partial x} \tag{4.6}$$

同理，对于 $x=$常数的截面，可得

$$\gamma_{xy}\approx 0 \tag{4.7}$$

即

$$\frac{\partial w}{\partial y}+\frac{\partial v}{\partial z}=0 \tag{4.8}$$

或

$$\frac{\partial v}{\partial z}=-\frac{\partial w}{\partial y} \tag{4.9}$$

于是

$$v=-z\frac{\partial w}{\partial y} \tag{4.10}$$

可见，在中面 $z=0$ 处，存在

$$u=v=0 \tag{4.11}$$

由假设②可知，薄板弯曲的广义胡克定律(本构关系)为

$$\varepsilon_x=\frac{1}{E}(\sigma_x-\nu\sigma_y) \tag{4.12}$$

$$\varepsilon_y=\frac{1}{E}(\sigma_y-\nu\sigma_x) \tag{4.13}$$

$$\gamma_{xy}=\frac{1}{G}\tau_{xy} \tag{4.14}$$

$$\gamma_{xy}\approx\gamma_{yz}\approx\varepsilon_z\approx 0 \tag{4.15}$$

$$\sigma_z\approx 0 \tag{4.16}$$

根据几何方程，可得

$$\varepsilon_x=\frac{\partial u}{\partial x}=-z\frac{\partial^2 w}{\partial x^2} \tag{4.17}$$

$$\varepsilon_y=\frac{\partial v}{\partial y}=-z\frac{\partial^2 w}{\partial y^2} \tag{4.18}$$

$$\gamma_{xy}=\frac{\partial u}{\partial y}+\frac{\partial v}{\partial x}=-2z\frac{\partial^2 w}{\partial x\partial y} \tag{4.19}$$

$$\varepsilon_z=\gamma_{xz}=\gamma_{yz}=0 \tag{4.20}$$

将式(4.17)和式(4.20)代入物理方程，则

$$\sigma_x=\frac{E}{1-\nu^2}(\varepsilon_x+\nu\varepsilon_y)=-\frac{Ez}{1-\nu^2}\left(\frac{\partial^2 w}{\partial x^2}+\nu\frac{\partial^2 w}{\partial y^2}\right) \tag{4.21}$$

$$\sigma_y=\frac{E}{1-\nu^2}(\varepsilon_y+\nu\varepsilon_x)=-\frac{Ez}{1-\nu^2}\left(\frac{\partial^2 w}{\partial y^2}+\nu\frac{\partial^2 w}{\partial x^2}\right) \tag{4.22}$$

$$\tau_{xy}=\frac{E}{2(1+\nu)}\gamma_{xy}=-\frac{Ez}{1+\nu}\frac{\partial^2 w}{\partial x\partial y} \tag{4.23}$$

$$\sigma_z=0 \tag{4.24}$$

由以上几式可见，位移分量均可表示为挠度 $w(x,y)$ 的函数，因此，以 $w(x,y)$ 为基本未知量，用位移法求解具有明显的优点。考察法线分布载荷作用下的矩形薄板(如图 4.2 所示)，选取微元 $q\mathrm{d}x\mathrm{d}y$，放大后的微元如图 4.3 所示，其中图 4.3(a)为微元应力分布图，图 4.3(b)为微元内力图。由图 4.3 所示的微元应力分布，可以得到微元单位长度上的合力(矩)：

$$M_x=\int_{-\frac{\delta}{2}}^{\frac{\delta}{2}} z\sigma_x\,\mathrm{d}z \tag{4.25}$$

$$M_y=\int_{-\frac{\delta}{2}}^{\frac{\delta}{2}} z\sigma_y\,\mathrm{d}z \tag{4.26}$$

$$M_{xy}=M_{yx}=\int_{-\frac{\delta}{2}}^{\frac{\delta}{2}} z\tau_{xy}\,\mathrm{d}z \tag{4.27}$$

$$F_{sx}=\int_{-\frac{\delta}{2}}^{\frac{\delta}{2}} \tau_{xz}\,\mathrm{d}z \tag{4.28}$$

$$F_{sy}=\int_{-\frac{\delta}{2}}^{\frac{\delta}{2}} \tau_{yz}\,\mathrm{d}z \tag{4.29}$$

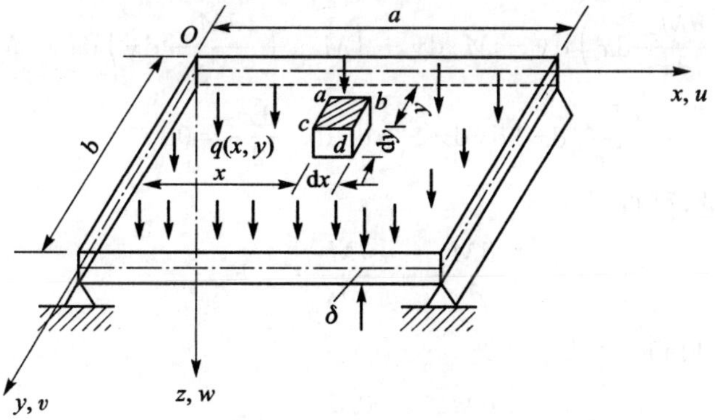

图 4.2　矩形薄板

将式(4.21)～式(4.23)代入式(4.25)～式(4.27)，可得 $w(x,y)$ 表示的合力：

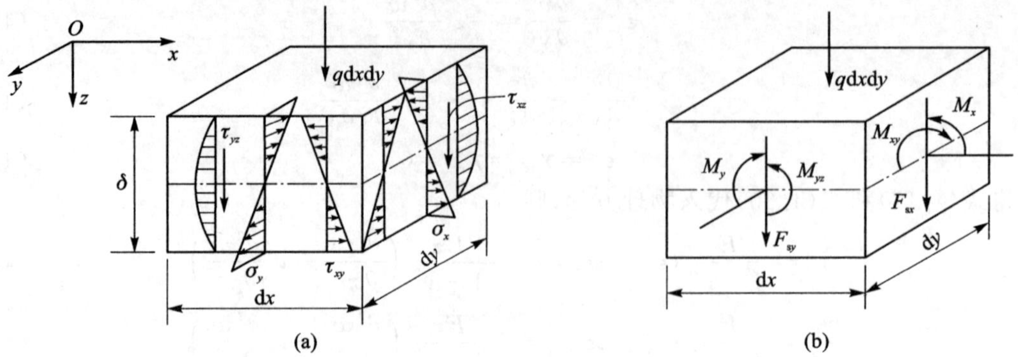

图 4.3　微元受力状况

$$M_x = -D\left(\frac{\partial^2 w}{\partial x^2} + \nu \frac{\partial^2 w}{\partial y^2}\right) \tag{4.30}$$

$$M_y = -D\left(\frac{\partial^2 w}{\partial y^2} + \nu \frac{\partial^2 w}{\partial x^2}\right) \tag{4.31}$$

$$M_{xy} = M_{yx} = -(1-\nu)D \frac{\partial^2 w}{\partial x \partial y} \tag{4.32}$$

由平衡条件，可推得

$$D = -\frac{E\delta^3}{12(1-\nu)} \tag{4.33}$$

考虑微元平衡条件(如图 4.4 所示)，则

$$\sum M_x = 0 \tag{4.34}$$

$$\sum M_y = 0 \tag{4.35}$$

$$\vdots$$

$$\sum F_z = 0 \tag{4.36}$$

如取 $\sum M_y = 0$，即绕 y 轴的力矩之和为零，坐标原点取 dx、dy 交点，则

$$\left(M_x + \frac{\partial M_x}{\partial x}dx\right)dy - M_x dy + \left(M_{yx} + \frac{\partial M_{yx}}{\partial y}dy\right)dx - M_{yx}dx - \left(F_{sx} + \frac{\partial F_{sx}}{\partial x}dx\right)dy\,dx - q\,dx\,dy\,\frac{dx}{2} = 0 \tag{4.37}$$

整理后，略去高阶微量，可得

$$\frac{\partial M_x}{\partial x} + \frac{\partial M_{yx}}{\partial y} = F_{sx} \tag{4.38}$$

同理，由 $\sum M_x = 0$，可得

$$\frac{\partial M_y}{\partial y} + \frac{\partial M_{xy}}{\partial x} = F_{sy} \tag{4.39}$$

由 $\sum F_z = 0$，可得

$$\frac{\partial F_{sx}}{\partial x}dx\,dy + \frac{\partial F_{sy}}{\partial y}dx\,dy + q\,dx\,dy = 0 \tag{4.40}$$

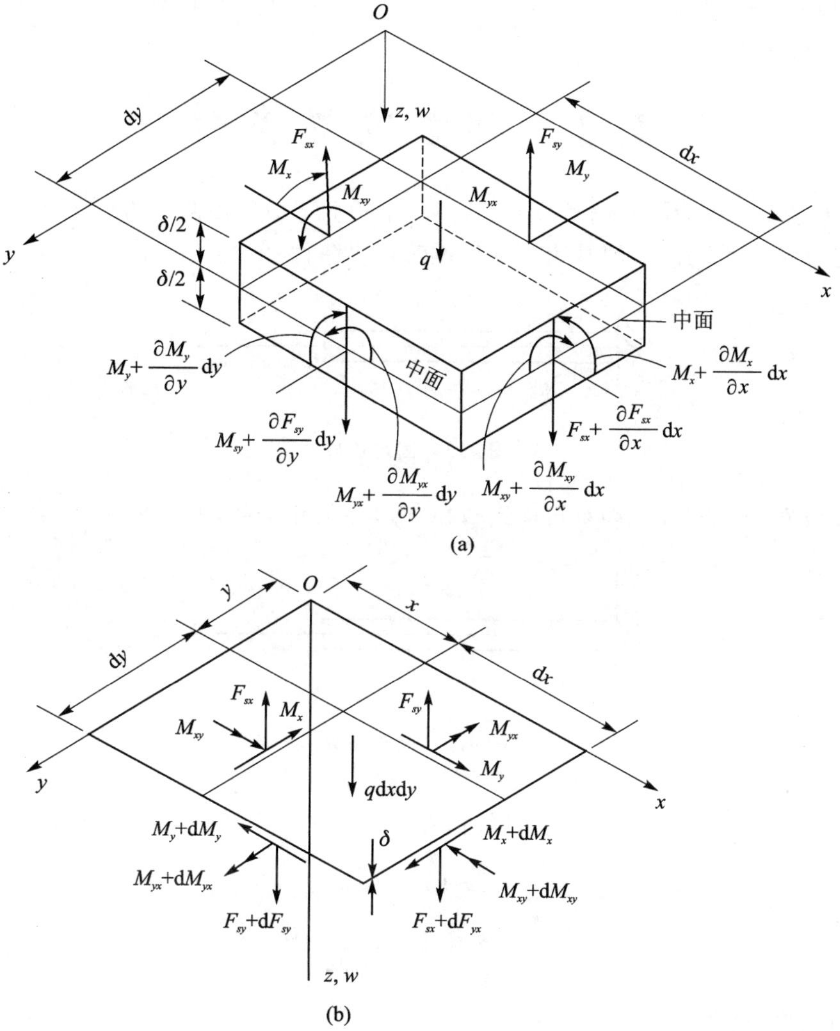

图 4.4　微元内力分量

即

$$\frac{\partial F_{sx}}{\partial x}+\frac{\partial F_{sy}}{\partial y}=-q \tag{4.41}$$

由以上各式及 $M_{xy}=M_{yx}$，可得平衡方程：

$$\frac{\partial^2 M_x}{\partial x^2}+2\frac{\partial^2 M_{xy}}{\partial x\partial y}+\frac{\partial^2 M_y}{\partial y^2}=-q \tag{4.42}$$

采用挠度 w 表示的平衡方程可写为

$$\frac{\partial^4 w}{\partial x^4}+2\frac{\partial^4 w}{\partial x^2\partial y^2}+\frac{\partial^4 w}{\partial y^4}=\frac{q}{D} \tag{4.43}$$

或

$$D\nabla^2\nabla^2=q \tag{4.44}$$

式中，$\nabla^2=\frac{\partial^2}{\partial x^2}+\frac{\partial^2}{\partial y^2}$，为拉普拉斯算子。

在满足边界条件的情况下，求解上式可得 $w(x,y)$，这样，弯矩 M_x、M_y，扭矩 M_{xy}，以及应力 σ_x、σ_y、τ_{xy} 便可求得。

4.2 典型边界条件

由于以上平衡方程为四阶偏微分方程，故每个边界上应给出两个边界条件。

① 固定边界(见图 4.5)，即某边固支板位移边界条件 $w(0)=0$，$w'(0)=0$。

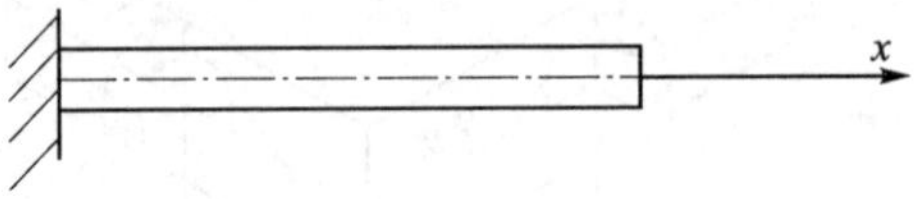

图 4.5 固定边界

② 简支边界(见图 4.6)，即某边简支板位移边界条件 $w(0)=0$，$M_x(0)=0$。

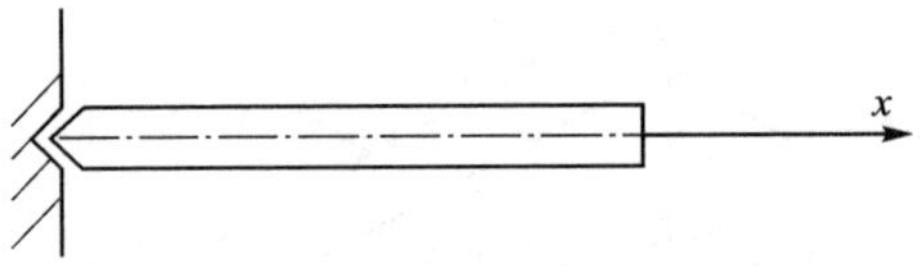

图 4.6 简支边界

由于 $M_x=-D\left(\dfrac{\partial^2 w}{\partial x^2}+\nu\dfrac{\partial^2 w}{\partial y^2}\right)$，同时，在 $x=0$ 边，$\dfrac{\partial w}{\partial y}=\dfrac{\partial^2 w}{\partial y^2}=0$，所以，

$$w\Big|_{x=0}=0 \tag{4.45}$$

$$\frac{\partial^2 w}{\partial x^2}\Big|_{x=0}=0 \tag{4.46}$$

③ 自由边界(见图 4.7)：

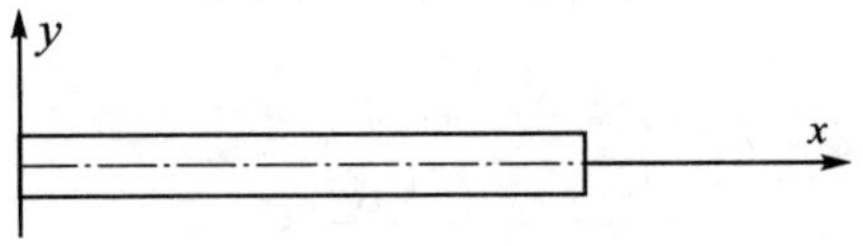

图 4.7 自由边界

$$M_x\Big|_{x=a}=0 \tag{4.47}$$

$$M_{xy}\Big|_{x=a}=0 \tag{4.48}$$

$$F_{Sx}\Big|_{x=a}=0 \tag{4.49}$$

但这三个条件并不是独立的，其中 M_{xy} 可用等效剪应力表示。为使用方便，表 4.1 归纳了矩形板各种边界条件。

表 4.1 矩形板的各种边界条件

边界支承种类		数学表达式
简支端	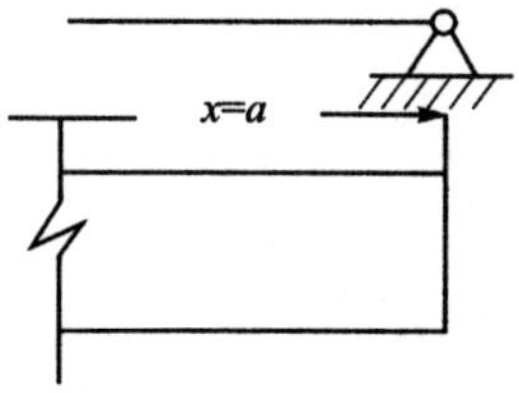	$w\Big\|_{x=a}=0$ $M_x\Big\|_{x=a}=\left(\dfrac{\partial^2 w}{\partial x^2}+\nu\dfrac{\partial^2 w}{\partial y^2}\right)\Big\|_{x=a}=0$
固支端	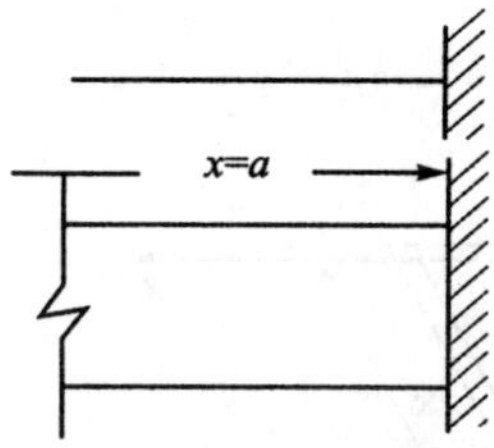	$w\Big\|_{x=a}=0$ $\dfrac{\partial w}{\partial x}\Big\|_{x=0}=0$
自由端	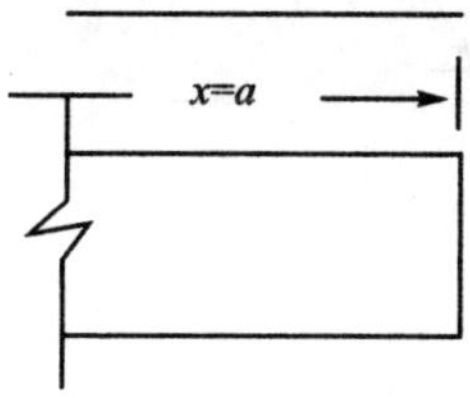	$M_x\Big\|_{x=a}=\left(\dfrac{\partial^2 w}{\partial x^2}+\nu\dfrac{\partial^2 w}{\partial y^2}\right)\Big\|_{x=a}=0$ $F_{Nx}\Big\|_{x=a}=\left[\dfrac{\partial^3 w}{\partial x^3}+(2-\nu)\dfrac{\partial^3 w}{\partial x\partial y^2}\right]\Big\|_{x=a}=0$
弹性嵌固端	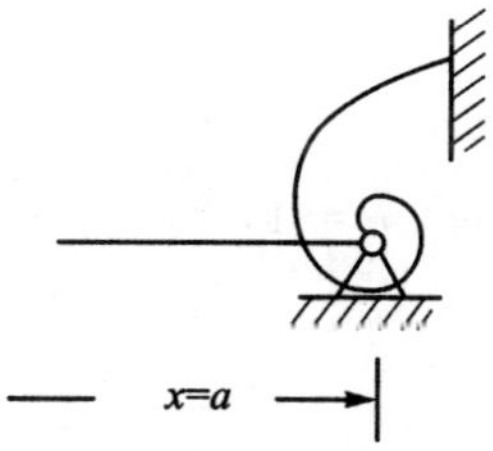	$w\Big\|_{x=a}=0$ $\dfrac{\partial w}{\partial x}\Big\|_{x=0}=(\rho')^{-1}D\left(\dfrac{\partial^2 w}{\partial x^2}+\nu\dfrac{\partial^2 w}{\partial y^2}\right)\Big\|_{x=a}$
弹性支承端	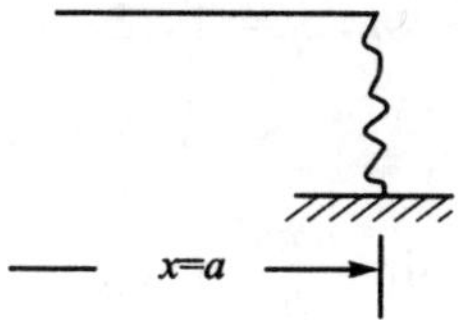	$M_x\Big\|_{x=a}=\left(\dfrac{\partial^2 w}{\partial x^2}+\nu\dfrac{\partial^2 w}{\partial y^2}\right)\Big\|_{x=a}=0$ $w\Big\|_{x=a}=\rho^{-1}D\left[\dfrac{\partial^3 w}{\partial x^3}+(2-\nu)\dfrac{\partial^3 w}{\partial x\partial y^2}\right]\Big\|_{x=a}$

注：ρ 为弹性支承的抗压刚度，ρ' 为弹性约束的抗旋转刚度。

4.3 四边简支方板的小挠度分析

对于四边简支方板（如图 4.8 所示），其边界条件为

$$\left.\begin{aligned} w\Big|_{x=0,a}&=0\\ M_x\Big|_{x=0,a}&=0\end{aligned}\right\}\tag{4.50}$$

$$\left.\begin{aligned}w\Big|_{y=0,b}&=0\\M_y\Big|_{y=0,b}&=0\end{aligned}\right\}\tag{4.51}$$

或

$$\left.\begin{aligned}&w\Big|_{x=0,a}=0\\&\left(\frac{\partial^2 w}{\partial x^2}+\nu\frac{\partial^2 w}{\partial y^2}\right)\Bigg|_{x=0,a}=0\end{aligned}\right\}\tag{4.52}$$

$$\left.\begin{aligned}&w\Big|_{y=0,b}=0\\&\left(\frac{\partial^2 w}{\partial y^2}+\nu\frac{\partial^2 w}{\partial x^2}\right)\Bigg|_{y=0,b}=0\end{aligned}\right\}\tag{4.53}$$

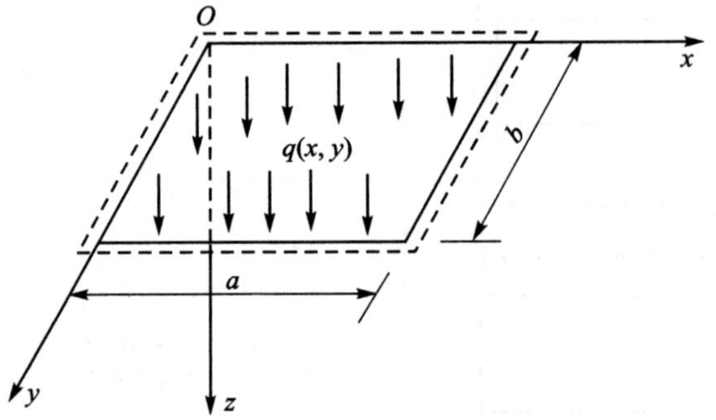

图 4.8　四边简支方板

设挠度解为如下三角级数形式：

$$w=\sum_{m=1}^{\infty}\sum_{n=1}^{\infty}w_{mn}\sin\frac{m\pi x}{a}\sin\frac{n\pi y}{b},\quad m,n=1,2,3,\cdots,\infty\tag{4.54}$$

显然，其满足边界条件。

采用双调和级数表示 $q(x,y)$，即

$$q(x,y)=\sum_{m=1}^{\infty}\sum_{n=1}^{\infty}q_{mn}\sin\frac{m\pi x}{a}\sin\frac{n\pi y}{b},\quad m,n=1,2,3,\cdots,\infty\tag{4.55}$$

式中

$$q_{mn}=\frac{4}{ab}\int_0^a\int_0^b q(x,y)\sin\frac{m\pi x}{a}\sin\frac{n\pi y}{b}\mathrm{d}x\mathrm{d}y\tag{4.56}$$

将式(4.56)代入平衡方程(4.44)，得到

$$D\nabla^2\nabla^2 w=q(x,y)\tag{4.57}$$

可解出 w_{mn}，从而得到 w 挠度值。

若 $q(x,y)=q_0=$常值，则

$$w=\frac{16a^4q_0}{\pi^6 D}\sum_{m=1}^{\infty}\sum_{n=1}^{\infty}\frac{\sin\frac{m\pi x}{a}\sin\frac{n\pi y}{b}}{mn\left(m^2+\frac{a^2}{b^2}n^2\right)},\quad m,n=1,3,5,\cdots,\text{奇数}\tag{4.58}$$

对于两对边简支方板(如图 4.9 所示)，其板的平衡微分方程可写为

$$\frac{\mathrm{d}^4 w}{\mathrm{d}x^4}=\frac{p(x)}{D} \tag{4.59}$$

将板的挠度和外载荷用傅里叶级数展开，即

$$w(x)=\sum_{m=1}^{\infty} w_m \sin\frac{m\pi x}{a} \tag{4.60}$$

$$p(x)=\sum_{m=1}^{\infty} p_m \sin\frac{m\pi x}{a} \tag{4.61}$$

将上面两式代入平衡微分方程(4.59)，得

$$w(x)=\sum_{m=1}^{\infty}\frac{a^4 p_m}{\pi^4 D m^4}\sin\frac{m\pi x}{a},\quad m=1,3,5,\cdots \tag{4.62}$$

由于 y 方向的曲率为 0，则

$$\frac{\mathrm{d}^2 w}{\mathrm{d}y^2}=0 \tag{4.63}$$

故弯矩、扭矩及横向剪力分别为

$$M_x=-D\frac{\partial^2 w}{\partial x^2} \tag{4.64}$$

$$M_y=-D\nu\frac{\partial^2 w}{\partial x^2} \tag{4.65}$$

$$M_{xy}=M_{yx}=0 \tag{4.66}$$

$$F_{sx}=-D\frac{\partial^3 w}{\partial x^3} \tag{4.67}$$

$$F_{sy}=0 \tag{4.68}$$

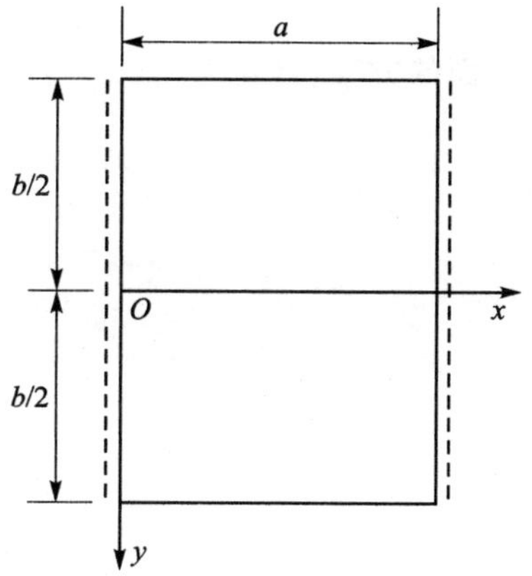

图 4.9　两对边简支方板

例题 4-1　一边简支、一边固支的方板受均布载荷作用(如图 4.10 所示)，试求固支边弯矩。

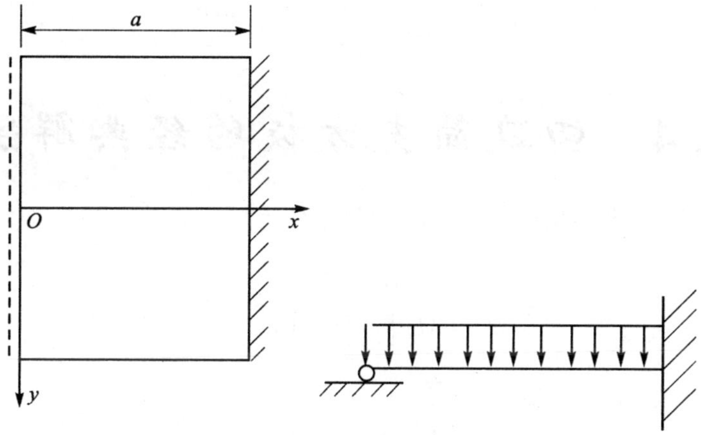

图 4.10　一边简支一边固支方板

解　求解平衡微分方程：

$$\frac{\mathrm{d}^4 w}{\mathrm{d}x^4}=\frac{p_0}{D}$$

可得

$$w(x)=\frac{p_0}{24D}x^4+A_1x^3+A_2x^2+A_3x+A_4$$

由边界条件,可得

$$\begin{cases} w\Big|_{x=0}=0 \\ \left(\dfrac{\mathrm{d}^2 w}{\mathrm{d}x^2}\right)\Big|_{x=0}=0 \\ w\Big|_{x=a}=0 \\ \left(\dfrac{\mathrm{d}w}{\mathrm{d}x}\right)\Big|_{x=a}=0 \end{cases}$$

求解上面的方程,得到

$$A_1=\frac{3p_0a}{48D}$$

$$A_2=0$$

$$A_3=\frac{p_0a^3}{48D}$$

$$A_4=0$$

所以

$$w(x)=\frac{p_0a^4}{48D}\left[\frac{x}{a}-3\left(\frac{x}{a}\right)^3+2\left(\frac{x}{a}\right)^4\right]$$

故固定边弯矩为

$$M_x=-D\frac{\partial^2 w}{\partial x^2}=-\frac{p_0a^2}{8}$$

$$M_y=-D\nu\frac{\partial^2 w}{\partial x^2}=-\nu\frac{p_0a^2}{8}$$

4.4 四边简支方板的经典解法

同样地,四边简支方板(如图 4.8 所示)边界条件为

$$\left.\begin{aligned} w\Big|_{x=0,a}&=0 \\ M_x\Big|_{x=0,a}&=0 \end{aligned}\right\} \tag{4.69}$$

$$\left.\begin{aligned} w\Big|_{y=0,b}&=0 \\ M_y\Big|_{y=0,b}&=0 \end{aligned}\right\} \tag{4.70}$$

或

$$\left.\begin{aligned} w\Big|_{x=0,a}&=0 \\ \left(\frac{\partial^2 w}{\partial x^2}+\nu\frac{\partial^2 w}{\partial y^2}\right)\Big|_{x=0,a}&=0 \end{aligned}\right\} \tag{4.71}$$

$$\left.\begin{aligned} & w\Big|_{y=0,b}=0 \\ & \left(\frac{\partial^2 w}{\partial y^2}+\nu\frac{\partial^2 w}{\partial x^2}\right)\Big|_{y=0,b}=0 \end{aligned}\right\} \tag{4.72}$$

同时，在 $x=0$ 和 $x=a$ 处，

$$\frac{\partial w}{\partial y}=\frac{\partial^2 w}{\partial y^2}=0 \tag{4.73}$$

在 $y=0$ 和 $y=b$ 处，

$$\frac{\partial w}{\partial x}=\frac{\partial^2 w}{\partial x^2}=0 \tag{4.74}$$

故上面的边界条件可写为

$$\left.\begin{aligned} & w\Big|_{x=0,a}=0 \\ & \frac{\partial^2 w}{\partial x^2}\Big|_{x=0,a}=0 \end{aligned}\right\} \tag{4.75}$$

$$\left.\begin{aligned} & w\Big|_{y=0,b}=0 \\ & \frac{\partial^2 w}{\partial y^2}\Big|_{y=0,b}=0 \end{aligned}\right\} \tag{4.76}$$

求解如下薄板平衡微分方程：

$$D\nabla^2\nabla^2 w=q(x,y) \tag{4.77}$$

求解上式方法甚多，以下介绍一个基本的、广泛应用的分离变量法。该法通常取为无穷级数的形式，这种形式收敛很快。1899 年莱维提出莱维解：

$$w=\sum_{m=1}^{\infty}W_m(y)\sin\frac{m\pi x}{a} \tag{4.78}$$

式中，$W_m(y)$只是 y 的函数，且是一个半幅的单傅里叶正弦级数。

式(4.78)满足 $x=0$ 和 $x=a$ 两边的边界条件(如图 4.11 所示)。下面要利用 $y=\pm b/2$ 的边界条件及微分方程确定 $W_m(y)$。由于微分平衡方程为非齐次微分方程，故取

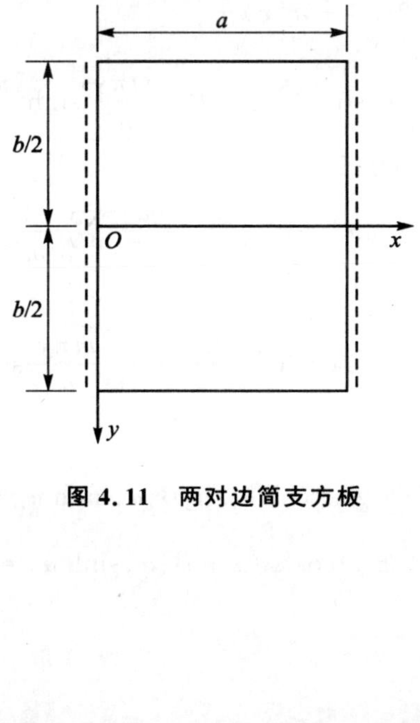

图 4.11　两对边简支方板

$$w = w_1 + w_2 \tag{4.79}$$

式中，w_1 和 w_2 分别为方程的齐次解和特解，分别满足

$$\nabla^2 \nabla^2 w_1 = 0 \tag{4.80}$$

$$D \nabla^2 \nabla^2 w_2 = q(x, y) \tag{4.81}$$

齐次平衡微分方程(4.80)与载荷无关，且 $w = w_1 + w_2$ 应满足全部边界条件，故 w_1 应取为莱维解的形式。考虑对称性，m 应取奇数，即 $m = 1, 3, 5, \cdots$，于是，由齐次平衡微分方程(4.80)，可得

$$\sum_{m=1}^{\infty} \left(W_m^{(4)} - 2\frac{m^2\pi^2}{a^2} W_m^{(2)} + \frac{m^4\pi^4}{a^4} W_m \right) \sin\frac{m\pi x}{a} = 0 \tag{4.82}$$

式(4.82)对所有 x 都应成立，因此，

$$W_m^{(4)} - 2\frac{m^2\pi^2}{a^2} W_m^{(2)} + \frac{m^4\pi^4}{a^4} W_m = 0 \tag{4.83}$$

方程(4.83)的通解为

$$W_m = \frac{qa^4}{D}\left(A_m \cosh\frac{m\pi y}{a} + B_m \frac{m\pi y}{a} \sinh\frac{m\pi y}{a} + C_m \sinh\frac{m\pi y}{a} + D_m \frac{m\pi y}{a} \cosh\frac{m\pi y}{a} \right) \tag{4.84}$$

如果板的挠曲对于 x 轴对称，则在 W_m 中只能有对称函数，故

$$C_m = D_m = 0 \tag{4.85}$$

于是

$$W_m = \frac{qa^4}{D}\left(A_m \cosh\frac{m\pi y}{a} + B_m \frac{m\pi y}{a} \sinh\frac{m\pi y}{a} \right) \tag{4.86}$$

关于特解 w_2，只需取一满足非齐次平衡微分方程的解即可，板承受均布载荷作用时，可取

$$w_2 = \frac{q}{24D}(x^4 - 2ax^3 + a^3 x) \tag{4.87}$$

上面特解为简支梁的材力解，不仅满足非齐次平衡微分方程，而且满足边界条件，于是，

$$\begin{aligned} w &= w_1 + w_2 \\ &= \frac{q}{24D}(x^4 - 2ax^3 + a^3 x) + \\ &\quad \frac{qa^4}{D}\sum_{m=1}^{\infty}\left(A_m \cosh\frac{m\pi y}{a} + B_m \frac{m\pi y}{a} \sinh\frac{m\pi y}{a} \right) \sin\frac{m\pi y}{a} \end{aligned} \tag{4.88}$$

将式(4.88)右边第1项展开为三角级数，即

$$\frac{q}{24D}(x^4 - 2ax^3 + a^3 x) = \frac{4qa^4}{\pi^5 D}\sum_{m=1}^{\infty} \frac{1}{m^5} \sin\frac{m\pi x}{a} \tag{4.89}$$

式中，$m = 1, 3, 5, \cdots$。因此，

$$w = \frac{qa^4}{D}\sum_{m=1}^{\infty}\left(\frac{4}{\pi^5 m^5} + A_m \cosh\frac{m\pi y}{a} + B_m \frac{m\pi y}{a} \sinh\frac{m\pi y}{a} \right) \sin\frac{m\pi y}{a} \tag{4.90}$$

代入边界条件(4.76)，得到

$$\left.\begin{aligned} \frac{4}{\pi^5 m^5} + A_m \cosh\alpha_m + B_m \alpha_m \sinh\alpha_m = 0 \\ (A_m + B_m)\cosh\alpha_m + B_m \alpha_m \sinh\alpha_m = 0 \end{aligned}\right\} \tag{4.91}$$

式中，$\alpha=\dfrac{mb\pi}{2a}$。

求解方程(4.91)，得到

$$\left.\begin{aligned}A_m&=-\frac{2(\alpha_m\tanh\alpha_m+2)}{\pi^5m^5\cosh\alpha_m}\\B_m&=\frac{2}{\pi^5m^5\cosh\alpha_m}\end{aligned}\right\}\tag{4.92}$$

那么，由式(4.90)和式(4.92)，可得

$$w=\frac{4qa^4}{\pi^5D}\sum_{m=1,3,5,\cdots}^{\infty}\frac{1}{m^5}\left(1+\frac{\alpha_m\tanh\alpha_m+2}{2\cosh\alpha_m}\cosh\frac{2\alpha_my}{b}+\frac{\alpha_m}{2\cosh\alpha_m}\frac{2y}{b}\sinh\frac{2\alpha_my}{b}\right)\sin\frac{m\pi y}{a}\tag{4.93}$$

在板中心 $x=a/2,y=b/2$ 处的最大挠度为

$$w_{\max}=\frac{4qa^4}{\pi^5D}\sum_{m=1,3,5,\cdots}^{\infty}\frac{(-1)^{\frac{m-1}{2}}}{m^5}\left(1-\frac{\alpha_m\tanh\alpha_m+2}{2\cosh\alpha_m}\right)\tag{4.94}$$

或

$$w_{\max}=\frac{5}{384}\frac{qa^4}{D}-\frac{4qa^4}{\pi^5D}\sum_{m=1,3,5,\cdots}^{\infty}\frac{(-1)^{\frac{m-1}{2}}}{m^5}\frac{\alpha_m\tanh\alpha_m+2}{2\cosh\alpha_m}\tag{4.95}$$

此级数在 $b\geqslant a$ 收敛很快，只取头一项便可得到很好的结果。

例题 4-2　四边简支矩形板两对边 $y=\pm b/2$ 有均布力矩 M_0 作用(如图 4.12 所示)，试求板的挠曲面方程及对称轴 $y=0$ 上的挠度。

解　① 平衡方程为

$$\frac{\partial^4w}{\partial x^4}+2\frac{\partial^4w}{\partial x^2\partial y^2}+\frac{\partial^4w}{\partial x^4}=\frac{q}{D}$$

或

$$D\nabla^2\nabla^2=q$$

② 边界条件：

$$w\Big|_{x=0,a}=0$$
$$M_x\Big|_{x=0,a}=0$$
$$w\Big|_{y=\pm b/2}=0$$
$$M_y\Big|_{y=\pm b/2}=M_0$$

即

$$w\Big|_{x=0,a}=0$$
$$\frac{\partial^2w}{\partial x^2}\Big|_{x=0,a}=0$$
$$w\Big|_{y=\pm b/2}=0$$
$$-D\frac{\partial^2w}{\partial y^2}\Big|_{y=\pm b/2}=M_0$$

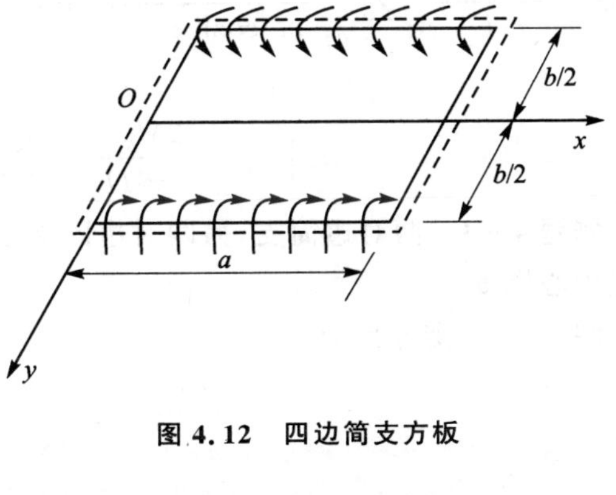

图 4.12　四边简支方板

③ 假定位移函数为

$$w=\sum_{m=1}^{\infty}W_m(y)\sin\frac{m\pi x}{a}$$

所设级数每一项均应满足边界条件，$(x=0,a)$处边界条件显然满足。同样，可得

$$W_m=\frac{qa^4}{D}\left(A_m\cosh\frac{m\pi y}{a}+B_m\frac{m\pi y}{a}\sinh\frac{m\pi y}{a}+C_m\sinh\frac{m\pi y}{a}+D_m\frac{m\pi y}{a}\cosh\frac{m\pi y}{a}\right)$$

满足上面的平衡方程。

④ 求系数，此时载荷为对称，故 W_m 一定为 y 的偶函数，因此，上式中 $C_m=D_m=0$，由此考虑到$(y=\pm b/2)$边界条件的第 2 式，可得

$$A_m=-B_m\alpha_m\tanh\alpha_m$$

式中，$\alpha_m=\dfrac{m\pi b}{2a}$。

于是

$$w=\sum_{m=1}^{\infty}B_m\left(\frac{m\pi y}{a}\sinh\frac{m\pi y}{a}-\alpha_m\tanh\alpha_m\cosh\frac{m\pi y}{a}\right)\sin\frac{m\pi x}{a}$$

式中，B_m 可根据$(y=\pm b/2)$的边界条件确定，即

$$-D\left(\frac{\partial^2 w}{\partial y^2}\right)=M_0$$

或

$$-2D\sum_{m=1}^{\infty}\frac{m^2\pi^2}{a^2}B_m\cosh\alpha_m\sin\frac{m\pi x}{a}=M_0$$

如$(y=\pm b/2)$边界上分布力矩也写成下列级数的形式：

$$M_m\Big|_{y=\pm b/2}=\frac{4M_0}{\pi}\sum_{m=1}^{\infty}\frac{1}{m}\sin\frac{m\pi x}{a}$$

则

$$B_m=-\frac{2M_0a^2}{Dm^3\pi^3\cosh\alpha_m}$$

⑤ 最终的挠度表达式：

$$w=\frac{2M_0a^2}{\pi^3D}\sum_{m=1,3,5,\cdots}^{\infty}\frac{1}{m^3\cosh\alpha_m}\left(\alpha_m\tanh\alpha_m\cosh\frac{m\pi y}{a}-\frac{m\pi y}{a}\sinh\frac{m\pi y}{a}\right)\sin\frac{m\pi x}{a}$$

所以

$$w\Big|_{y=0}=\frac{2M_0a^2}{\pi^3D}\sum_{m=1,3,5,\cdots}^{\infty}\frac{\alpha_m\tanh\alpha_m}{m^3\cosh\alpha_m}\sin\frac{m\pi x}{a}$$

例题 4-3 两对边简支，另两对边固支矩形板受均布载荷 q 的作用（如图 4.13 所示），试求板中心挠度。

解 ① 平衡方程为

$$\frac{\partial^4 w}{\partial x^4}+2\frac{\partial^4 w}{\partial x^2\partial y^2}+\frac{\partial^4 w}{\partial x^4}=\frac{q}{D}$$

或

$$D\nabla^2\nabla^2=q$$

② 边界条件：

$$w\big|_{x=0,a}=0$$
$$M_x\big|_{x=0,a}=0$$
$$w\big|_{y=\pm b/2}=0$$
$$\theta_y\big|_{y=\pm b/2}=0$$

即

$$w\big|_{x=0,a}=0$$
$$\frac{\partial^2 w}{\partial x^2}\bigg|_{x=0,a}=0$$
$$w\big|_{y=\pm b/2}=0$$
$$\frac{\partial^2 w}{\partial y}\bigg|_{y=\pm b/2}=0$$

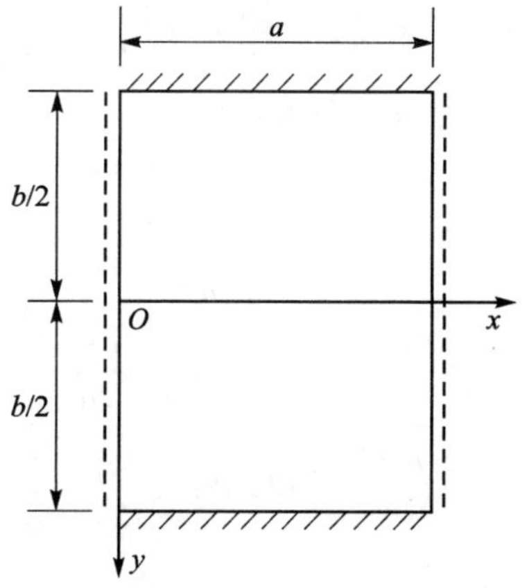

图 4.13　两对边简支方板

③ 位移函数解：

由于微分平衡方程为非齐次微分方程，故应取

$$w=w_1+w_2$$

式中，w_1 和 w_2 分别为方程的齐次解和特解，即分别满足

$$\nabla^2\nabla^2 w_1=0$$
$$D\nabla^2\nabla^2 w_2=q(x,y)$$

假定位移函数为

$$w_1=\sum_{m=1}^{\infty}W_m(y)\sin\frac{m\pi x}{a}$$

所设级数每一项均应满足边界条件。$(x=0,a)$处边界条件显然满足。同样，可得

$$W_m=\frac{qa^4}{D}\left(A_m\cosh\frac{m\pi y}{a}+B_m\frac{m\pi y}{a}\sinh\frac{m\pi y}{a}+C_m\sinh\frac{m\pi y}{a}+D_m\frac{m\pi y}{a}\cosh\frac{m\pi y}{a}\right)$$

如果板的挠曲对于 x 轴对称，则 W_m 对于 x 轴只能有对称函数，故

$$C_m=D_m=0$$

且 m 为奇数，于是

$$w_1=\frac{qa^4}{D}\sum_{m=1,3,5,\cdots}^{\infty}\left(A_m\cosh\frac{m\pi y}{a}+B_m\frac{m\pi y}{a}\sinh\frac{m\pi y}{a}\right)\sin\frac{m\pi x}{a}$$

关于特解 w_2，只须取一满足非齐次平衡微分方程的解即可，当板承受均布载荷作用时，可取

$$w_2=\frac{q}{24D}(x^4-2ax^3+a^3x)$$

上面特解为简支梁的材力解，不仅满足非齐次平衡微分方程，而且满足边界条件。将上式展开为三角级数，即

$$\frac{q}{24D}(x^4-2ax^3+a^3x)=\frac{4qa^4}{\pi^5 D}\sum_{m=1,3,5,\cdots}^{\infty}\frac{1}{m^5}\sin\frac{m\pi x}{a}$$

于是

$$w=w_1+w_2=\frac{qa^4}{D}\sum_{m=1,3,5,\cdots}^{\infty}\left(\frac{4}{\pi^5 m^5}+A_m\cosh\frac{m\pi y}{a}+B_m\frac{m\pi y}{a}\sinh\frac{m\pi y}{a}\right)\sin\frac{m\pi x}{a}$$

④ 确定待定常数：

由 $y=\pm b/2$ 处的边界条件，可得

$$\begin{cases}\dfrac{4}{\pi^5 m^5}+A_m\cosh\dfrac{m\pi b}{2a}+B_m\dfrac{m\pi b}{2a}\sinh\dfrac{m\pi b}{2a}=0\\ A_m\sinh\dfrac{m\pi b}{2a}+B_m\left(\dfrac{m\pi b}{2a}\cosh\dfrac{m\pi b}{2a}+\sinh\dfrac{m\pi b}{2a}\right)=0\end{cases}$$

式中，$\alpha=\dfrac{m\pi b}{2a}$。由此解得

$$A_m=-\frac{4}{\pi^5 m^5}\frac{\alpha_m\cosh\alpha_m+\sinh\alpha_m}{\cosh\alpha_m(\alpha_m\cosh\alpha_m+\sinh\alpha_m)-\alpha_m\sinh^2\alpha_m}$$

$$B_m=-\frac{4}{\pi^5 m^5}\frac{\sinh\alpha_m}{\cosh\alpha_m(\alpha_m\cosh\alpha_m+\sinh\alpha_m)-\alpha_m\sinh^2\alpha_m}$$

那么

$$w=\frac{4qa^4}{\pi^5 D}\sum_{m=1,3,5,\cdots}^{\infty}\frac{1}{m^5}\left(1-\frac{\alpha_m\cosh\alpha_m+\sinh\alpha_m}{\cosh\alpha_m(\alpha_m\cosh\alpha_m+\sinh\alpha_m)-\alpha_m\sinh^2\alpha_m}\cosh\frac{m\pi y}{b}+\frac{\sinh\alpha_m}{\cosh\alpha_m(\alpha_m\cosh\alpha_m+\sinh\alpha_m)-\alpha_m\sinh^2\alpha_m}\frac{m\pi y}{b}\sinh\frac{m\pi y}{b}\right)\sin\frac{m\pi x}{a}$$

对于方板 $a=b$，则

$$\alpha_1=\pi/2$$

$$\cosh\alpha_1=2.507$$

$$\sinh\alpha_1=2.299$$

那么

$$w_{\max}=0.001\ 92\frac{qa^4}{D}$$

4.5 四边简支矩形板受轴压时的稳定性

如果板不仅承受垂直于中面的分布载荷 p 的作用，还承受作用在板中面内的力 F_x、F_y、F_{xy}（它们都是单位宽度上的力度），则平衡方程可进一步写成

$$D\left(\frac{\partial^4 w}{\partial x^4}+2\frac{\partial^4 w}{\partial x^2\partial y^2}+\frac{\partial^4 w}{\partial y^4}\right)=p+F_x\frac{\partial^2 w}{\partial x^2}+F_y\frac{\partial^2 w}{\partial y^2}+2F_{xy}\frac{\partial^2 w}{\partial x\partial y}\quad(4.96)$$

如果薄板所受的载荷不是垂直于中面的法向力，而是作用在中面平面内（x 方向或 y 方向作用的，或沿 x 和 y 方向同时作用的）的轴向力，则平衡方程(4.96)变为

$$D\left(\frac{\partial^4 w}{\partial x^4}+2\frac{\partial^4 w}{\partial x^2\partial y^2}+\frac{\partial^4 w}{\partial y^4}\right)=F_x\frac{\partial^2 w}{\partial x^2}+F_y\frac{\partial^2 w}{\partial y^2}+2F_{xy}\frac{\partial^2 w}{\partial x\partial y}\quad(4.97)$$

为简单起见，设薄板受 x 方向的轴向载荷 F_x 的作用（如图 4.14 所示），则式(4.97)可以简化为

$$D\left(\frac{\partial^4 w}{\partial x^4}+2\frac{\partial^4 w}{\partial x^2\partial y^2}+\frac{\partial^4 w}{\partial y^4}\right)=F_x\frac{\partial^2 w}{\partial x^2} \tag{4.98}$$

式中，F_x 是作用在单位（y 方向）宽度上的轴向载荷。

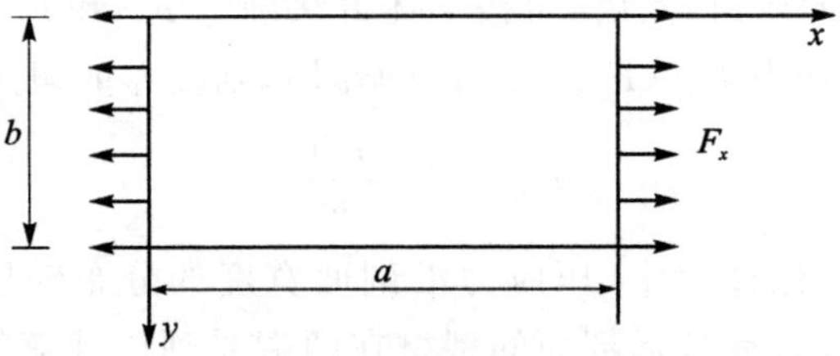

图 4.14　轴向载荷作用方板

如果 F_x 是正值，则表示 F_x 是拉伸载荷（如图 4.14 所示）；否则为压缩载荷。此时，板内的应力为

$$\sigma_x=-F_x/t \tag{4.99}$$

式中，t 为板的厚度。

同样地，若 F_x 是压缩力，而且 σ_x 的值尚未达到薄板受压失稳的临界值，则板在 F_x 作用下不产生挠度，即 $w=0$；否则，$w\neq 0$。因此，需求出薄板受压的临界载荷。

设薄板受压失去稳定后的挠度为

$$w=w_{mn}\sin\frac{m\pi x}{a}\sin\frac{n\pi y}{b},\quad m,n=1,2,3,\cdots \tag{4.100}$$

上式满足平衡方程和简支矩形板的边界条件。

将式(4.100)代入平衡方程(4.98)，可得

$$\pi^4 D\left(\frac{m^2}{a^2}+\frac{n^2}{b^2}\right)^2 w=\pi^2\frac{m^2}{a^2}F_x w \tag{4.101}$$

或者

$$F_x=\frac{\pi^4 D}{b^2}\left(\frac{mb}{a}+\frac{n^2 a}{mb}\right)^2 \tag{4.102}$$

为了得到临界载荷的最小值，显然，必须使 $n=1$，即 y 方向只有一个半波，于是

$$F_x=\frac{\pi^4 D}{b^2}\left(\frac{mb}{a}+\frac{a}{mb}\right)^2=k_\sigma\frac{\pi^2 D}{b^2} \tag{4.103}$$

式中

$$D=\frac{Et^3}{12(1-\nu^2)}$$

$$k_\sigma=\left(\frac{mb}{a}+\frac{a}{mb}\right)^2,\quad m=1,2,3,\cdots$$

显然，当 $m=a/b$ 时，k_σ 有最小值。k_σ 的最小值与 F_x 的临界值相当。

如果不仅有 F_x 的作用，而且还有 F_y 的作用，则满足边界条件的平衡方程为

$$\pi^4 D\left(\frac{m^2}{a^2}+\frac{n^2}{b^2}\right)^2 w=\pi^2\left(\frac{m^2}{a^2}F_x+\frac{n^2}{b^2}F_y\right)w \tag{4.104}$$

或

$$m^2\frac{b^2}{\pi^2 D}F_x+n^2\frac{a^2}{\pi^2 D}F_y=\left(\frac{b}{a}m^2+\frac{a}{b}n^2\right)^2 \tag{4.105}$$

式中，除了可以令 $n=1$ 外，还有两个未知量 F_x 和 F_y，它们不可能由上面一个方程确定，因此，必须先给出 F_x 和 F_y 的比值，然后，再按上述方法确定 F_x 和 F_y。

如果薄板单独受到剪切力 $F_{xy}(F_{xy}=\tau_{xy}t)$ 的作用，则临界剪切力同样可以写成

$$F_{xy}=k_\sigma\frac{\pi^2 D}{b^2} \tag{4.106}$$

图 4.15 表示了这一失稳过程中，压应力沿剖面宽度的分布随压载荷的增大而改变的情况。如果不是四边简支板，而是 Z 形剖面的型材在两端受到压载荷的作用，那么，它受压力作用的两端仍可看成是铰支边，而两侧的支持条件则与自由边相当，因此，它受压失稳后的应力沿剖面的宽度分布(如图 4.16 所示)。当施加在薄板上的压力逐步增加时，薄板首先出现局部失稳，承载能力开始削弱。随着施加压载荷的增大，失稳区域也随着扩大，承载能力进一步降低。

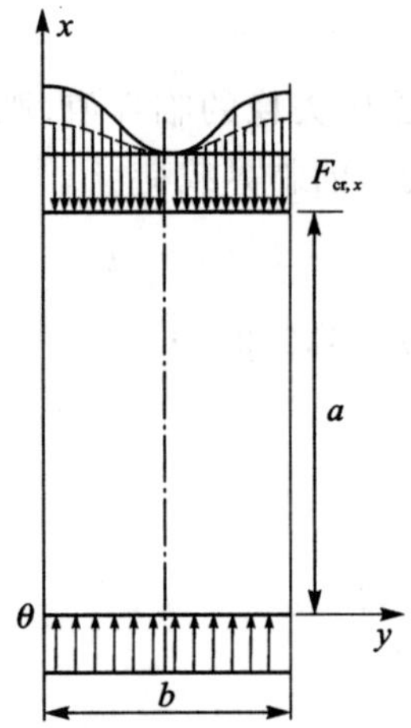

图 4.15　轴向载荷作用方板失稳

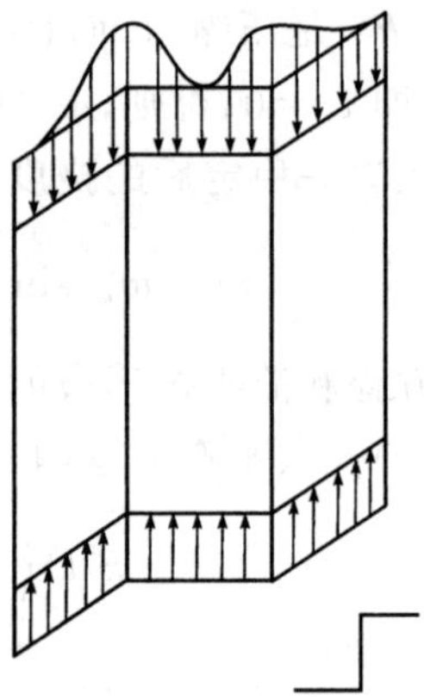

图 4.16　轴向载荷作用 Z 形剖面的型材失稳

4.6　圆板在分布法向载荷作用下的小挠度解

现在考虑一块受均匀分布的板面内载荷(即轴对称载荷)的圆板特例($u_\rho\neq 0,\nu_\theta=0$)(如图 4.17 所示)，由于板的几何形状，外载荷即边界条件都对称于过圆心而垂直于中面的轴线 z，所以，位移 u_ρ、ν_θ 和应变 ε_ρ、ε_θ 都只是 ρ 的函数，而不随 θ 变化，则其几何方程和物理方程可分别写为

$$\left.\begin{aligned}\varepsilon_\rho&=\frac{\mathrm{d}u_\rho}{\mathrm{d}\rho}\\ \varepsilon_\theta&=\frac{u_\rho}{\rho}\\ \gamma_{\rho\theta}&=0\end{aligned}\right\} \tag{4.107}$$

$$\left.\begin{aligned}\sigma_\rho &= \frac{E}{1-\nu^2}\left(\frac{\mathrm{d}u_\rho}{\mathrm{d}\rho}+\nu\,\frac{u_\rho}{\rho}\right)\\ \sigma_\theta &= \frac{E}{1-\nu^2}\left(\frac{u_\rho}{\rho}+\nu\,\frac{\mathrm{d}u_\rho}{\mathrm{d}\rho}\right)\\ \tau_{\rho\theta} &= 0\end{aligned}\right\}\tag{4.108}$$

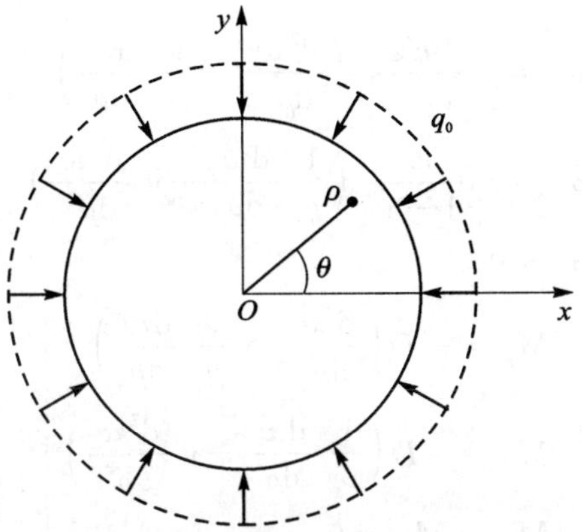

图 4.17　受均匀分布的板面内载荷的圆板

设上面的圆板为薄板，其厚度为 t，则可以认为 σ_ρ、σ_θ 沿板厚方向均匀分布，所以，圆板单位宽度的内力（径向和周向内力，面内剪力）分别为

$$\left.\begin{aligned}F_\rho &= \sigma_\rho t = \frac{Et}{1-\nu^2}\left(\frac{\mathrm{d}u_\rho}{\mathrm{d}\rho}+\nu\,\frac{u_\rho}{\rho}\right)\\ F_\theta &= \sigma_\theta t = \frac{Et}{1-\nu^2}\left(\frac{u_\rho}{\rho}+\nu\,\frac{\mathrm{d}u_\rho}{\mathrm{d}\rho}\right)\\ F_{\rho\theta} &- 0\end{aligned}\right\}\tag{4.109}$$

所以，F_ρ 和 F_θ 可以看成是板中面内力。

现假设圆薄板受到法向的轴对称分布载荷（z 轴为对称轴），则在 z 方向产生弯曲挠度 w。由于分布载荷，边界条件及几何形状均为轴对称，则 w 仅是 ρ 的函数，与 θ 无关，即

$$w = w(\rho)\tag{4.110}$$

同样地，

$$u = u(\rho, z)\tag{4.111}$$

$$v = 0\tag{4.112}$$

为了方便理解，现假设板中面没有中面内力 F_ρ 和 F_θ 的作用，则由薄板直法线假设，可得

$$u_\rho = -z\,\frac{\partial w}{\partial \rho}\tag{4.113}$$

$$v_\theta = -\frac{z}{\rho}\,\frac{\partial w}{\partial \rho}\tag{4.114}$$

于是，将式(4.113)和式(4.114)代入式(4.107)和式(4.108)，可分别得到扰度表示的几何方程、物理方程，以及圆板单位宽度上的弯矩和扭矩：

$$\left.\begin{aligned}\varepsilon_\rho &= \frac{\partial u_\rho}{\partial \rho} = -z\frac{\mathrm{d}^2 w}{\mathrm{d}\rho^2}\\ \varepsilon_\theta &= \frac{u_\rho}{\rho} + \frac{1}{\rho}\frac{\partial v_\theta}{\partial \theta} = -z\frac{1}{\rho}\frac{\mathrm{d}w}{\mathrm{d}\rho}\\ \gamma_{\rho\theta} &= 0\\ \varepsilon_z &= 0\end{aligned}\right\} \tag{4.115}$$

$$\left.\begin{aligned}\sigma_\rho &= -\frac{Ez}{1-\nu^2}\left(\frac{\mathrm{d}^2 w}{\mathrm{d}\rho^2} + \frac{\nu}{\rho}\frac{\mathrm{d}w}{\mathrm{d}\rho}\right)\\ \sigma_\theta &= -\frac{Ez}{1-\nu^2}\left(\frac{1}{\rho}\frac{\mathrm{d}w}{\mathrm{d}\rho} + \nu\frac{\mathrm{d}^2 w}{\mathrm{d}\rho^2}\right)\\ \sigma_a &= 0\end{aligned}\right\} \tag{4.116}$$

$$\left.\begin{aligned}M_\rho &= -D\left(\frac{\mathrm{d}^2 w}{\mathrm{d}\rho^2} + \frac{\nu}{\rho}\frac{\mathrm{d}w}{\mathrm{d}\rho}\right)\\ M_\theta &= -D\left(\frac{1}{\rho}\frac{\mathrm{d}w}{\mathrm{d}\rho} + \nu\frac{\mathrm{d}^2 w}{\mathrm{d}\rho^2}\right)\\ M_{\rho\theta} &= M_{\theta\rho} = 0\end{aligned}\right\} \tag{4.117}$$

式中，$D=\dfrac{Et^3}{12(1-\nu)}$。

圆板微元如图 4.18 所示。由圆板的微元静力平衡方程 $\sum M_\theta = 0$，可得

$$M_\rho \mathrm{d}\rho\mathrm{d}\theta + \rho \mathrm{d}M_\rho \mathrm{d}\theta - M_\theta \mathrm{d}\rho\mathrm{d}\theta - F_{\rho z}\rho\mathrm{d}\rho\mathrm{d}\theta = 0 \tag{4.118}$$

即

$$\frac{M_\rho - M_\theta}{\rho} + \frac{\mathrm{d}M_\rho}{\mathrm{d}\rho} = F_{\rho z} \tag{4.119}$$

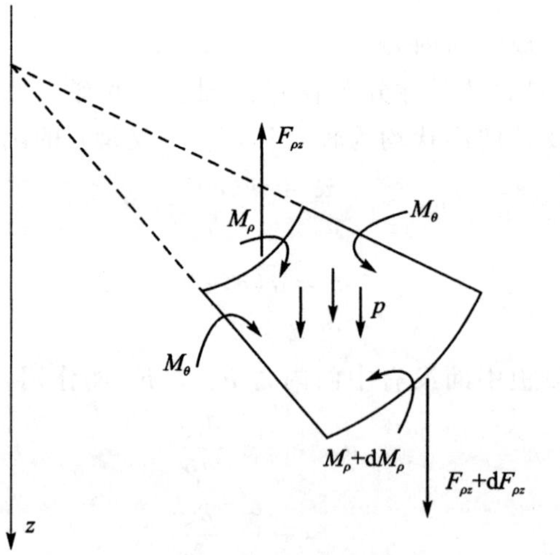

图 4.18　圆板微元

将式(4.117)代入式(4.119)，可得

$$F_{\rho z}=-D\left(\frac{d^3w}{d\rho^3}+\frac{1}{\rho}\frac{d^2w}{d\rho^2}w-\frac{1}{\rho^2}\frac{dw}{d\rho}\right) \tag{4.120}$$

又由平衡方程 $\sum F_z=0$，可得

$$p+\frac{F_{\rho z}}{\rho}+\frac{dF_{\rho z}}{d\rho}=0 \tag{4.121}$$

于是，联立上面两式，可推出圆板的平衡方程：

$$D\left(\frac{d^4w}{d\rho^4}+\frac{2}{\rho}\frac{d^3w}{d\rho^3}-\frac{1}{\rho^2}\frac{d^2w}{d\rho^2}+\frac{1}{\rho^3}\frac{dw}{d\rho}\right)=p \tag{4.122}$$

对于平衡方程(4.122)，若 $p=0$，则式(4.122)简化成齐次四阶常微分方程，其解为

$$w=C_0+C_1\rho^2+C_2\ln\rho+C_3\rho^2\ln\rho \tag{4.123}$$

所以，若找到满足平衡方程(4.122)的特解 w_1，则可得其通解：

$$w=w_1+C_0+C_1\rho^2+C_2\ln\rho+C_3\rho^2\ln\rho \tag{4.124}$$

将式(4.124)代入圆板边界条件，求出 C_0、C_1、C_2、C_3，可得圆板挠度 w。

若 $p=p_0=$常数，即均匀载荷，则圆板平衡方程(4.122)为四阶微分方程。设特解 $w=k\rho^4$，代入板平衡方程(4.122)，解得

$$k=\frac{p_0}{64D} \tag{4.125}$$

因此，圆板平衡方程的特解为

$$w_1=\frac{p_0}{64D}\rho^4 \tag{4.126}$$

由式(4.124)可得通解为

$$w=\frac{p_0}{64D}\rho^4+C_0+C_1\rho^2+C_2\ln\rho+C_3\rho^2\ln\rho \tag{4.127}$$

由于轴的对称性，故圆板中心处不存在剪力，但存在扰度极值点，即

$$\left.\frac{dw}{d\rho}\right|_{\rho=0}=0 \tag{4.128}$$

和

$$\left.\left(\frac{d^3w}{d\rho^3}+\frac{1}{\rho}\frac{d^2w}{d\rho^2}-\frac{1}{\rho^2}\frac{dw}{d\rho}\right)\right|_{\rho=0}=0 \tag{4.129}$$

将式(4.127)代入式(4.128)和式(4.129)，可得

$$C_2=C_3=0 \tag{4.130}$$

即受均匀法向载荷的圆薄板，其挠度为

$$w=\frac{p_0}{64D}\rho^4+C_0+C_1\rho^2 \tag{4.131}$$

式中，C_0、C_1 可由边界条件求得。

1. 均匀法向载荷作用下，圆板边为固支边的情况(半径$=a$)

此时，边界条件为

$$w\big|_{\rho=a}=0 \tag{4.132}$$

$$\left.\frac{\mathrm{d}w}{\mathrm{d}\rho}\right|_{\rho=a}=0 \tag{4.133}$$

将式(4.131)代入式(4.132)和式(4.133),可得

$$\left.\begin{aligned} C_0&=\frac{p_a a^4}{64D} \\ C_1&=\frac{-p_a a^2}{32D} \end{aligned}\right\} \tag{4.134}$$

则

$$w=\frac{p_a}{64D}(a^2-\rho^2)^2 \tag{4.135}$$

圆板中心挠度为

$$\left.w\right|_{\rho=a}=\frac{p_0 a^4}{64D} \tag{4.136}$$

2. 均匀法向载荷作用下,圆板边为简支边的情况

此时,边界条件为

$$\left.w\right|_{\rho=a}=0 \tag{4.137}$$

$$\left.M_\rho\right|_{\rho=a}=0 \tag{4.138}$$

即

$$\left.w\right|_{\rho=a}=0 \tag{4.139}$$

$$\left.\left(\frac{\mathrm{d}^2 w}{\mathrm{d}\rho^2}+\frac{\nu}{\rho}\frac{\mathrm{d}w}{\mathrm{d}\rho}\right)\right|_{\rho=a}=0 \tag{4.140}$$

将式(4.131)代入式(4.139)和式(4.140),可得

$$C_0=\frac{(5+\nu)p_0 a^4}{(1+\nu)64D} \tag{4.141}$$

$$C_1=-\frac{(3+\nu)p_0 a^2}{(1+\nu)32D} \tag{4.142}$$

故

$$w=\frac{p_0}{64D}\left(\frac{5+\nu}{1+\nu}a^4-\frac{6+2\nu}{1+\nu}a^2\rho^2+\rho^4\right) \tag{4.143}$$

$$M_\rho=\frac{3+\nu}{16}p_0(a^2-\rho^2) \tag{4.144}$$

圆板中心挠度为

$$\left.w\right|_{\rho=0}=\frac{5+\nu}{1+\nu}\frac{p_0 a^4}{64D} \tag{4.145}$$

例题 4-4 圆板的半径 $a=0.5$ m,厚度 $t=0.003$ m,均布法向载荷 $p_0=0.3\times10^3$ N/m²,材料的弹性模量 $E=7.2\times10^{10}$ Pa,泊松比 0.3。求圆板中心挠度。

解

$$D=\frac{Et^3}{12(1-\nu)}=17.8022\ \mathrm{Nm}$$

代入圆板中心挠度式(4.145),则

$$w\Big|_{\rho=0}=\frac{5+\nu}{1+\nu}\frac{p_0a^4}{64D}=0.067\ 1\ \text{m}$$

3. 圆板边简支并有弯矩作用的情况

厚为 h、直径为 $2a$ 的圆板,其板边简支,沿简支边界作用径向弯矩 M(如图 4.19 所示)。试求板的挠度曲面函数、最大挠度和边界上的转角。

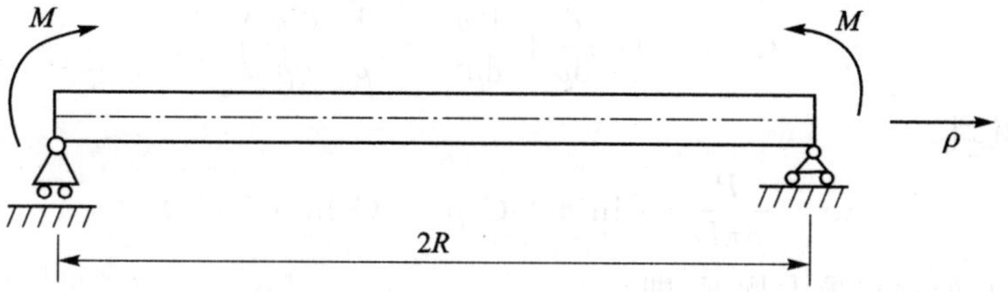

图 4.19　板边简支并有弯矩圆板

此时,边界条件可表示为

$$w\Big|_{\rho=a}=0 \tag{4.146}$$

$$M_\rho\Big|_{\rho=a}=M \tag{4.147}$$

即

$$\left.\begin{aligned}&w\Big|_{\rho=a}=0\\&-D\left(\frac{\mathrm{d}^2w}{\mathrm{d}\rho^2}+\frac{\nu}{\rho}\frac{\mathrm{d}w}{\mathrm{d}\rho}\right)\Big|_{\rho=a}=M\end{aligned}\right\} \tag{4.148}$$

若采用无均布法向载荷作用下的圆盘模型($p_0=0$),则由式(4.131)可得扰度解为

$$w=C_0+C_1\rho^2 \tag{4.149}$$

将式(4.149)代入边界条件(4.148),可得

$$\left.\begin{aligned}&C_0+C_1a^2=0\\&-D\left(2C_1+\frac{\nu}{a}2C_1a\right)=M\end{aligned}\right\} \tag{4.150}$$

求解上式,得到

$$\left.\begin{aligned}C_0&=\frac{a^2M}{2D(1+\nu)}\\C_1&=\frac{-M}{2D(1+\nu)}\end{aligned}\right\} \tag{4.151}$$

所以

$$w=\frac{a^2M}{2D(1+\nu)}-\frac{M}{2D(1+\nu)}\rho^2 \tag{4.152}$$

圆板中心(即 $\rho=0$ 处)挠度为

$$w_{\max}=\frac{a^2M}{2D(1+\nu)} \tag{4.153}$$

并且

$$\theta=\frac{\mathrm{d}w}{\mathrm{d}\rho}=-\frac{M\rho}{D(1+\nu)} \tag{4.154}$$

于是，圆板边转角为

$$\theta_{边}=\theta\Big|_{\rho=a}=-\frac{Ma}{D(1+\nu)} \tag{4.155}$$

4. 圆板边固支，中心作用集中载荷 P 的情况

圆板边固支，其中心作用集中载荷 P，则距中心为 ρ 的同心圆处有总剪力 $2\pi\rho Q_\rho$，且 $2\pi\rho Q_\rho=P$。由式(4.120)可知剪力的极坐标公式：

$$Q_\rho=-D\frac{\mathrm{d}}{\mathrm{d}\rho}\left(\frac{\mathrm{d}^2 w}{\mathrm{d}\rho^2}+\frac{1}{\rho}\frac{\mathrm{d}w}{\mathrm{d}\rho}\right) \tag{4.156}$$

积分上式三次，得到

$$w=\frac{P}{8\pi D}(\rho^2\ln\rho+C_1\rho^2+C_2\ln\rho+C_3) \tag{4.157}$$

由于圆板中心处存在最大扰度，即

$$\frac{\mathrm{d}w}{\mathrm{d}\rho}\Big|_{\rho=0}=0 \tag{4.158}$$

板边固支边界条件为

$$w\Big|_{\rho=a}=\frac{\mathrm{d}w}{\mathrm{d}\rho}\Big|_{\rho=0}=0 \tag{4.159}$$

联立上面三式，解得

$$\left.\begin{aligned}C_1&=-\frac{1}{2}-\ln a\\C_2&=0\\C_3&=\frac{1}{2}a^2\end{aligned}\right\} \tag{4.160}$$

因此

$$w=\frac{P}{8\pi D}\left[\frac{1}{2}(a^2-\rho^2)+\rho^2\ln\frac{\rho}{a}\right] \tag{4.161}$$

对于简支圆板，其扰度函数变为

$$w=\frac{P}{8\pi D}\left[\frac{1}{2}\frac{3+\nu}{1+\nu}(a^2-\rho^2)+\rho^2\ln\frac{\rho}{a}\right] \tag{4.162}$$

4.7 旋转壳的薄膜应力状态

1. 圆板变形的几何特征

圆板变形的挠度曲面(如图 4.20 所示)可表示为

$$\tan\varphi=-\frac{\mathrm{d}w}{\mathrm{d}\rho} \tag{4.163}$$

$$\sin\varphi\approx\varphi \tag{4.164}$$

在圆板的挠度曲面上，任意一点 A 的曲率可用径向曲率和周向曲率表示。由微分几何可知，径向曲率 K_ρ(直线 $\overline{AB}$ 与 z 轴的平面上扰度交线 s 的曲率)和周向曲率 K_φ(过直线 $\overline{AB}$，且与上述平面垂直的平面上扰度曲线 t 的曲率)分别为

$$K_\rho=\frac{d\varphi}{d\rho}=-\frac{d^2w}{d\rho^2} \tag{4.165}$$

$$K_\varphi=\frac{1}{\rho}\cos\left(\frac{\pi}{2}-\varphi\right)\approx\frac{\varphi}{\rho}=-\frac{1}{\rho}\frac{dw}{d\rho} \tag{4.166}$$

由轴对称弯曲可知，扭率为 0，K_ρ 和 K_φ 为主曲率。

2. 旋转曲面的几何特征

将任意一条平面曲线绕同一平面内的轴线旋转一周所得的曲面称为旋转曲面（如图 4.21 所示）。旋转曲面具有如下几何特征：① 平面曲线上任一点 O 处的法线 n 与轴线的交点为 O_2，交角为 φ，且 $\overline{OO_2}=R_2$；② 该曲线的曲率中心在 O_1 处，$\overline{OO_1}=R_1$；③ 平面曲线自起始平面旋转的角度为 θ；④ 取正交曲线坐标 $\alpha_1=\varphi$，$\alpha_2=\theta$，则 φ 线（即 θ 为常数的半平面与旋转曲面的交线）称为子午线或经线，θ 线（即 φ 为常数的圆锥面与旋转曲面的交线）称为平行圆或纬线。

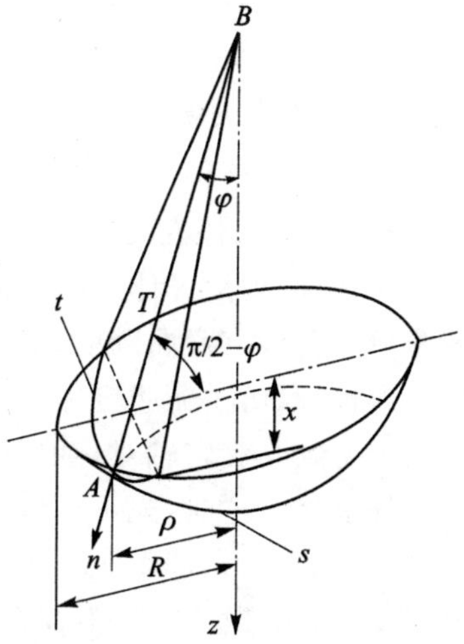

图 4.20　圆板的挠度曲面

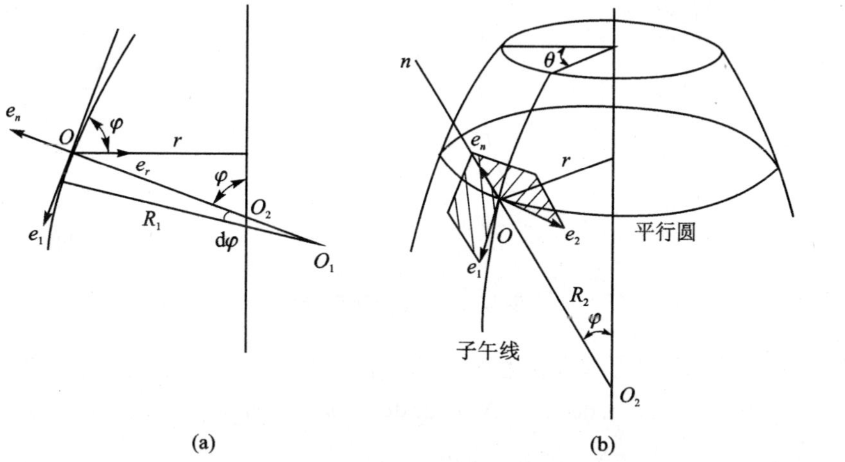

图 4.21　旋转曲面

沿（φ，θ）方向取单位切向矢量 $\boldsymbol{e}_1$ 和 $\boldsymbol{e}_2$，则法向矢量为

$$\boldsymbol{e}_n=\boldsymbol{e}_1\times\boldsymbol{e}_2 \tag{4.167}$$

在 O 点处过 n 作垂直于 n 线与轴线构成平面的平面，称为 O 点处的法截面，它与曲面交线的曲率称为 O 点处的法截面曲率 K，K 随截面的方位改变而改变，其中极大者 K_2 与极小者 K_1 称为曲面的主曲率；对于旋转曲面，则

$$K_1=\frac{1}{R_1} \tag{4.168}$$

$$K_2=\frac{1}{R_2} \tag{4.169}$$

注意：平行圆半径 r 不是第 2 曲率半径 R_2，r 与 R_2 满足：

$$r=R_2\sin\varphi \tag{4.170}$$

$$\frac{\mathrm{d}r}{\mathrm{d}\varphi}=R_1\cos\varphi \tag{4.171}$$

3. 旋转薄壳的薄膜应力状态

如果壳体的壁很薄，而且(作为坐标函数的)母线和法向载荷的一阶和二阶导数又都是连续的，则这样的壳体在受力时是不会有局部弯曲应力发生的。因此，在受到这样的载荷作用时，壳体中的应力沿壳体厚度方向将会是均匀分布的。例如，在气球受到内压作用时，由于气球的薄膜几乎没有弯曲刚度，受到的是沿薄膜厚度方向均匀分布的(拉)应力，因此，就把这样一种应力状态称作“薄膜应力”。

对于受到与旋转轴对称的分布压力作用的旋转薄壳，其中的薄膜应力可以通过两个静力平衡条件求得。这时，先不求应力，而是分别求出在子午线方向(φ 方向)和环线方向(θ 方向)沿厚度方向的合力，即图 4.22 中的 N_φ 和 N_θ。如果法向载荷是轴对称的，则在由两条等 φ 线和等 θ 线围成的微元上就不存在剪应力，而 N_φ 和 N_θ 也就成为主应力。

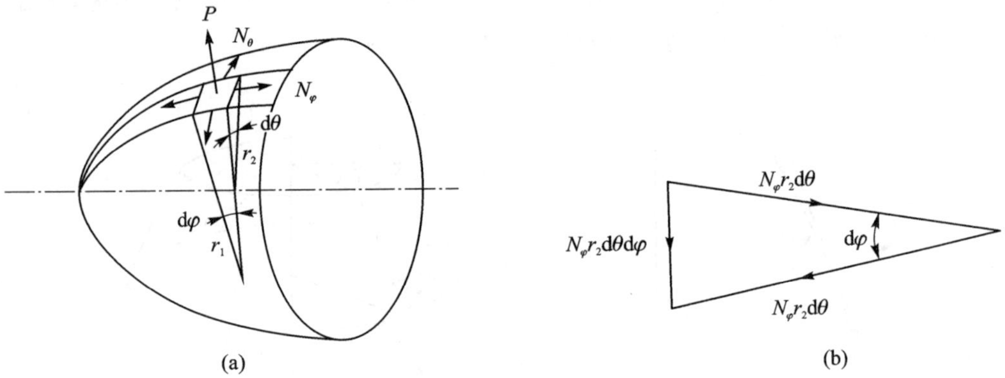

图 4.22 旋转薄壳受力

将作用在图 4.22(a)中所示微元上的力总合在一起，并且 p 表示法向载荷，得

$$\left.\begin{aligned}&N_\theta r_1\,\mathrm{d}\varphi\mathrm{d}\theta+N_\varphi r_2\,\mathrm{d}\theta\mathrm{d}\varphi-pr_1r_2\,\mathrm{d}\theta\mathrm{d}\varphi=0\\&2\pi rN_\varphi\sin\varphi-\pi pr^2=0\end{aligned}\right\} \tag{4.172}$$

由方程组(4.172)的第 1 式，可得

$$\frac{N_\varphi}{r_1}+\frac{N_\theta}{r_2}=p \tag{4.173}$$

由方程组(4.172)的第 2 式，可得

$$N_\varphi=\frac{pr_2}{2} \tag{4.174}$$

从而，不难解出

$$N_\theta=pr_2\left(1-\frac{1}{2}\frac{r_2}{r_1}\right) \tag{4.175}$$

如果该旋转壳是个圆柱体(两端封口的圆筒)，即子午线的曲率半径 $r_1=\infty$，则旋转薄壳内力变为

$$\left.\begin{aligned} N_\theta &= pr_2 \\ N_\varphi &= \frac{pr_2}{2} \end{aligned}\right\} \tag{4.176}$$

式中，r_2 是圆筒的半径。

如果该旋转壳是个半球壳，即 $r_1=r_2=R$，在均匀法向载荷 p_0 的作用下，半球壳圆周的长度由 L 变为 $L+\Delta L$，其中 $\Delta L=2\pi\Delta R$，而 ΔR 则是球壳半径 R 在法向载荷 p_0 作用下的增量，显然，

$$\frac{\Delta L}{L}=\frac{\Delta R}{R}=\varepsilon_\theta=\frac{1}{E}(\sigma_\theta-\nu\sigma_\varphi)=\frac{1}{Et}(N_\theta-\nu N_\varphi) \tag{4.177}$$

式中

$$N_\theta=N_\varphi=\frac{1}{2}p_0R \tag{4.178}$$

例题 4-5　例题 4-4 中圆板的半径 $r_2=a=0.5$ m，厚度 $t=0.003$ m，均布法向载荷 $p_0=0.3\times10^3$ N/m^2，材料的弹性模量 $E=7.2\times10^{10}$ Pa，泊松比为 0.3，法向最大挠度为 0.067 1 m。如果圆板不再是平的，而是曲率半径为 $R=0.5$ m 的半球体，试求球壳的挠度和内力。

解　根据式(4.177)和式(4.178)，可得

$$N_\theta=N_\varphi=\frac{1}{2}p_0R=7.5\times10^3\ \text{N/m}$$

$$\frac{\Delta R}{R}=\frac{1}{Et}(N_\theta-\nu N_\varphi)=2.430\,6\times10^{-7}$$

因此，半球壳任一点处的挠度(也就是半球壳半径的增量 ΔR)为 $1.215\,3\times10^{-7}$ m。与原来圆板的挠度 $w\big|_{\rho=0}=0.067\,1$ m 相比，球壳的挠度仅仅是圆板小挠度解的 1/551 937.3。

对于半径为 $r_2=a=0.5$ m、均布法向载荷 $p_0=0.3\times10^3$ N/m^2 的圆筒，有

$$N_\psi=0.5p_0R=7.5\times10^3\ \text{N/m}$$

$$N_\theta=p_0R=1.5\times10^4\ \text{N/m}$$

高空气球是典型旋转薄壳，在气球受到内压作用时，由于气球的薄膜几乎没有弯曲刚度，受到的是沿薄膜厚度方向均匀分布的张力，即薄膜应力，其子午向薄膜张力占主要成分，而环向张力却是不可忽略的。由于环向张力需要平衡气球在环向上的压差，因此，它不为零，但很小，不足以支撑气球的环向压载，导致气球薄膜发生皱褶(如图 4.23 所示)。事实上，吊挂重物的高空气球具有水滴形状(如图 4.24 所示)，其纵向长度远大于无吊挂气球的长度，而横向半径却小于无吊挂气球的半径，气球薄膜发生皱褶导致横向半径缩短(如图 4.25 所示，其中内部实线和外部虚线分别表示吊挂和无吊挂重物气球水平截面的边界，内部虚线则为吊挂重物气球水平截面的理想边界)。

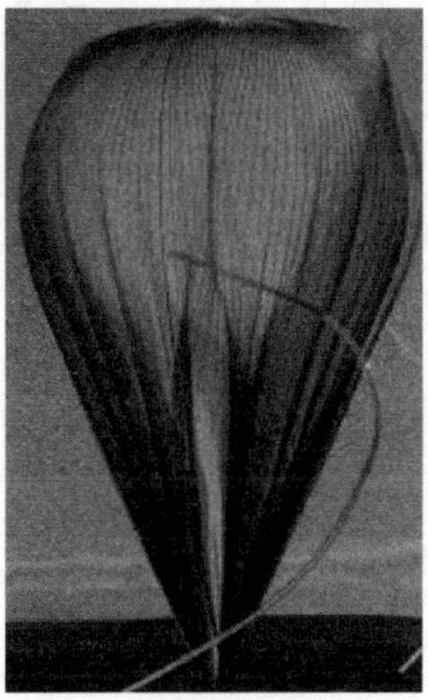

图 4.23　高空气球

由于吊挂重物气球形状可视为平面曲线绕同一平面内的轴线旋转一周所得的旋转体(如图 4.26 所示)，故此平面曲线可描述为

$$r_2 = f(x) \tag{4.179}$$

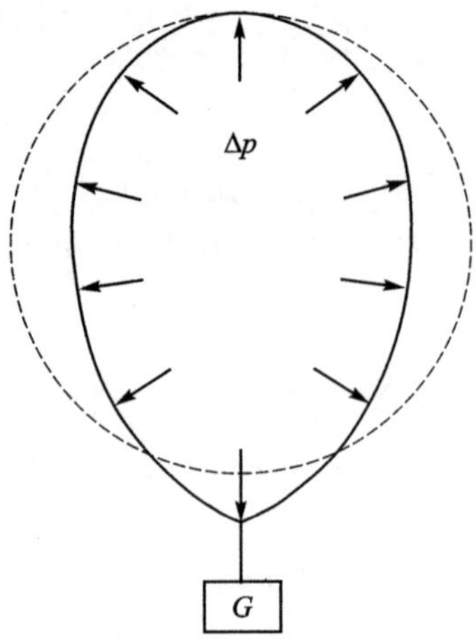

图 4.24　高空气球形状

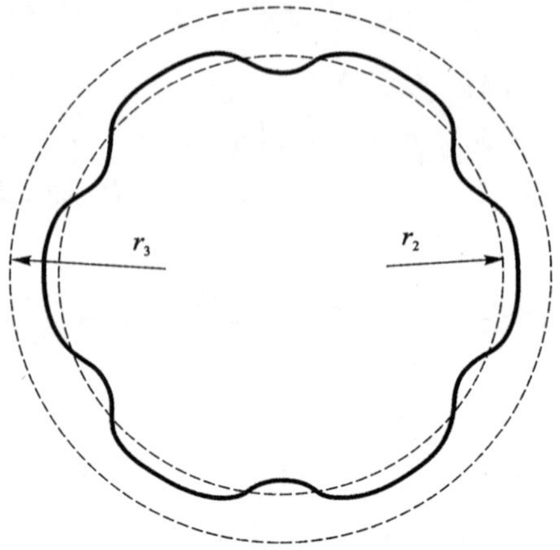

图 4.25　高空气球的水平截面形状

由气球下半部在纵向(即垂直方向)静力平衡条件(如图 4.27 所示),可得

$$2\pi r_3 N_1 \sin\varphi = \Delta p \pi r_2^2 + G \tag{4.180}$$

即

$$N_1 = \frac{\Delta p \pi r_2^2 + G}{2\pi r_3 \sin\varphi} \tag{4.181}$$

式中,N_1 为气球薄膜子午向的张力,$2\pi r_3$ 为无吊挂重物气球水平截面的周长。

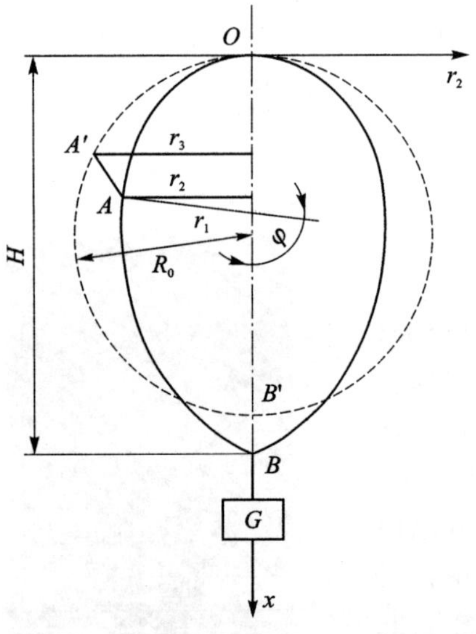

图 4.26　气球旋转曲面几何形状

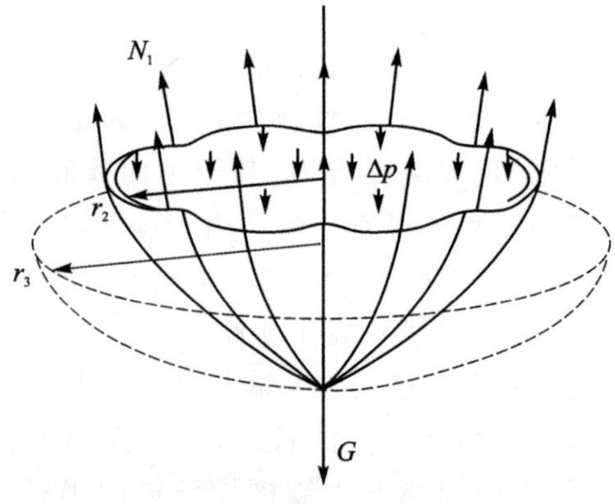

图 4.27　气球水平截面上的受力

同理,由气球左半部横向静力平衡条件(如图 4.28 所示),可得

$$2\int_0^H N_2 \sqrt{1 + r_2'^2}\,\mathrm{d}x = 2\int_0^H \Delta p r_2\,\mathrm{d}x \tag{4.182}$$

即

$$N_2 = \frac{\Delta p r_2}{\sqrt{1 + r_2'^2}} \tag{4.183}$$

式中，N_2 为气球薄膜环向张力。

从上面 N_1 和 N_2 的表达式(4.181)和式(4.183)可以看出，N_1 和 N_2 均为几何参数 r_2、r_3 和 φ 的函数。实际上，几何参数 r_2、r_3 和 φ 并不完全独立，根据气球薄膜材料守恒原理可知，吊挂和无吊挂重物气球对称面边界周长等价：$OA = OA'$ 和 $OB = OB'$（如图 4.26 所示），即

$$\int_0^x \sqrt{1 + r_2'^2}\,\mathrm{d}x = R_0 \arcsin \frac{r_3}{R_0} \tag{4.184}$$

式中，R_0 为无吊挂重物完全膨胀气球的半径。

$$\int_0^H \sqrt{1 + r_2'^2}\,\mathrm{d}x = \pi R_0 \tag{4.185}$$

根据几何知识，可得

$$\sin \varphi = \frac{1}{\sqrt{1 + r_2'^2}} \tag{4.186}$$

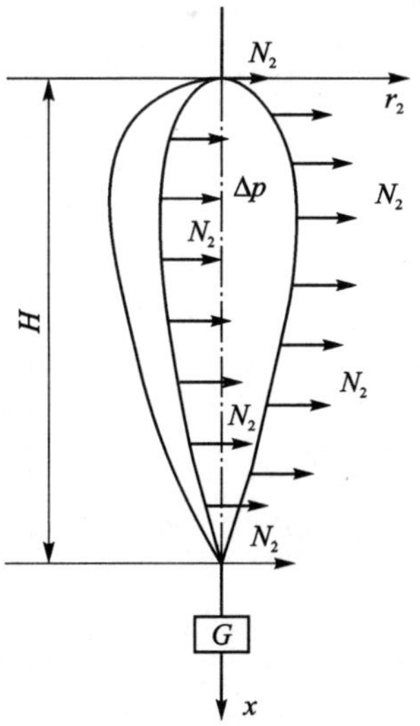

图 4.28　气球对称面的受力

由 N_1 和 N_2 的表达式以及上面三个方程可知，N_1 和 N_2 由气球薄膜内外压差 Δp 和等价半径 r_2 决定。

4.8　高空气球变形

吊挂重物的高空气球具有水滴形状（如图 4.24 所示），可视为由相切的圆球和圆锥体组成（如图 4.29 所示），其形状函数可表示为

$$\left.\begin{aligned} (x-a)^2 + r_2^2 = a^2 \\ r_2 = c(x - H),\quad c\ \text{为待定参数} \end{aligned}\right\} \tag{4.187}$$

求解上式，可得

$$x = \frac{a + c^2 H \pm \sqrt{(a + c^2 H)^2 - c^2 H^2 (1 + c^2)}}{c^2 + 1} \tag{4.188}$$

因此，根据式(4.188)，吊挂重物气球对称面切点 A 的 x 坐标为

$$x_A = \frac{a + c^2 H}{c^2 + 1} \tag{4.189}$$

并且

$$(a + c^2 H)^2 - c^2 H^2 (1 + c^2) = 0 \tag{4.190}$$

即

$$a = cH\left(\sqrt{1 + c^2} - c\right) \tag{4.191}$$

将切点 A 的 x 坐标表达式(4.189)代入气球形状函数(4.187)，得到

$$r_{2A} = \pm \frac{\sqrt{c^4 H (2a - H) + a^2 (1 + 2c^2)}}{1 + c^2} \tag{4.192}$$

将气球形状函数(4.187)代入气球材料守恒方程(4.185)，可得

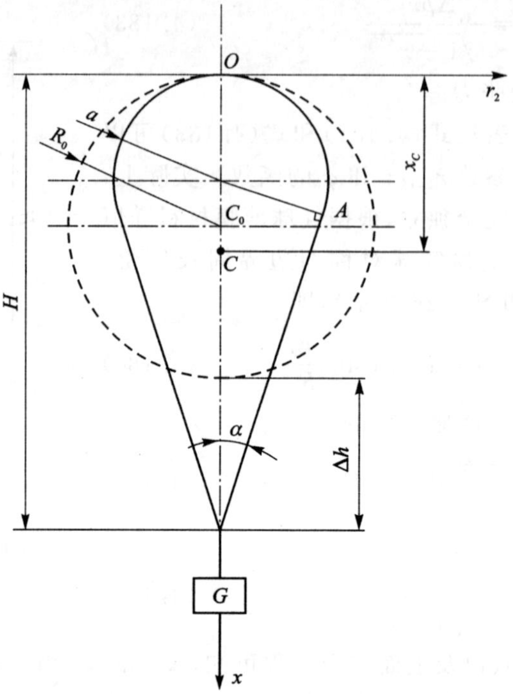

图 4.29　吊挂重物气球对称面几何形状

$$\pi a - a\arccos\frac{a}{H-a} + \sqrt{H^2 - 2aH} = \pi R_0 \tag{4.193}$$

联立式(4.191)和式(4.193),得到

$$H = \frac{\pi R_0}{\pi c\left(\sqrt{1+c^2}-c\right) - c\left(\sqrt{1+c^2}-c\right)\arccos\dfrac{c\left(\sqrt{1+c^2}-c\right)}{1-c\left(\sqrt{1+c^2}-c\right)} + \sqrt{1-2c\left(\sqrt{1+c^2}-c\right)}} \tag{4.194}$$

由气球升力与重力等价条件,可得

$$m = V\rho - (m_0 + m_G) \tag{4.195}$$

根据体积和重心定义,由气球形状函数,可得到气球体积和重心坐标:

$$V = \frac{1}{3}\pi(ax_A^2 - Hx_A^2 + 2aHx_A) \tag{4.196}$$

$$x_C = \frac{-4x_A^4 + (10a+2H)x_A^3 - (4a+H)Hx_A^2 + 2aH^2x_A}{4(ax_A^2 - Hx_A^2 + 2aHx_A)} \tag{4.197}$$

根据图 4.30 中的几何关系,可知无吊挂重物气球的重心坐标为

$$x_{C_0} = R_0 \tag{4.198}$$

那么,由上面两式可得气球重心位移:

$$\Delta h = x_C - x_{C_0} = \frac{-4x_A^3 + (10a+2H)x_A^2 - (4a+H)Hx_A + 2aH^2}{4(ax_A - Hx_A + 2aH)} - R_0 \tag{4.199}$$

因此,气球的重力势能可写为

$$E = (m + m_0)g \cdot \Delta h + m_G g(H - 2R_0) \tag{4.200}$$

将气球升力与重力等价方程代入上式，可得

$$E=(V\rho-m_G)g\cdot\Delta h+m_Gg(H-2R_0) \tag{4.201}$$

按照大气物理知识，气球内气体压力和气球的内外压差 Δp 分别为

$$p_1=\frac{mR_{\text{mix}}T}{V} \tag{4.202}$$

$$\Delta p=p_1-p_2=\frac{mR_{\text{mix}}T}{V}-p_2 \tag{4.203}$$

式中，p_1 为气球气体压力；p_2 为大气压；R_{mix} 为气球气体常数；T 为气球气体热力学温度；V 为气球体积。

气球因体积改变而引起的气体压力势能可表示为

$$W=\Delta p\cdot V\cdot\ln\frac{V}{V_0}=\Delta p\cdot V(\ln V-\ln V_0) \tag{4.204}$$

式中

$$V_0=\frac{mR_{\text{mix}}T_0}{p_0} \tag{4.205}$$

式中，V_0 为气球在地面时内部气体的原始体积，p_0 和 T_0 分别为地面大气压和温度。

将式(4.205)代入式(4.204)，则

$$W=(mR_{\text{mix}}T-p_2V)\left[\ln V-\ln\left(\frac{mR_{\text{mix}}T_0}{p_0}\right)\right] \tag{4.206}$$

于是

$$\Pi=E-W=(V\rho-m_G)g\Delta h+m_Gg(H-2R_0)-(mR_{\text{mix}}T-p_2V)\left[\ln V-\ln\left(\frac{mR_{\text{mix}}T_0}{p_0}\right)\right] \tag{4.207}$$

式中，Π 为气球系统的总势能。

根据最小势能原理，由上式可以数值求解出待定参数 c，然后，由式(4.191)和式(4.194)进一步确定待定参数 H 和 a，最后，将上述参数代入式(4.181)、式 (4.183)～式(4.187)，可求得 N_1 和 N_2 的解。

习　　题

4－1　试求图 4－1 所示方板的最大挠度。$\left(w_{\max}=0.002\,03\dfrac{q_0a}{D}\right)$

4－2　求图 4－2 所示环板在周边载荷作用下的最大挠度。设 $R/a=1.5$，$\nu=0.3$，板厚为 δ。$\left(w_{\max}=0.209\dfrac{FR^2}{E\delta^3}\right)$

4－3　如图 4－3 所示厚为 h、直径为 $2a$ 的四周简支圆板，板面受到垂直于板面的法向均布力 p 的作用，且沿轴界作用着径向弯矩，试求板的挠度曲面函数、最大挠度和边界上的转角。

4－4　设厚度为 t、直径为 $2a$ 的圆板，板周界为固支，板面受均布法向载荷 p_0 的作用，此时圆板内力与挠度 w 的关系如下：

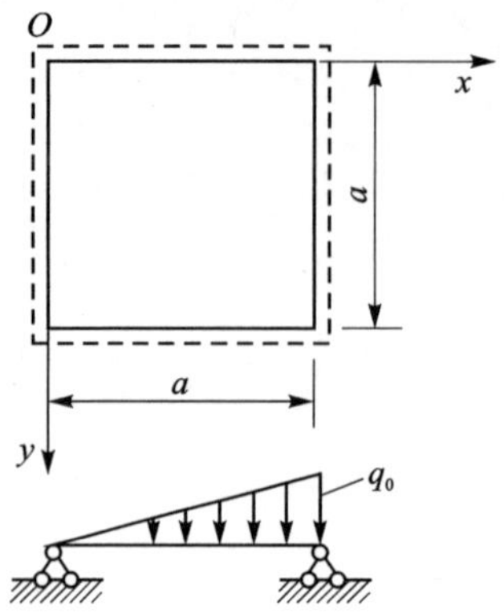

图 4-1　习题 4-1 用图

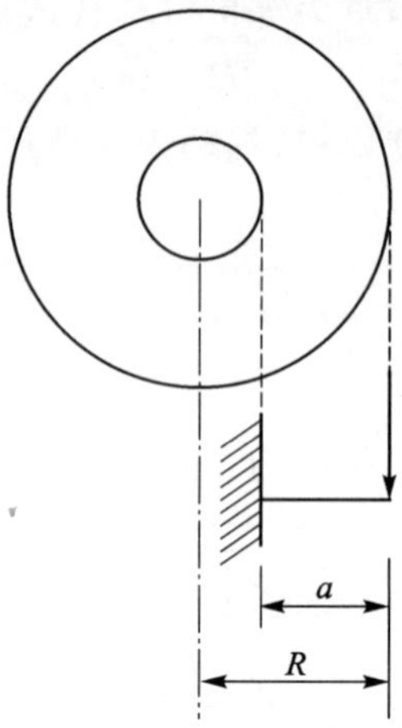

图 4-2　习题 4-2 用图

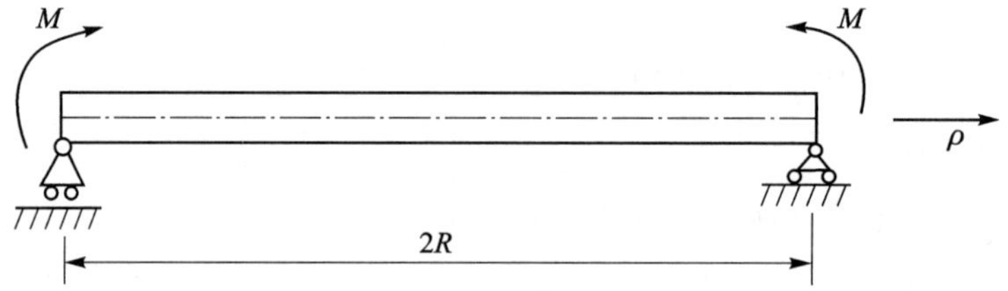

图 4-3　习题 4-3 用图

单位宽度上的径向弯矩：

$$M_\rho=-D\left(\frac{\mathrm{d}^2 w}{\mathrm{d}\rho^2}+\frac{\nu}{\rho}\frac{\mathrm{d}w}{\mathrm{d}\rho}\right)$$

单位宽度上的周向弯矩：

$$M_\theta=-D\left(\frac{1}{\rho}\frac{\mathrm{d}w}{\mathrm{d}\rho}+\nu\frac{\mathrm{d}^2 w}{\mathrm{d}\rho^2}\right)$$

单位宽度上的法向力：

$$F_{\rho c}=-D\left(\frac{\mathrm{d}^3 w}{\mathrm{d}\rho^3}+\frac{1}{\rho}\frac{\mathrm{d}^2 w}{\mathrm{d}\rho^2}-\frac{1}{\rho^2}\frac{\mathrm{d}w}{\mathrm{d}\rho}\right)$$

式中，D 为板弯曲刚度，$D=\dfrac{Et^3}{12(1-\nu^2)}$，$\nu$ 为材料的泊松比，E 为弹性模量。设板挠度解为 $w=\dfrac{p_0}{64D}\rho^4+C_0+C_1\rho^2+C_2\ln\rho+C_3\rho^2\ln\rho$。(1) 写出确定 C_0、C_1、C_2、C_3 的边界条件；(2) 求出 C_0，C_1，C_2，C_3；(3) 求板挠度函数 w；(4) 求出圆板中心挠度。

4-5　一边简支、一边固支的板条，受线性分布载荷的作用(见图 4-4)，试求固支边弯矩。

4-6　一环形板，外缘简支，内缘受均匀分布的剪力 Q_0 的作用(见图 4-5)。设厚度为 t、直径为 $2a$ 的圆板，板周界为固支，板面受均布法向载荷 p_0 的作用，设板挠度解为 $w=\dfrac{p_0}{64D}\rho^4+$

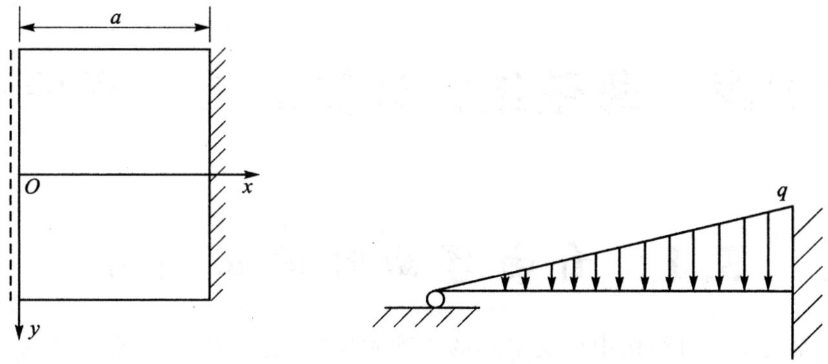

图 4-4　习题 4-5 用图

$C_0+C_1\rho^2+C_2\ln\rho+C_3\rho^2\ln\rho$，此时圆板内力与挠度 w 的关系为

单位宽度上的径向弯矩：

$$M_\rho=-D\left(\frac{\mathrm{d}^2 w}{\mathrm{d}\rho^2}+\frac{\nu}{\rho}\frac{\mathrm{d}w}{\mathrm{d}\rho}\right)$$

单位宽度上的周向弯矩：

$$M_\theta=-D\left(\frac{1}{\rho}\frac{\mathrm{d}w}{\mathrm{d}\rho}+\nu\frac{\mathrm{d}^2 w}{\mathrm{d}\rho^2}\right)$$

单位宽度上的法向力：

$$F_{\rho z}=-D\left(\frac{\mathrm{d}^3 w}{\mathrm{d}\rho^3}+\frac{1}{\rho}\frac{\mathrm{d}^2 w}{\mathrm{d}\rho^2}-\frac{1}{\rho^2}\frac{\mathrm{d}w}{\mathrm{d}\rho}\right)$$

式中，D 为板弯曲刚度，$D=\dfrac{Et^3}{12(1-\nu^2)}$，$\nu$ 为材料的泊松比，E 为弹性模量。(1) 写出确定 C_0、C_1、C_2、C_3 的边界条件；(2) 求出 C_0、C_1、C_2、C_3；(3) 当 $a\rightarrow b$ 时，圆环变为圆板，且内边缘上分布剪力变为圆心受集中力的作用，求圆板挠度函数 w。

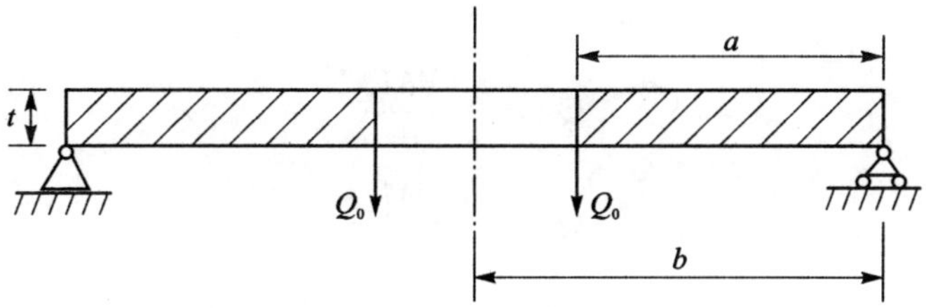

图 4-5　习题 4-6 用图

第 5 章　薄壁结构计算的工程梁理论

5.1　自由弯曲时的正应力

加筋薄壁结构是飞机结构中广泛采用的一种质量轻、刚度大、强度高的结构，通常是板、杆组合结构。加筋薄壁结构又可分为开剖面、单壁室和多壁室，如图 5.1 所示。

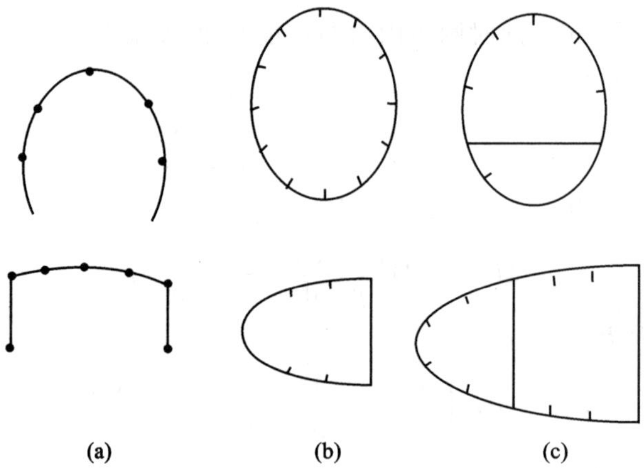

图 5.1　加筋薄壁结构

假设所讨论结构的横向（剖面）尺寸比纵向尺寸要小得多，并且不存在结构不连续和结构度急剧变化的情况，因此，可以采用工程梁理论。在分析中，采用如图 5.2 所示的坐标系统，那么

$$Q_x = -\frac{\mathrm{d}M_y}{\mathrm{d}z} \tag{5.1}$$

$$Q_y = -\frac{\mathrm{d}M_x}{\mathrm{d}z} \tag{5.2}$$

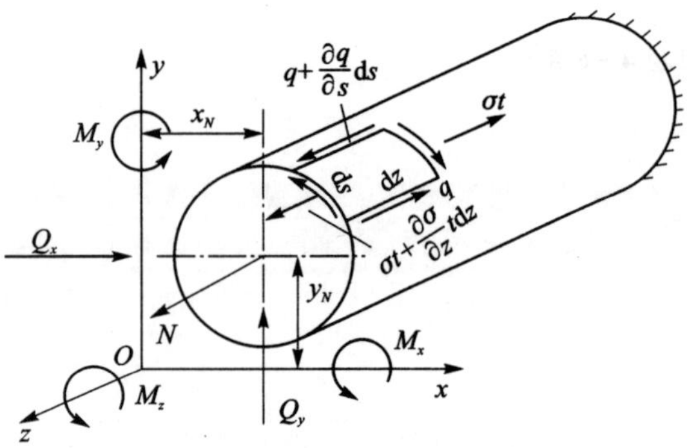

图 5.2　加筋薄壁结构受力

由于实际结构是由不同材料构成的，因此，应用工程梁理论时，需要将不同材料的性能向一种材料进行折算。设图 5.2 所示壳体剖面上坐标为 x, y 的一点 i 处，有一面积为 A_i、弹性模量为 E_i 的结构元件，或者有微面积为 $\mathrm{d}A_i = t_i\mathrm{d}s$、弹性模量为 E_i 的蒙皮微段，其中 t_i 为蒙皮在该点处的厚度。现在，用面积为 A_r 或 $\mathrm{d}A_{ir} = t_{ir}\mathrm{d}s$、弹性模量为 E_r 的虚拟元件替代真实元件 i，其中下标 r 表示折算或减缩的意思。对

整个剖面上的各个元件都进行上述替换，使剖面的所有元件都变换成具有相同弹性模量 E_r 的虚拟元件。显然，为了使这种替换等价，就必须满足不同材料的折算原则：

① 真实元件和虚拟元件中的内力是相等的，即

$$\sigma_i A_i = \sigma_{ir} A_{ir} \tag{5.3}$$

或

$$\sigma_i t_i \mathrm{d}s = \sigma_{ir} t_{ir} \mathrm{d}s \tag{5.4}$$

式中，σ_i 和 σ_{ir} 分别是真实元件和虚拟元件中的应力。

② 真实元件和虚拟元件的应变是相等的，即

$$\frac{\sigma_i}{E_i} = \frac{\sigma_{ir}}{E_{ir}} \tag{5.5}$$

或

$$\sigma_i = \frac{E_i}{E_{ir}} \sigma_{ir} \tag{5.6}$$

引入减缩系数的概念，定义

$$\phi_i = \frac{E_i}{E_r} \tag{5.7}$$

为减缩系数，用它把不同材料（不同弹性模量）的实际元件的剖面面积折算成具有相同弹性模量的虚拟元件的剖面面积。

按照式（5.3）和式（5.4），可以得出

$$A_{ir} = \phi_i A_i \tag{5.8}$$

$$t_{ir} = \phi_i t_i \tag{5.9}$$

从上式可知，为了将不同材料的实际元件变换成同一种材料的虚拟元件，只需将它们的剖面面积和蒙皮厚度进行折算，折算方法就是将实际剖面面积和板厚乘以减缩系数。

所有经过折算的虚拟剖面都属于同一种材料（弹性模量为 E_r）后，i 点处的正应力 σ_i 就可以根据工程梁理论进行计算。根据平剖面假设，剖面上 i 点处的正应变 ε_i 可表示为

$$\varepsilon_i = a x_i + b y_i + c \tag{5.10}$$

式中，a、b 和 c 是待定常数，与外载荷有关。于是，虚拟材料的物理方程变为

$$\sigma_{ir} = E_r \varepsilon_i = E_r (a x_i + b y_i + c) \tag{5.11}$$

真实的应力为

$$\sigma_i = \phi_i \sigma_{ir} = \phi_i (\alpha x_i + \beta y_i + \gamma) \tag{5.12}$$

式中

$$\left.\begin{aligned} \alpha &= E_r a \\ \beta &= E_r b \\ \gamma &= E_r c \end{aligned}\right\} \tag{5.13}$$

为了折算成某种虚拟材料，可以选择不同剖面元件材料中的任一种作为虚拟材料，也可以假设一种实际上并不存在的材料作为虚拟材料，这些都无关紧要，通常的做法是把长桁的材料向蒙皮材料折算。

为了按式（5.12）计算正应力 σ_i，首先应该确定式中的系数 α、β 和 γ。由于正应力在壳体坐标 z＝常数的剖面上的合力应该等价于作用在该剖面上的力矩 M_x、M_y 和轴力 N（如图 5.2

所示),因此,可以写出此剖面的等价方程:

$$\left.\begin{aligned}&\oint\sigma yt\,\mathrm{d}s+\sum_{j}\sigma_jA_jy_j=M_x+Ny_N\\&\oint\sigma xt\,\mathrm{d}s+\sum_{j}\sigma_jA_jy_j=M_y+Nx_N\\&\oint\sigma t\,\mathrm{d}s+\sum_{j}\sigma_jA_j=N\end{aligned}\right\}\tag{5.14}$$

式中,t 是蒙皮厚度,A_j 是第 j 个纵向元件(如长桁、桁梁、缘条)的剖面面积,x_N、y_N 是轴力 N 对坐标原点 O 的偏离距离(考虑外力合力 N 不作用在 O 点的一般情况)。

式(5.14)左端第 1 项线积分是指蒙皮中正应力的合力矩或合力;第 2 项总和是指纵向元件正应力的合力矩或合力。将正应力表达式(5.12)代入式(5.14),得到

$$\left.\begin{aligned}&\alpha I_{xy}+\beta I_x+\gamma S_x=M_x+Ny_N\\&\alpha I_y+\beta I_{xy}+\gamma S_y=M_y+Nx_N\\&\alpha S_y+\beta S_x+\gamma A=N\end{aligned}\right\}\tag{5.15}$$

式中

$$\left.\begin{aligned}&I_{xy}=\oint\phi xyt\,\mathrm{d}s+\sum_{j}\phi_jA_jx_jy_j\\&I_x=\oint\phi y^2t\,\mathrm{d}s+\sum_{j}\phi_jA_jy_j^2\\&I_y=\oint\phi x^2t\,\mathrm{d}s+\sum_{j}\phi_jA_jx_j^2\end{aligned}\right\}\tag{5.16}$$

$$\left.\begin{aligned}&S_x=\oint\phi yt\,\mathrm{d}s+\sum_{j}\phi_jA_jy_j\\&S_y=\oint\phi xt\,\mathrm{d}s+\sum_{j}\phi_jA_jx_j\\&A=\oint\phi t\,\mathrm{d}s+\sum_{j}\phi_jA_j\end{aligned}\right\}\tag{5.17}$$

式中,I_x、I_y 和 I_{xy} 是减缩剖面对 x、y 坐标轴的惯性矩;S_x、S_y 和 A 分别是对 x、y 坐标轴的静矩和剖面面积。

求解方程组(5.15),可得 3 个未知量 α、β 和 γ 的解:

$$\left.\begin{aligned}&\alpha=\frac{1}{1-\dfrac{I_{Oxy}^2}{I_{Ox}I_{Oy}}}\left(-\frac{M_{Oy}}{I_{Oy}}-\frac{M_{Ox}I_{Oxy}}{I_{Ox}I_{Oy}}\right)\\&\beta=\frac{1}{1-\dfrac{I_{Oxy}^2}{I_{Ox}I_{Oy}}}\left(-\frac{M_{Ox}}{I_{Ox}}-\frac{M_{Oy}I_{Oxy}}{I_{Ox}I_{Oy}}\right)\\&\gamma=\frac{N}{A}-\alpha x_0-\beta y_0\end{aligned}\right\}\tag{5.18}$$

式中,x_0 和 y_0 为减缩剖面的形心坐标;I_{Ox} 和 I_{Oy} 为减缩剖面对通过形心但与原坐标轴平行的形心轴的轴惯性矩;I_{Oxy} 为减缩剖面对形心的极惯性矩;M_{Ox} 和 M_{Oy} 为外载荷对平移后的形心轴的弯曲力矩。

$$x_0 = \frac{S_y}{A} \tag{5.19}$$

$$y_0 = \frac{S_x}{A} \tag{5.20}$$

$$I_{Ox} = I_x - y_0^2 A \tag{5.21}$$

$$I_{Oy} = I_y - x_0^2 A \tag{5.22}$$

$$I_{Oxy} = I_{xy} - x_0 y_0 A \tag{5.23}$$

$$M_{Ox} = M_x + N(y_N - y_0) \tag{5.24}$$

$$M_{Oy} = M_y + N(x_N - x_0) \tag{5.25}$$

将 α、β 和 γ 的表达式(5.18)代入真实的应力公式(5.12),可得

$$\sigma_i = \phi_i \left[k\left(\frac{M_x}{I_x}\tilde{y}_i - \frac{M_y}{I_y}\tilde{x}_i \right) + \frac{N}{A} \right] \tag{5.26}$$

式中,$\tilde{x}_i$ 和 $\tilde{y}_i$ 是壳体剖面第 i 点的广义坐标;k 是薄壁结构剖面不对称系数,对于对称剖面,$k=1$。

$$\left.\begin{aligned} \tilde{x}_i &= x_i - x_0 - (y_i - y_0)\frac{I_{Oxy}}{I_{Ox}} \\ \tilde{y}_i &= y_i - y_0 - (x_i - x_0)\frac{I_{Oxy}}{I_{Oy}} \end{aligned}\right\} \tag{5.27}$$

$$k = \frac{1}{1 - \dfrac{I_{Oxy}^2}{I_{Ox} I_{Oy}}} \tag{5.28}$$

例题 5-1　求图 5.3 所示壳体剖面上的正应力分布。剖面上受到弯矩 $M_x = -M$ 的作用。壳体剖面的材料为铝合金。蒙皮可以承受正应力,但腹板(厚度为 $0.25t$)只能传递剪力。

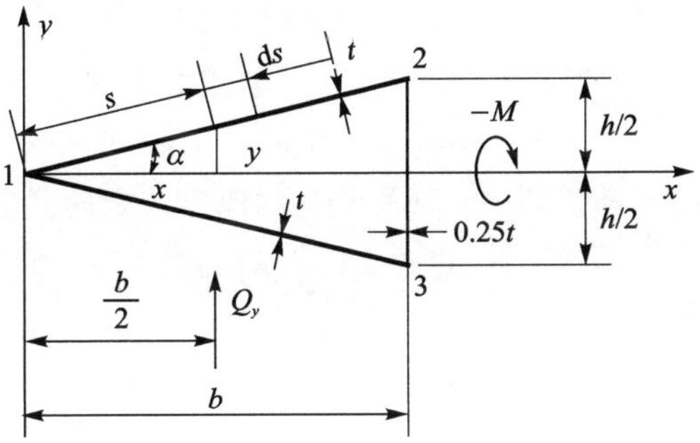

图 5.3　受弯矩作用剖面

解　① 分析。

由于剖面(蒙皮和腹板)是用同一种材料制成的,因此,减缩系数 $\phi = 1$。此外,由于 x 轴是对称轴,同时也是形心主轴,因此

$$\tilde{y}_i = y_i, \quad I_{Ox} = I_x, \quad I_{Oxy} = I_{xy} = 0$$

于是,计算正应力的公式可以简单地写成

$$\sigma_i = \frac{M_x}{I_x} y_i$$

式中，$I_x=\int y^2 t\,\mathrm{d}s$，积分只涉及蒙皮段 1－2 和 1－3(如图 5.3 所示)。

② 计算。

由剖面形状，可得

$$\mathrm{d}s=\frac{\mathrm{d}x}{\cos\alpha}$$

$$y=x\tan\alpha=\frac{h}{2b}x$$

则

$$I_x=2\int_0^b\left(\frac{h}{2b}x\right)^2\frac{t}{\cos\alpha}\mathrm{d}x=\frac{th^2b}{6\cos\alpha}$$

于是

$$\sigma_i=-\frac{6M}{th^2b}(\cos\alpha)y_i$$

当 $y=\dfrac{h}{2}$时，则

$$\sigma_i=\frac{3M}{thb}(\cos\alpha)y_i$$

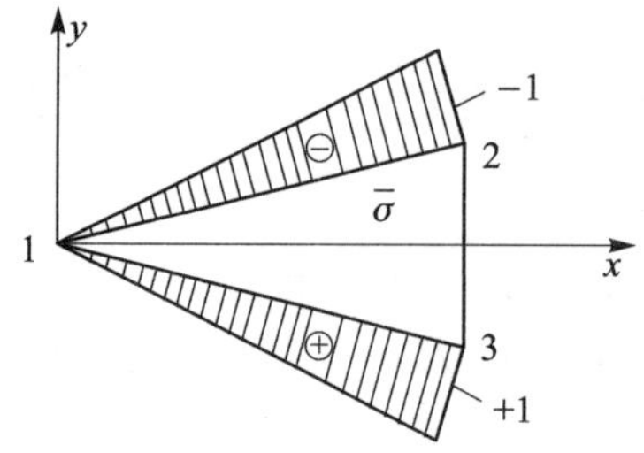

图 5.4　剖面无量纲正应力分布图

③ 画正应力分布图。

正应力的分布如图 5.4 所示，图中的 $\bar{\sigma}$ 为无量纲的正应力。

例题 5－2　试计算图 5.5 所示 3 闭室剖面的正应力，剖面受到外载荷 $M_x=-M$ 的作用。图示剖面的壁板 3－11 和 5－9 可以承受并传递正应力，但蒙皮只能承受剪力，不能承受正应力。此外，桁梁 3、5、9、11 是用钢制造的，而蒙皮和壁板则用铝合金制造，且钢的弹性模量 E_{st} 和铝合金的弹性模量 E_{al} 之比为 $E_{st}/E_{al}=3$。桁梁的剖面面积 A_f、长桁的剖面面积 A_s 以及蒙皮的厚度 t 之间具有下列关系：

$$A_f=2A_s=Rt$$

式中，R 为剖面周缘的半径。

解　① 分析。

将整个剖面的材料向铝合金折算，桁梁的减缩系数 $\phi_3=\phi_5=\phi_9=\phi_{11}=3$，而其余材料的减缩系数 $\phi=1$。

由于图 5.5 所示剖面具有 2 个对称轴，因此，x 和 y 轴都是形心主轴。由此可得

$$k=1,\quad \tilde{y}_i=y_i,\quad I_{Ox}=I_x$$

于是，计算正应力的公式可以写成

$$\sigma_i=\phi_i\frac{M_x}{I_x}y_i$$

由于蒙皮不受正应力，计算各元件剖面惯性矩时，只需按计算公式等号右端的第 2 项计算即可，因此，上下壁板 3－11 和 5－9 的惯性矩为

$$I_{xp}=\left[\sqrt{3}R\times 2t\times(0.5R)^2\right]\times 2=\sqrt{3}R^3t$$

桁梁的惯性矩为

$$I_{xf}=4\times 3\times(2A_s)\times\left(\frac{R}{2}\right)^2=6A_sR^2=3R^3t$$

长桁的惯性矩为

$$I_{xs}=2A_sR^2+4A_s\left(\frac{\sqrt{3}}{2}R\right)^2=5A_sR^2=\frac{5}{2}R^3t$$

整个剖面的惯性矩 I_x 为

$$I_x=I_{xp}+I_{xf}+I_{xs}=7.232R^3t$$

② 计算。

将 I_x 代入上述正应力的计算公式，就可以计算各元件中的正应力，即

$$-\sigma_1=\sigma_7=\frac{M}{7.232R^3t}R=0.138\ 27\ \frac{M}{R^2t}$$

$$-\sigma_2=-\sigma_{12}=\sigma_6=\sigma_8=\frac{M}{7.232R^3t}\cdot\frac{\sqrt{3}}{2}R=0.119\ 75\ \frac{M}{R^2t}$$

$$-\sigma_3=-\sigma_{11}=\sigma_5=\sigma_9=3\times\frac{M}{7.232R^3t}\cdot\frac{R}{2}=0.207\ 41\ \frac{M}{R^2t}$$

$$-\sigma_{3\text{-}11}=-\sigma_{5\text{-}9}=\frac{M}{7.232R^3t}\cdot\frac{R}{2}=0.069\ 14\ \frac{M}{R^2t}$$

③ 画正应力分布图。

根据正应力的计算结果，可得正应力的分布图（如图 5.6 所示）。

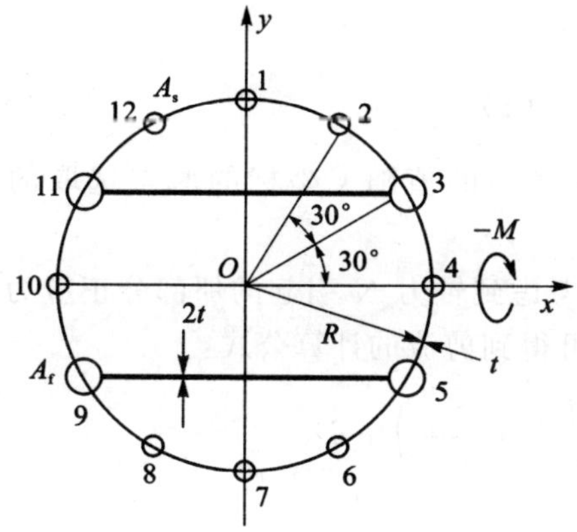

图 5.5　剖面受力

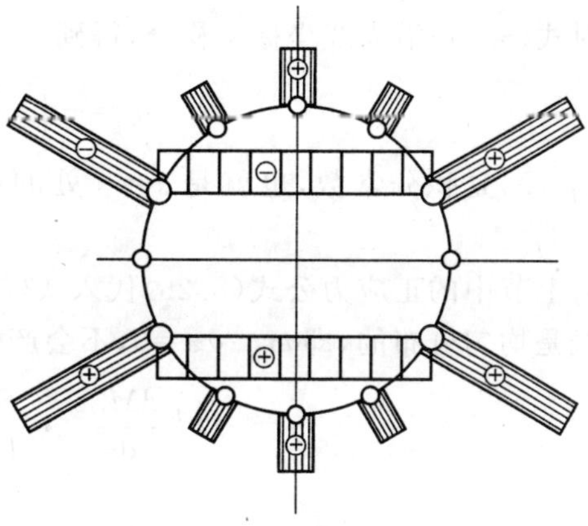

图 5.6　剖面正应力分布图

5.2　自由弯曲时开剖面剪流的计算

剪流通常定义为单位长度上的剪力。由于薄壁结构中板的厚度很小，可以认为剪应力沿板厚是均匀分布的，因此，在薄壁结构计算中，通常计算剪流，而不是剪应力。一旦求得剪流 q，剪应力 τ 就不难得到，即

$$\tau = \frac{q}{t} \tag{5.29}$$

式中，t 是板厚。为了与剪力相区别，通常采用半个箭头图示剪流。

为了导出计算剪流的公式，选取图 5.2 中的微体 $\mathrm{d}s\mathrm{d}z$，放大后微体单独示于图 5.7 中，微体 $\mathrm{d}s\mathrm{d}z$ 受到正应力 σ 和剪流 q 的作用，并处于平衡状态。除 σ 和 q 外，没有其他的中面载荷作用。由 z 轴方向的平衡条件，可得

$$\left(\sigma + \frac{\partial \sigma}{\partial z}\mathrm{d}z\right)t\,\mathrm{d}s - \sigma t\,\mathrm{d}s + \left(q + \frac{\partial q}{\partial s}\mathrm{d}s\right)\mathrm{d}z - q\,\mathrm{d}z = 0 \tag{5.30}$$

或

$$\frac{\partial \sigma}{\partial z}t + \frac{\partial q}{\partial s} = 0 \tag{5.31}$$

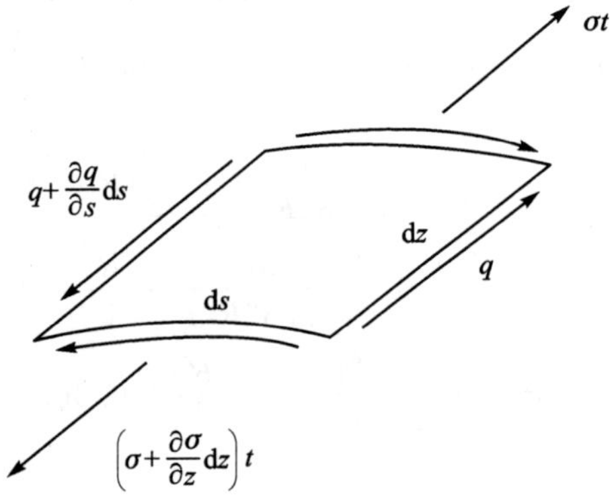

图 5.7　微体受力

对式(5.31)沿周线坐标 s 积分，得到

$$q = -\int_0^s \frac{\partial \sigma}{\partial s}t\,\mathrm{d}s + q_0(z) \tag{5.32}$$

式中，$q_0(z)$是积分常数，也就是 $s=0$ 处的剪流值，$q_0(z)$的值随 s 坐标的原点选取的不同而异。

将上节中的正应力公式(5.26)代入式(5.32)，并考虑到轴力 N 引起的那部分正应力沿剖面周线是均匀分布的，即$\partial\sigma_N/\partial z=0$，不会产生剪流，可得到剪流的计算公式：

$$q = -k\left(\frac{\mathrm{d}M_{Ox}}{\mathrm{d}z}\cdot\frac{\widetilde{S}_x}{I_{Ox}} - \frac{\mathrm{d}M_{Oy}}{\mathrm{d}z}\cdot\frac{\widetilde{S}_y}{I_{Oy}}\right) + q_0 \tag{5.33}$$

式中

$$\left.\begin{aligned}\widetilde{S}_x &= \int_0^s \phi\tilde{y}t\,\mathrm{d}s + \sum_{j=1}^{m}\phi_j\tilde{y}_jA_j \\ \widetilde{S}_y &= \int_0^s \phi\tilde{x}t\,\mathrm{d}s + \sum_{j=1}^{m}\phi_j\tilde{x}_jA_j\end{aligned}\right\} \tag{5.34}$$

式中，$\widetilde{S}_x$ 和 $\widetilde{S}_y$ 为减缩剖面对通过形心但与原坐标轴平行的形心轴的广义静矩。对于 s 坐标的原点，如果是开剖面，则可以选在自由边上；如果是闭剖面，则可以任意选取。但如果闭剖面具有对称轴，则建议把 s 的原点选在剖面周线与对称轴的任一交点处。

将式(5.1)和式(5.2)代入剪流计算公式(5.33)，可得

$$q=-k\left(\frac{Q_y}{I_O}\cdot\widetilde{S}_x+\frac{Q_x}{I_{Oy}}\widetilde{S}_y\right)+q_0 \tag{5.35}$$

广义静矩 $\widetilde{S}_x$ 和 $\widetilde{S}_y$ 的正负与连续广义坐标 $\widetilde{x}$，$\widetilde{y}$、离散广义坐标 $\widetilde{x}_i$，$\widetilde{y}_j$ 以及线坐标 s 的正负有关，剪流的正负号与剪力 Q_x、Q_y，以及广义静矩 $\widetilde{S}_x$、$\widetilde{S}_y$ 的正负有关。若最后得出的剪流是正的，则表示剪流的方向与线坐标 s 的正方向一致。应该指出，上式中的剪流 q_0 尚未确定，q_0 是线坐标 $s=0$ 处的剪流，如果是开剖面，其自由边处剪应力等于零，因此，当 s 的原点选择在自由边处时，q_0 就自动等于零；否则，就不等于零，q_0 的值将随 s 的原点位置不同而改变。如果是闭剖面，则 q_0 的求法还与闭室的数目有关，即单闭室的 q_0 可以按静力平衡条件确定，但多闭室的 q_0 还必须借助变形协调条件才能求得。

设开剖面受到剪力 Q_y 的作用(如图 5.8 所示)，壳体只发生弯曲而不发生扭转。如果将 s 坐标的原点放在自由边处(如图 5.8 的 A 点处)，那么，由于自由边 AB 不可能有剪应力，根据剪应力的对偶定理，剖面上 A 点的剪应力也应该等于零，因此，$q_0=0$。

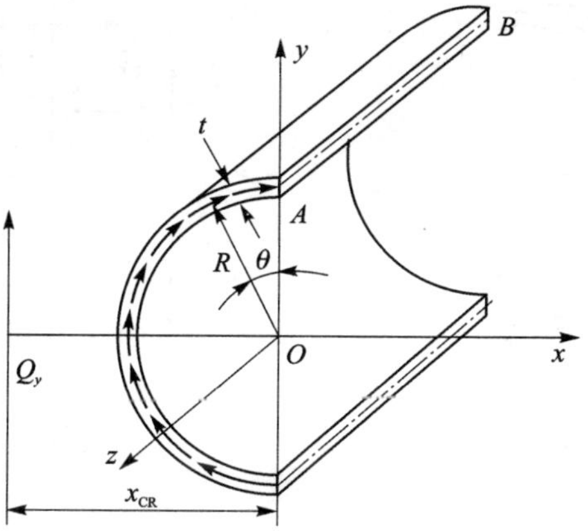

图 5.8　开剖面弯曲剪流

于是，开剖面剪流公式退化为

$$q=-k\,\frac{Q_y}{I_{Ox}}\cdot\widetilde{S}_x \tag{5.36}$$

对于图 5.8 所示的剖面，没有纵向元件，只有用同一材料制成的厚度不变的蒙皮，剖面周线是半径为 R 的半个圆弧，因此，x 轴是剖面的对称轴，由此可得

$$\phi=1,\quad s=R\theta,\quad y=R\cos\theta,\quad y_0=0,\quad \widetilde{y}=y,\quad k=1 \tag{5.37}$$

$$I_x=I_{Ox}=\int_0^{\pi}R^2\cos^2\theta\cdot Rt\,\mathrm{d}\theta=0.5\pi R^3 t \tag{5.38}$$

$$\widetilde{S}_x=R^2t\int_0^{\theta}\cos\theta\,\mathrm{d}\theta=R^2t\sin\theta \tag{5.39}$$

代入开剖面剪流公式，可得

$$q=-k\,\frac{Q_y}{I_{Ox}}\widetilde{S}_x=-\frac{2Q_y}{\pi R}\sin\theta \tag{5.40}$$

在 A 点处，$\theta=0$，$q=0$；当 $\theta=90°$时，q 达到最大值，即

$$q_{\max}=-\frac{2Q_y}{\pi R} \tag{5.41}$$

式中，负号表示 q 与 s 反向。

q 的分布如图 5.9 所示。在以上计算中，默认蒙皮是受正应力的，因为在没有纵向元件的情况下，如果蒙皮不能承受正应力，壳体也就不能承受和传递载荷 Q_y（或 Q_x）。

剪流 q 沿剖面周缘蒙皮的中线分布，它在 x 轴和 y 轴方向的合力分别为

$$R\int_0^{\pi} q\cos\theta \mathrm{d}\theta = 0 \tag{5.42}$$

$$-R\int_0^{\pi} q\sin\theta \mathrm{d}\theta = Q_y \tag{5.43}$$

式(5.43)的前面加一负号是因为正 q 的 y 方向合力在 y 轴的反方向，这说明 q 的计算结果满足力的等价条件，是正确的。

例题 5-3　图 5.10 所示开剖面的加筋薄壳，板的厚度均为 t，纵向元件的剖面面积均为 A，材料相同，板不受正应力，在剖面上有剪力 Q_y 的作用，求剪流 q。

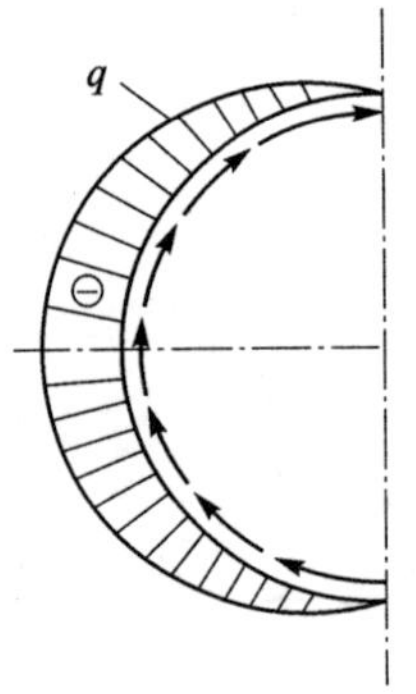

图 5.9　开剖面弯曲剪流分布

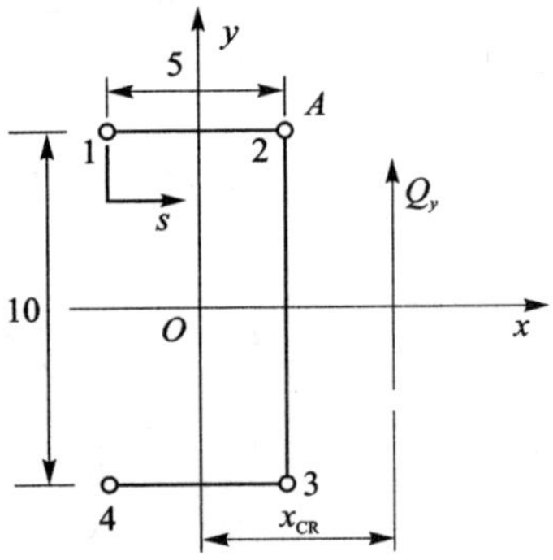

图 5.10　开剖面

解　① 分析。

由图 5.10 可知，剖面具有对称轴 x，因此，将坐标原点放在剖面的形心 O 上，根据已知条件，可得

$$\phi_j = 1,\quad y_0 = 0,\quad \tilde{y} = y$$

$$k = 1,\quad I_x = I_{Ox} = 100A$$

$$\tilde{S}_{x,1\text{-}2} = 5A,\quad \tilde{S}_{x,2\text{-}3} = 10A,\quad \tilde{S}_{x,3\text{-}4} = 5A$$

线坐标 s 的指向是任意选定的，它的作用只在于为剪流 q 定向。

② 计算。

由剪流的计算公式，可得

$$q_Q = -k\frac{Q_y}{I_{Ox}}\tilde{S}_x = -\frac{Q_y}{100A}\tilde{S}_x$$

将前面的剖面特征值代入上式，可以得到

$$q_{1\text{-}2} = -\frac{Q_y}{20},\quad q_{2\text{-}3} = -\frac{Q_y}{10},\quad q_{3\text{-}4} = -\frac{Q_y}{20}$$

③ 画剪流分布图。

剪流 q 的分布如图 5.11 所示，由图 5.11 可以看出，剪流在 x 方向的合力等于零，在 y 方

向的合力为 Q_y，合力方向与外力方向一致。剪流为负值表示剪流的方向与 s 坐标的正方向相反。

如果把 s 坐标的原点选在节点 4 处（如图 5.12 所示），则

$$\widetilde{S}_{x,4\text{-}3}=-5A,\quad \widetilde{S}_{x,3\text{-}2}=-10A,\quad \widetilde{S}_{x,2\text{-}1}=-5A$$

于是

$$q_{1\text{-}2}=\frac{Q_y}{20},\quad q_{2\text{-}3}=\frac{Q_y}{10},\quad q_{3\text{-}4}=\frac{Q_y}{20}$$

可见，无论数值还是方向均与前者相同。

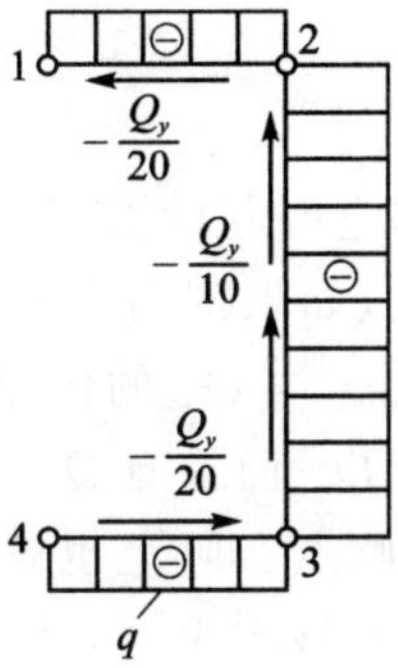

图 5.11　开剖面剪流分布

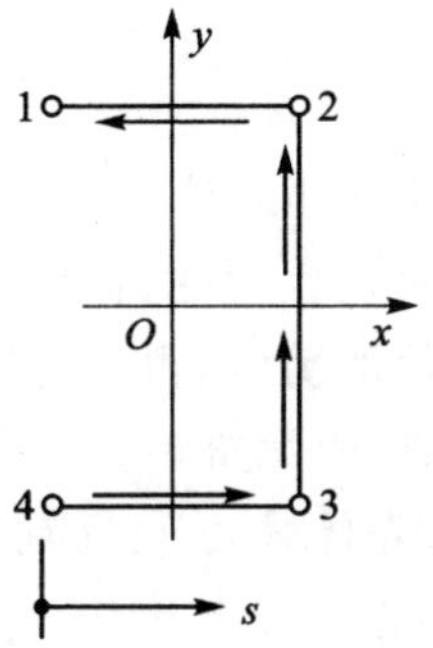

图 5.12　s 的另一种选择

5.3　开剖面的弯心

剪心是指当剪力作用该点时，剖面只有弯曲变形，而无扭转，故"剪心"也称为"弯心"。当把各剖面的弯心连接起来时，连线代表了梁的弯曲轴，所以，它是梁的"刚性轴"，故"剪心"也称"刚心"。由于开剖面薄壁结构在外载作用下，剖面剪流是唯一确定的，因此，Q_x 和 Q_y 必须施加在剖面的弯心或者刚心上。

根据上节内容，壳体剖面在剪力 Q_y 作用下的剪流大小与分布，只取决于 Q_y 和 S_x 的值，而与 Q_y 的作用位置无关，即剪流的分布规律无法改变。虽然已经证明剪力与剪流的合力等价条件总是满足的，但力矩的静力等价条件却尚未得到验证。现研究图 5.13 中开剖面剪流与外力 Q_y 两者对 z 轴的静力等价条件。

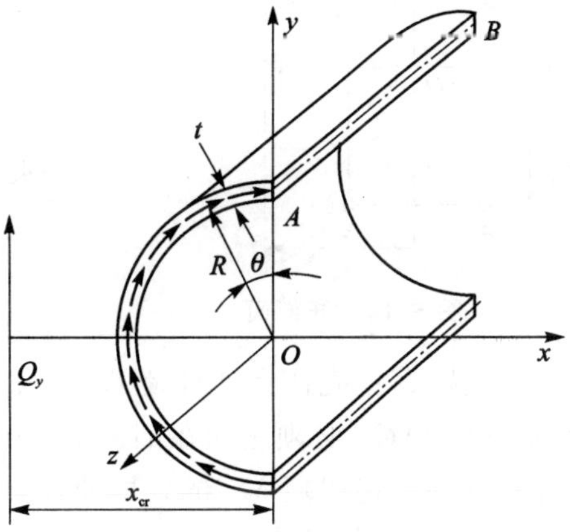

图 5.13　C 形开剖面

剪流 q 对 z 轴的力矩为

$$M_z=\int_0^{\pi R} qR\,\mathrm{d}s=R^2\int_0^{\pi} q\,\mathrm{d}\theta \tag{5.44}$$

将式(5.40)代入式(5.44)，可得

$$M_z = R^2 \int_0^{\pi} q \, d\theta = -\frac{4}{\pi} Q_y R \tag{5.45}$$

注意，负号表示力矩方向与图 5.2 中规定的正方向相反。

外力 Q_y 对 z 轴的力矩为

$$M_z = Q_y x_{cr} \tag{5.46}$$

由力矩等价条件，可得

$$-\frac{4}{\pi} Q_y R = Q_y x_{cr} \tag{5.47}$$

即

$$x_{cr} = -\frac{4}{\pi} R \tag{5.48}$$

当 Q_y 的作用线通过 x 轴上的一点 x_{cr} 时，外力 Q_y 与它引起的剪流不仅力而且力矩都是静力等价的。这时只发生弯曲，而没有剖面扭转。同样地，如果剖面上有剪力 Q_y 的作用，则可以先求得静力等价的剪流，再由力矩的等价条件求得 y_{cr}。当 Q_y 的作用线通过 y 轴的一点 y_{cr} 时，剖面只有弯曲，而无扭转。如果壳体剖面上不仅有 Q_y 而且有 Q_x 的作用，则它们只有通过点(x_{cr}，y_{cr})时，壳体才可能只有弯曲，而没有扭转。此点实际上也就是剪流合力的作用点，所以，称它为“剪心”，或者称作“弯心”，因为只有作用在该点上时，才只引起弯曲，而无扭转。将各个剖面的弯心连接起来，连线就代表了梁的弯曲轴，所以，它是梁的“刚性轴”，由此，弯心又称作“刚心”。可见，在工程梁理论中，剪心、弯心或刚心是指同一个点，只是从不同的意义上解释而已。

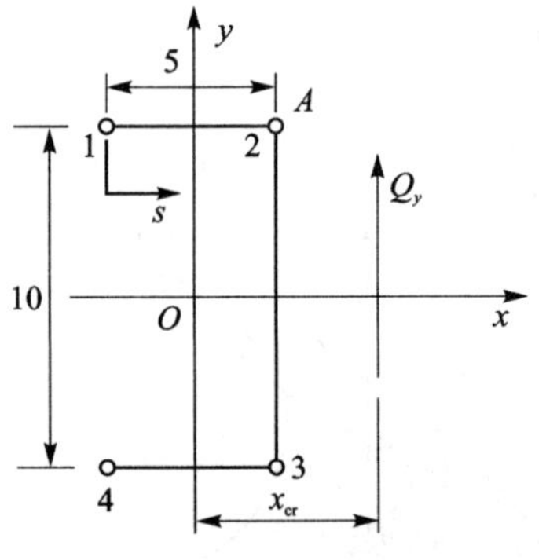

图 5.14　开剖面

如果剖面有对称轴，则剪心、弯心或刚心必在该对称轴上，因此，图 5.13 中，点(x_{cr}，O)就是刚心的位置。对于图 5.14 所示的开剖面壳体，其剪流对 z 轴的力矩为

$$M_z = 5.0 Q_y \tag{5.49}$$

而外力 Q_y 对 z 轴的力矩为

$$M_z = Q_y x_{cr} \tag{5.50}$$

因此

$$x_{cr} = 5.0 \tag{5.51}$$

由于剖面具有对称轴 x，因此，剖面的弯心或刚心位置为(5.0，0.0)。

因开剖面薄壁壳体在外载荷 Q_x 和 Q_y 作用下的剖面剪流分布规律唯一地确定，无法改变，因此，Q_x 和 Q_y 必须施加在剖面的弯心或刚心上。开剖面加筋薄壁结构在工程梁理论中是不能承受和传递扭矩 M_z 的。即使在更精确的理论中，开剖面薄壁结构虽然也可以传递扭矩，但它仍然不是传递扭矩的理想结构形式。所以，确定开剖面的弯心位置，以便合理地施加由开剖面薄壁结构传递的载荷，是十分重要的。

5.4　单闭室剖面剪流的计算

对于图 5.15(a)所示单闭室结构，由薄壁结构微元体的平衡，可得

$$q = q_Q + q_0 \tag{5.52}$$

式中

$$q_Q = -\left(\frac{Q_y}{I_{Ox}}\widetilde{S}_x + \frac{Q_x}{I_{Oy}}\widetilde{S}_y\right) \tag{5.53}$$

式中，q_0 是 $s=0$ 处实际剪流；q_Q 是 Q_x、Q_y 引起的剪流，它的合力与 Q_x、Q_y 静力等价，合力作用点就在剖面的弯心上。q_Q 保证了剖面剪流与外力 Q_x 和 Q_y 的平衡，q_Q 的分布如图 5.15(b)所示。

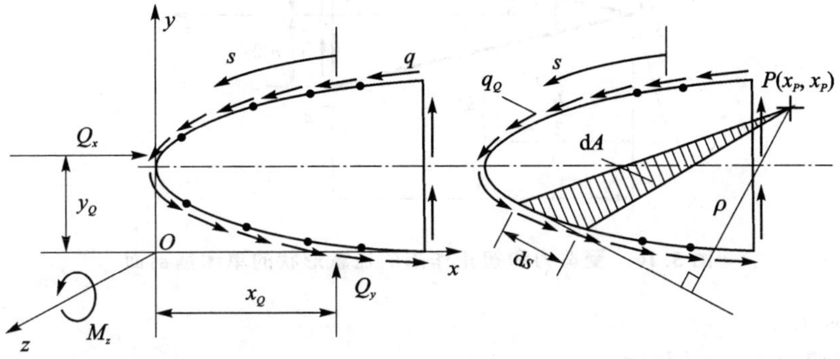

图 5.15　受剪力和扭矩作用的任意形状的单闭室剖面

q_0 可由对 z 轴的力矩等价条件确定，即

$$\oint q\rho \mathrm{d}s = M_z + Q_x(y_P - y_Q) - Q_y(x_P - x_Q) \tag{5.54}$$

式中，(x_P, y_P)为剖面所在平面上的任一点坐标；ρ 为从 P 点到 $\mathrm{d}s$ 的垂直距离。

令 $M_T = M_z + Q_x(y_P - y_Q) - Q_y(x_P - x_Q)$，则上式变为

$$\oint \rho q \mathrm{d}s = M_T \tag{5.55}$$

所以

$$\oint q_Q\rho \mathrm{d}s + q_0\oint \rho \mathrm{d}s = M_T \tag{5.56}$$

又由于

$$\oint \rho \mathrm{d}s = \Omega \tag{5.57}$$

式中，Ω 为剖面封闭面积的 2 倍，联立上面两式，可得

$$\oint q_Q\rho \mathrm{d}s + q_0\Omega = M_T \tag{5.58}$$

即

$$q_0 = \frac{M_T - \oint q_Q\rho \mathrm{d}s}{\Omega} \tag{5.59}$$

于是

$$q = q_Q + q_0 = q_Q + \frac{M_T - \oint q_Q\rho \mathrm{d}s}{\Omega} \tag{5.60}$$

为了与力矩的方向一致，线坐标 s 的走向应取成如图 5.15(a)所示的样子。

例题 5-4 计算图 5.16 所示单闭室剖面在剪力 Q_y 作用下的剪流。剖面所有数据与例题 5-1 中相同。

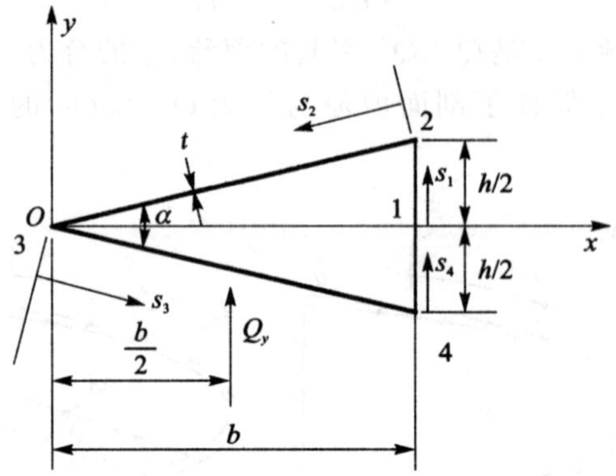

图 5.16 受剪力和扭矩作用的任意形状的单闭室剖面

解 ① 求 q_Q。

因为只有剪力 Q_y 作用，因此

$$q_Q = -k\frac{Q_y}{I_{Ox}}\tilde{S}_x$$

式中

$$k = 1$$

$$I_{Ox} = \frac{th^2b}{6\cos\alpha}$$

选取 s 坐标起点如图 5.16 所示，那么，对于 1-2 段，$\tilde{S}_{x,1\text{-}2}=0$，即 $\tilde{S}_{x1}=0$，$\tilde{S}_{x2}=0$。

对于 2-3 段，$y=x\tan\alpha$，$s_2=\dfrac{b-x}{\cos\alpha}$，$\mathrm{d}s_2=-\dfrac{1}{\cos\alpha}\mathrm{d}x$，则

$$\tilde{S}_{x,2\text{-}3}=\tilde{S}_{x2}+\int_0^{s_2}yt\,\mathrm{d}s_2=0-\frac{\sin\alpha}{\cos^2\alpha}\int_b^x tx\,\mathrm{d}x=\frac{\sin\alpha}{\cos^2\alpha}\int_x^b tx\,\mathrm{d}x=\frac{\sin\alpha}{2\cos^2\alpha}t(b^2-x^2)$$

$\tilde{S}_{x,2\text{-}3}$ 在点 3($x=0$)处有 $\tilde{S}_{x3}=\dfrac{\sin\alpha}{2\cos^2\alpha}tb^2$；在点 2($x=b$)处有 $\tilde{S}_{x2}=0$。

对于 3-4 段，$y=-x\tan\alpha$，$s_3=\dfrac{x}{\cos\alpha}$，$\mathrm{d}s_3=\dfrac{1}{\cos\alpha}\mathrm{d}x$，则

$$\tilde{S}_{x,3\text{-}4}=\tilde{S}_{x3}+\int_0^{s_3}yt\,\mathrm{d}s_3=\frac{\sin\alpha}{2\cos^2\alpha}tb^2-\frac{\sin\alpha}{\cos^2\alpha}\int_0^x tx\,\mathrm{d}x=\frac{\sin\alpha}{2\cos^2\alpha}t(b^2-x^2)$$

$\tilde{S}_{x,3\text{-}4}$ 在点 3($x=0$)处有 $\tilde{S}_{x3}=\dfrac{\sin\alpha}{2\cos^2\alpha}tb^2$；在点 4($x=b$)处有 $\tilde{S}_{x4}=0$。

对于 4-1 段，$\tilde{S}_{x,4\text{-}1}$ 没有变化，均等于 $\tilde{S}_{x4}=0$。

将计算结果代入 q_Q 的计算公式，可以求得

$$q_Q=-Q_y\frac{3(b^2-x^2)}{h^2b}t\cos\alpha$$

其分布图如图 5.17(a)所示。

② 求 q_0。

取坐标原点为矩心，则

$$\oint q_Q \rho \mathrm{d}s = 0$$

由 z 轴的力矩等价条件，可得

$$\oint q\rho \mathrm{d}s = \oint q_Q \rho \mathrm{d}s + q_0 \Omega = Q_y(-x_P + x_Q)$$

即

$$q_0 \Omega = Q_y x_Q$$

于是

$$q_0 = \frac{Q_y x_Q}{\Omega}$$

其分布图如图 5.17(b)所示。

③ 求 q。

真实剪流为

$$q = q_Q + q_0 = \frac{Q_y}{I_x} S_x + \frac{Q_y x_Q}{\Omega}$$

其分布图如图 5.17(c)所示。

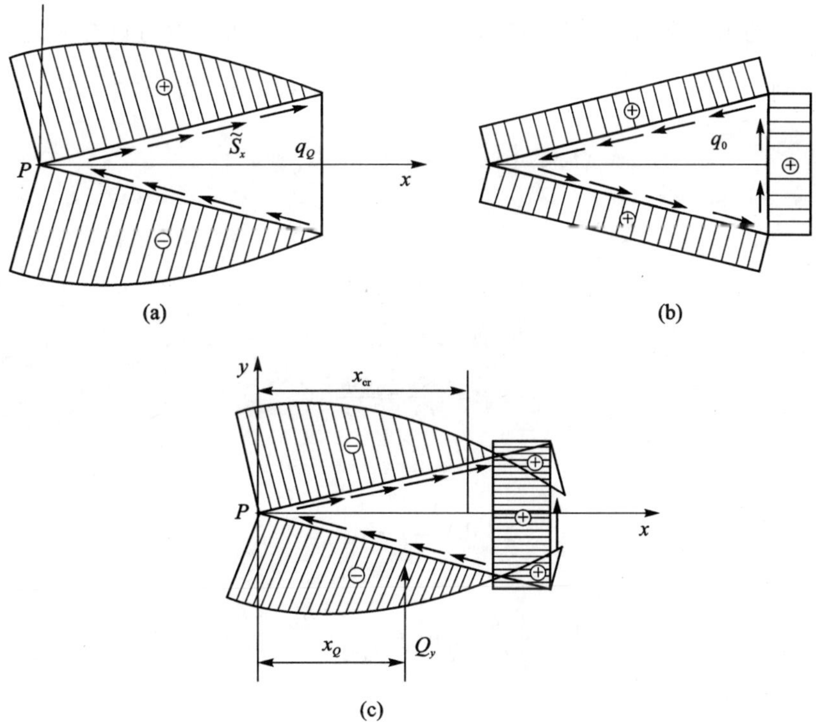

图 5.17　剖面剪流分布

5.5 单闭室剖面的弯心

单闭室的弯心与开剖面弯心一样，当外力作用于该点时，它所引起的剖面运动只有平移运动而无转动，但单闭室有承扭能力。确定闭剖面弯心位置的方法：假定外力作用于弯心，它所引起的剪流不产生剖面扭转，然后，根据剪流的合力与外力等价的条件，确定外力作用的位置，即弯心位置。

例题 5-5 计算图 5.16 所示单闭室剖面的弯心（刚心）位置。

解 ① 计算 q_Q。

与例题 5-4 求解过程一样，可以确定 q_Q，即

$$q_Q = -Q_y \frac{3(b^2 - x^2)}{h^2 b} t \cos\alpha \tag{5.61}$$

② 计算 q_{0cr}。

若 Q_y 作用在弯心上的 q_0 为 q_{0cr}，则

$$q = q_Q + q_{0cr} \tag{5.62}$$

根据单位载荷法及弯心的定义，可得单位轴向（z 方向）长度上的剖面相对扭角：

$$\bar{\varphi} = \int (\varepsilon\bar{\sigma} + \gamma\bar{\tau})\,\mathrm{d}A = 0 \tag{5.63}$$

式中，$\bar{\sigma}$ 和 $\bar{\tau}$ 为 $\bar{\varphi}$ 对应的虚单位广义力引起的内力。

由于 $\bar{\varphi}$ 对应的虚广义力是单位扭矩，单位扭矩所引起的可能内力只有剪流 $\bar{q}$ 而没有正应力 $\bar{\sigma}$，即 $\bar{\sigma}=0$，则由 $\frac{\partial\sigma}{\partial z}t + \frac{\partial q}{\partial s} = 0$ 可知，$\bar{q}$ 应该是沿 s 坐标不变的常剪流，且

$$\overline{M}_T = \oint \bar{q}\rho\,\mathrm{d}s = \bar{q}\oint \rho\,\mathrm{d}s = \bar{q}\Omega = 1 \tag{5.64}$$

即

$$\bar{q} = \frac{1}{\Omega} \tag{5.65}$$

又由于

$$\gamma = \frac{\tau}{G} = \frac{q}{Gt} \tag{5.66}$$

$$\bar{\tau} = \frac{\bar{q}}{t} \tag{5.67}$$

$$\mathrm{d}A = t\cdot\mathrm{d}s \tag{5.68}$$

于是

$$\bar{\varphi} = \oint \gamma\bar{\tau}\,\mathrm{d}s = \oint \frac{q}{Gt}\,\frac{1}{\Omega}\mathrm{d}s = \frac{1}{G\Omega}\oint \frac{q_Q + q_{0cr}}{t}\mathrm{d}s = 0 \tag{5.69}$$

式中，只有 q_{0cr} 是未知量。

变换上式，可得

$$q_{0cr}\left(\frac{2b}{\cos\alpha} + 4h\right) = -\oint q_Q\,\mathrm{d}s \tag{5.70}$$

即

$$q_{0cr}=\frac{2Q_yb^2\tan\alpha}{h^2(b+2h\cos\alpha)} \tag{5.71}$$

最后，对坐标原点取矩，由剪流对 P 点的力矩等于 Q_yx_{cr}，得到

$$x_{cr}=\frac{q_{0cr}\cdot bh}{Q_y}=\frac{2b^2}{h(b+2h\cos\alpha)}=\frac{b^2}{b+2h\cos\alpha} \tag{5.72}$$

设 $\alpha=8°$，$h=28\ 108$，将其代入 x_{cr} 的算式，得 x_{cr} 的值为

$$x_{cr}=0.642\ 389b \tag{5.73}$$

这时

$$q_{0cr}=0.321\ 19Q_y/h \tag{5.74}$$

例题 5-6　计算图 5.18 所示剖面在剪力 Q_y 作用下的剪流分布，并求该剖面的弯心位置。剖面上共有 5 根等距布置的纵向元件，面积均为 f，板厚均为 t，板和纵向元件材料相同。板只受剪切，不受正应力。

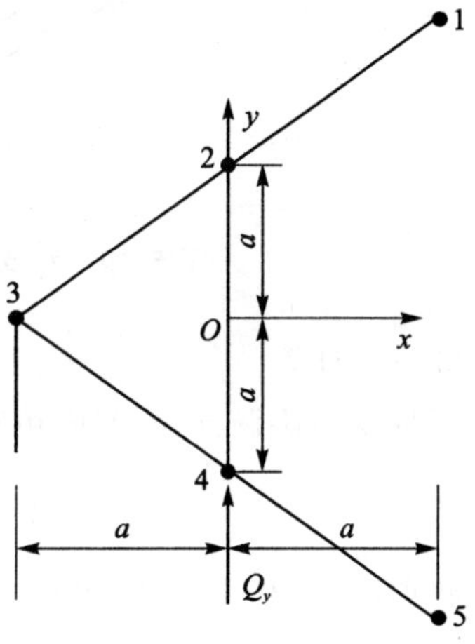

图 5.18　开闭室剖面

解　① 截面几何模量计算。

由于蒙皮和腹板不承受正应力，故只计算纵向加强件模量。板和纵向元件材料相同，则 $\phi=1$。剖面关于 x 轴对称，则

$$k=1,\quad \tilde{y}_i=y_i,\quad I_{Oxy}=I_{xy}=0$$

$$I_{Ox}=I_x=\sum\phi_iA_iy_i^2=10fa^2$$

且

$$\tilde{S}_{x,0\text{-}2}=0,\quad \tilde{S}_{x,1\text{-}2}=2fa,\quad \tilde{S}_{x,2\text{-}3}=3fa,\quad \tilde{S}_{x,3\text{-}4}=3fa$$

$$\tilde{S}_{x,0\text{-}4}=0,\quad \tilde{S}_{x,4\text{-}5}=2fa$$

② 剪流计算。

剪流 q_Q 的计算公式为

$$q_Q=-k\frac{Q_y}{I_{Ox}}\tilde{S}_x=-\frac{Q_y}{10fa^2}\tilde{S}_x$$

将广义静矩代入上式，可得

$$q_{Q,0\text{-}2}=0,\quad q_{Q,1\text{-}2}=-\frac{Q_y}{5a},\quad q_{Q,2\text{-}3}=-\frac{3Q_y}{10a},\quad q_{Q,3\text{-}4}=-\frac{3Q_y}{10a}$$

$$q_{Q,0\text{-}4}=0,\quad q_{Q,4\text{-}5}=-\frac{Q_y}{5a}$$

取节点 3 为矩心，由扭矩等价条件，得到

$$\oint q\rho\mathrm{d}s=\oint q_Q\rho\mathrm{d}s+q_0\Omega=Q_ya$$

上式求解，可得

$$q_0=\frac{Q_ya}{\Omega}=\frac{Q_y}{2a}$$

图 5.19 和图 5.20 分别示出了剪流 q_Q 和 q_0 的分布。

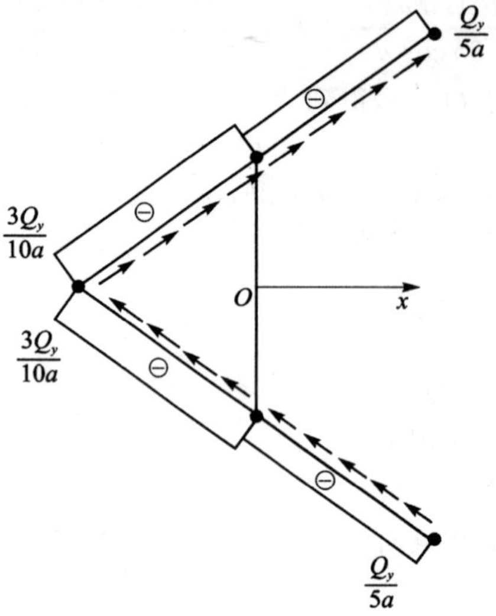

图 5.19　q_Q 分布

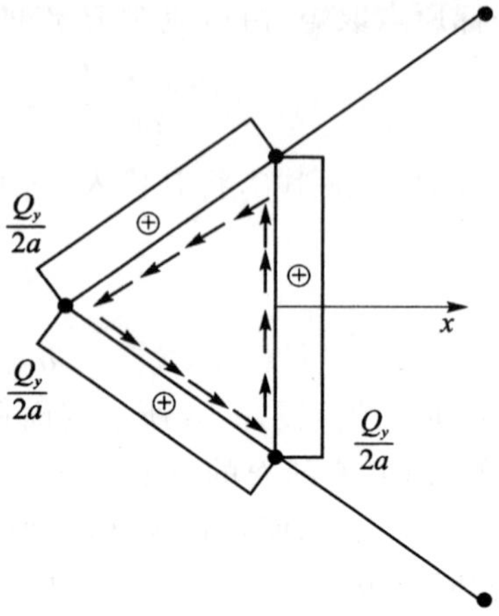

图 5.20　q_0 分布

③ q_{0cr} 计算。

根据变形协调方程，截面相对转角为 0，即

$$\bar{\varphi}=\oint\frac{q}{Gt}\frac{1}{\Omega}\mathrm{d}s=\frac{1}{Gt\Omega}\oint(q_Q+q_{0cr})\mathrm{d}s=0$$

将剪流 q_Q 代入上式，可得

$$2a\times q_{0cr}(1+\sqrt{2})-2a\sqrt{2}\left(\frac{Q_y}{5a}+\frac{3Q_y}{10a}\right)=0$$

于是

$$q_{0cr}=\frac{Q_y}{(2+\sqrt{2})a}=0.293\frac{Q_y}{a}$$

④ 剪心确定。

根据扭矩等价关系，对节点 3 取矩，可得

$$\oint q\rho\mathrm{d}s=\oint q_Q\rho\mathrm{d}s+q_{0cr}\Omega=Q_y x_{3,cr}$$

将剪流 q_Q 和 q_0 代入上式，则

$$x_{3,cr}=\frac{q_{0cr}\Omega}{Q_y}=\frac{2a^2}{(2+\sqrt{2})a}=\frac{2a}{2+\sqrt{2}}$$

故

$$x_{cr}=x_{3,cr}-a=\frac{2a}{2+\sqrt{2}}-\frac{2+\sqrt{2}}{2+\sqrt{2}}a=\frac{-\sqrt{2}a}{2+\sqrt{2}}=\frac{-a}{1+\sqrt{2}}=-0.414a$$

5.6　多闭室剖面剪流的计算

如图 5.21(a)所示的多闭室结构，在外力 Q_x、Q_y、M_z 作用下的剪流由 3 部分组成，即

$$q=q_Q+q_0+\sum_{i=1}^{n-1}x_i\bar{q}_i \tag{5.75}$$

式中，$\bar{q}_i$ 是自身平衡的单位广义剪流；x_i 是待求单位广义剪流的放大倍数。

闭室剪流计算是 $n-1$ 度静不定问题，具有 $n-1$ 个多余的约束。在上式中，$n-1$ 个 x_n 是多余未知力，不能通过平衡条件求解，必须借助于变形协调条件。

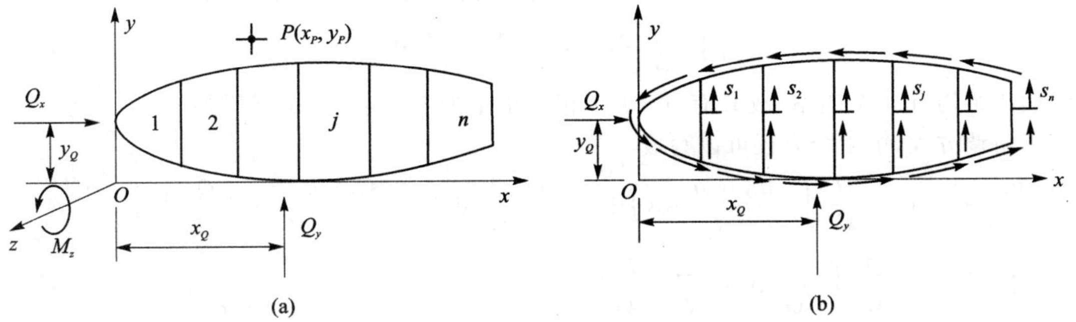

图 5.21　多闭室剖面

s 坐标的另一种选择如图 5.22 所示，等价的开剖面如图 5.23 所示。

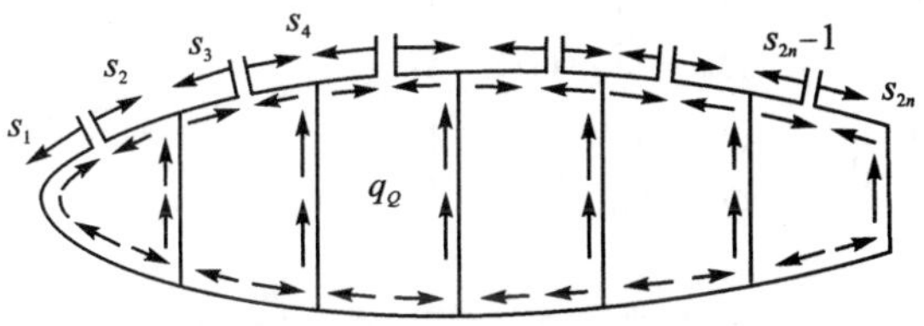

图 5.22　s 坐标的另一种选择

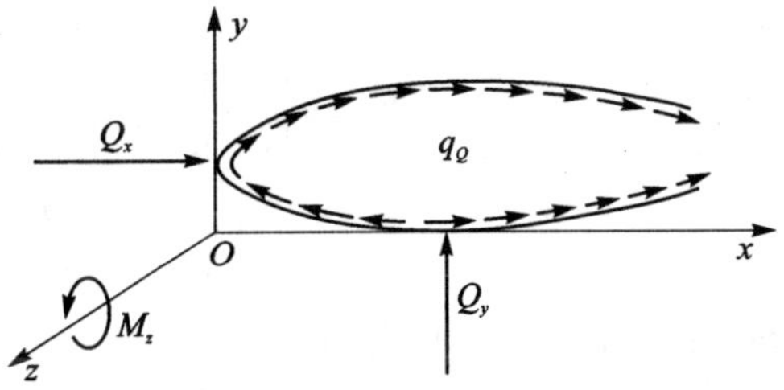

图 5.23　等价的开剖面

① 计算 q_Q。

将多闭室结构看成是以缺口形式打开的开剖面结构，则

$$q_Q=-k\left(\frac{Q_y}{I_{Ox}}\widetilde{S}_x+\frac{Q_x}{I_{Oy}}\widetilde{S}_y\right) \tag{5.76}$$

② 计算 q_0。

$$M_z-Q_y(x_P-x_Q)+Q_x(y_P-y_Q)=\oint q_Q\rho\,\mathrm{d}s+q_0\Omega \tag{5.77}$$

③ 计算 x_i。

单位载荷 $\bar{q}$ 是由作用在两个闭室的自平衡剪流组成的，即

$$\bar{q}_{11}\Omega_1+\bar{q}_{12}\Omega_2=0 \tag{5.78}$$

令 $\bar{q}_{11}=1$，则

$$\bar{q}_{12}=-\bar{q}_{11}\frac{\Omega_1}{\Omega_2}=-\frac{\Omega_1}{\Omega_2} \tag{5.79}$$

同理，对于单位状态〈j〉，单位力 $\bar{q}_j$，可表示为

$$\bar{q}_{jj}=1 \tag{5.80}$$

$$\bar{q}_{j,j+1}=-\frac{\Omega_j}{\Omega_{j+1}} \tag{5.81}$$

再由第1个闭室相对于第2个闭室转角为零的条件,可得

$$\bar{q}_{11}\oint_1 \frac{q}{Gt}\mathrm{d}s+\bar{q}_{12}\oint_2 \frac{q}{Gt}\mathrm{d}s=0 \tag{5.82}$$

同理,由 $\tilde{q}_j$ 可得第 j 个闭室相对于第 $j+1$ 个闭室的相对扭角为零的条件:

$$\bar{q}_{jj}\oint_j \frac{q}{Gt}\mathrm{d}s+\bar{q}_{j,j+1}\oint_{j+1} \frac{q}{Gt}\mathrm{d}s=0 \tag{5.83}$$

由于结构有 n 个闭室,故共有 $n-1$ 个相对扭角为零的条件,即可列出 $n-1$ 个方程。展开变形协调方程,第1个方程可以写成

$$\left(\oint_1 \frac{q_Q+q_0}{Gt}\mathrm{d}s-\frac{\Omega_1}{\Omega_2}\oint_2 \frac{q_Q+q_0}{Gt}\mathrm{d}s\right)+x_1\left[\oint_1 \frac{1}{Gt}\mathrm{d}s+2\frac{\Omega_1}{\Omega_2}\frac{h_{12}}{Gt}+\left(\frac{\Omega_1}{\Omega_2}\right)^2\oint_2 \frac{1}{Gt}\mathrm{d}s\right]+$$
$$x_2\left(-\frac{h_{12}}{Gt}-\frac{\Omega_1}{\Omega_2}\oint_2 \frac{1}{Gt}\mathrm{d}s-\frac{\Omega_2}{\Omega_3}\frac{h_{23}}{Gt}\right)=0 \tag{5.84}$$

式中,h_{12} 或 h_{23} 分别为闭室1和2或2和3之间腹板的高度。

上式又可简写成

$$x_1\delta_{11}+x_2\delta_{12}+\Delta_{1P}=0 \tag{5.85}$$

式中

$$\left.\begin{aligned}\delta_{11}&=\oint_1 \frac{1}{Gt}\mathrm{d}s+2\frac{\Omega_1}{\Omega_2}\frac{h_{12}}{Gt}+\left(\frac{\Omega_1}{\Omega_2}\right)^2\oint_2 \frac{1}{Gt}\mathrm{d}s\\ \delta_{12}&=-\left(\frac{h_{12}}{Gt}+\frac{\Omega_1}{\Omega_2}\oint_2 \frac{1}{Gt}\mathrm{d}s+\frac{\Omega_2}{\Omega_3}\frac{h_{23}}{Gt}\right)\end{aligned}\right\} \tag{5.86}$$

同理,第 j 个方程可以写成

$$x_{j-1}\delta_{jj-1}+x_j\delta_{jj}+x_{j+1}\delta_{jj+1}+\Delta_{jP}=0 \tag{5.87}$$

式中

$$\Delta_{jP}=\oint_j \frac{q_Q+q_0}{Gt}\mathrm{d}s-\frac{\Omega_j}{\Omega_{j+1}}\oint_{j+1} \frac{q_Q+q_0}{Gt}\mathrm{d}s \tag{5.88}$$

$$\delta_{jj-1}=-\left(\frac{h_{j-1j}}{Gt}+\frac{\Omega_{j-1}}{\Omega_j}\oint_{j+1} \frac{1}{Gt}\mathrm{d}s+\frac{\Omega_j}{\Omega_{j+1}}\frac{h_{jj+1}}{Gt}\right) \tag{5.89}$$

$$\delta_{jj}=\oint_j \frac{1}{Gt}\mathrm{d}s+2\frac{\Omega_j}{\Omega_{j+1}}\frac{h_{jj+1}}{Gt}+\left(\frac{\Omega_j}{\Omega_{j+1}}\right)^2\oint_{j+1} \frac{1}{Gt}\mathrm{d}s \tag{5.90}$$

$$\delta_{jj+1}=-\left(\frac{h_{jj+1}}{Gt}+\frac{\Omega_j}{\Omega_{j+1}}\oint_{j+1} \frac{1}{Gt}\mathrm{d}s+\frac{\Omega_{j+1}}{\Omega_{j+2}}\frac{h_{j+1j+2}}{Gt}\right) \tag{5.91}$$

于是,全部正则方程组可以写成

$$\left.\begin{aligned}&x_1\delta_{11}+x_2\delta_{12}+\Delta_{1P}=0\\&x_1\delta_{21}+x_2\delta_{22}+x_3\delta_{23}+\Delta_{2P}=0\\&\qquad\vdots\\&x_{j-1}\delta_{jj-1}+x_j\delta_{jj}+x_{j+1}\delta_{jj+1}+\Delta_{jP}=0\\&\qquad\vdots\\&x_{n-2}\delta_{n-1n-2}+x_{n-1}\delta_{n-1n-1}+x_n\delta_{n-1n}+\Delta_{n-1P}=0\\&x_{n-1}\delta_{n-1n}+x_n\delta_{nn}+\Delta_{nP}=0\end{aligned}\right\} \tag{5.92}$$

求解上述 $n-1$ 个正则方程组就可以得到 $x_1, x_2, \cdots, x_{n-1}$，从而用下式可得到整个多闭室剖面的剪流：

$$q = q_Q + q_0 + \sum x_i \bar{q}_i \tag{5.93}$$

注意上式的意义：q_Q 和 q_0 值只是保证了剖面上的剪流与外载荷的等价条件。$\bar{q}_i$ 的作用则是调整 q_Q 和 q_0 的分布，使其满足变形协调条件。

例题 5－7　计算例题 5－2 中的壳体剖面(如图 5.5 和图 5.24 所示)在剪力 Q_y 作用下的剪流。

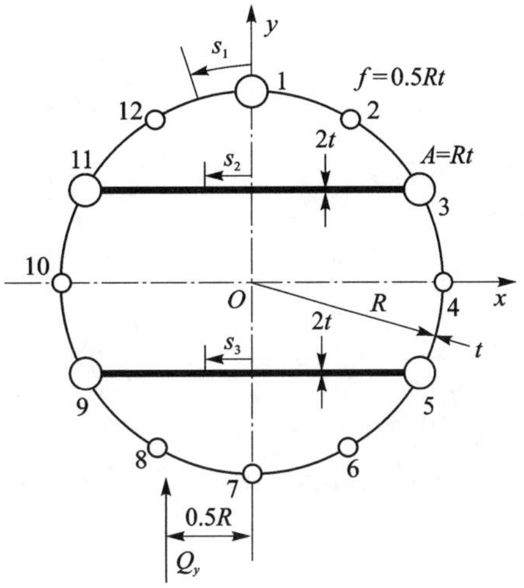

图 5.24　三闭室剖面

解　(1) 计算开剖面剪流 q_Q。

纵向元件 3、5、9、11 由钢制成，它们的面积和减缩系数分别为

$$A_i = Rt,\quad \phi_i = 3,\quad i = 3,5,9,11$$

其余的纵向元件面积和减缩系数分别为

$$A = 0.5Rt,\quad \phi = 1$$

蒙皮不受正应力，但壁板(厚度为 $2t$)可以承受正应力和剪流。由于剖面具有 2 个对称轴，所以

$$\tilde{x}_i = x_i\quad \tilde{y}_i = y_i,\quad I_{xy} = I_{Oxy} = 0,\quad k = 1$$

三闭室剖面剪流为

$$q = q_Q + q_0 + x_1\bar{q}_1 + x_2\bar{q}_2$$

式中

$$q_Q = -k\,\frac{Q_y}{I_x}\tilde{S}_x$$

① 计算 I_x。

$$I_x = \oint \phi y^2 t\,\mathrm{d}s + \sum_j \phi_j A_j y_j^2$$

$$I_x = I_{x\mathrm{p}} + I_{x\mathrm{b}} + I_{x\mathrm{s}}$$

$$I_{x\mathrm{p}} = (\sqrt{3}R \cdot 2t) \cdot (0.5 \cdot R)^2 \cdot (2) = \sqrt{3}R^3 t$$

$$I_{x\mathrm{b}} = \oint \phi y^2 t'\,\mathrm{d}s + \sum_j \phi_j A_j y_j^2 = 3 \cdot (Rt) \cdot (0.5R)^2 \cdot 4 = 3R^3 t$$

$$I_{x\mathrm{s}} = (0.5Rt) \cdot R^2 \cdot 2 + (6.5Rt) \cdot \left(\frac{\sqrt{3}}{2}R\right)^2 \cdot 4 = \frac{5}{2}R^3 t$$

故

$$I_x = \sqrt{3}R^3 t + 3R^3 t + \frac{5}{2}R^3 t = (5.5 + \sqrt{3})R^3 t = 7.232R^3 t$$

② 计算 S_x。

$$S_x = \oint \phi y t\,\mathrm{d}s + \sum_j \phi_j A_j y_j$$

1－12 段：

$$\widetilde{S}_{x1\text{-}12}=\frac{A}{2}R=0.25R^2t$$

$$q_{Q1\text{-}12}=-R\frac{Q_j}{I_x}\widetilde{S}_{x1\text{-}12}=\frac{-0.25R^2t}{7.232R^3t}Q_y=-0.0346\frac{Q_y}{R}$$

12－11 段：

$$\widetilde{S}_{x12\text{-}11}=\widetilde{S}_{x1\text{-}12}+A_{12}\cdot R\cdot\sin 60°=0.683R^2t$$

$$q_{Q12\text{-}11}=-0.0944\frac{Q_y}{R}$$

11－A 段：

$$\widetilde{S}_{x11\text{-}A(11)}=\int_0^{\frac{\sqrt{3}}{2}}2t\cdot\frac{R}{2}\mathrm{d}s_2=tR\left(\frac{\sqrt{3}}{2}R-0\right)=\frac{\sqrt{3}}{2}R^2t=0.866R^2t$$

$$q_{Q11\text{-}A}=-k\frac{Q_y}{I_x}\widetilde{S}_x=-\frac{Q_y}{7.232R^3t}\cdot tRS_2=-\frac{Q_y\cdot S_2}{7.232R^2}$$

11－10 段：

$$\widetilde{S}_{x11\text{-}10}=\widetilde{S}_{x12\text{-}11}+\widetilde{S}_{x11\text{-}A(11)}+3A\cdot 0.5R=0.683R^2t+0.866R^2t+1.5R^2t=3.049R^2t$$

$$q_{Q11\text{-}10}=-k\frac{Q_y}{I_x}\widetilde{S}_x=-\frac{Q_y}{7.232R^3t}\cdot 3.049R^2t=0.421\frac{Q_y}{R}$$

$\widetilde{S}_x$ 的分布对 x 轴对称，对 y 轴反对称(如图 5.25 所示)，在图 5.22 中注明的是 q_Q 的值。$\bar{q}_Q$ 的定义为

$$\bar{q}_Q=q_Q\frac{R}{Q_y}$$

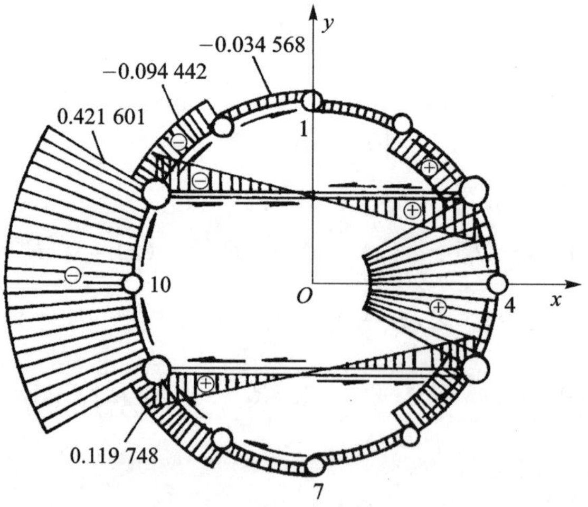

图 5.25　$\bar{q}_Q$ 的分布

(2) 计算单闭室剪流 q_0。

由力矩等价条件，得到

$$q_0\Omega+\oint\rho q_Q\,\mathrm{d}s=-Q_y\frac{R}{2}$$

选原点取矩，则

$$\oint\rho q_Q\,\mathrm{d}s=0$$

于是

$$q_0\Omega=-Q_y\frac{R}{2}$$

即

$$q_0=-\frac{Q_y}{4\pi R}=-0.079\ 577\frac{Q_y}{R}=\bar{q}_0\frac{Q_y}{R}$$

式中，$\Omega=2\pi R^2$。q_0 沿剖面周线作用（如图 5.26 所示）。

(3) 计算自身平衡剪流 $x_1\bar{q}_1$、$x_2\bar{q}_2$。

选取自身平衡的单位剪流状态〈1〉和〈2〉分别如图 5.27(a)和图 5.27(b)所示。由图 5.27 可以看出，剪流单位状态〈1〉和〈2〉对于 y 轴都是反对称的，但 q_Q 对于 y 轴则是对称的，因此，在正则方程系数的计算中，所有 $\bar{q}_i$ 和 q_Q 乘积的积分项都等于零。此外，无论是剪力 Q_y，还是 Q_y 对 z 轴的力矩 $-Q_yR/2$，它们对 x 轴又都是反对称的，再加上等价的剪流中 q_Q 和 q_0 对 x 轴也是反对称的，所以，$\bar{q}_1$ 和 $\bar{q}_2$ 必定也是反对称的，这样 2 个未知量就减少成 1 个，对应的单位状态〈1〉如图 5.28 所示。因此，正则方程可以简单地写成

$$x_1\delta_{11}+\Delta_{1P}=0$$

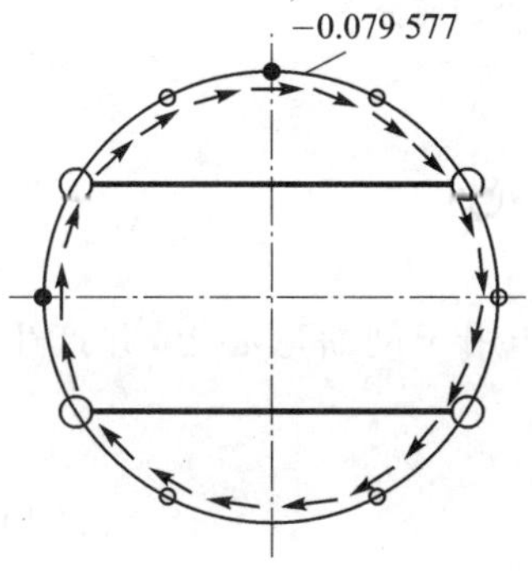

图 5.26　q_0 分布

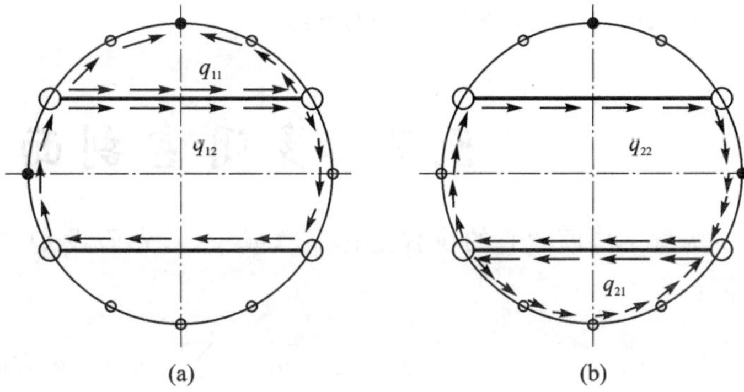

图 5.27　单位状态〈1〉和〈2〉

式中

$$\Delta_{1P}=\frac{Q_y}{G}\left(-0.079\ 577\frac{4\pi}{3t}+0.642\ 04\times0.079\ 577\frac{2\pi}{3t}\right)=-0.226\ 33\frac{Q_y}{Gt}$$

$$\delta_{11}=\left[\frac{(0.642\ 04)^2}{Gt}\frac{2\pi}{3}+\frac{(1)^2}{Gt}\frac{4\pi}{3}+\frac{(1.642\ 04)^2}{2Gt}\times1.732\ 05\times2\right]=0.722\ 27\frac{R}{Gt}$$

解正则方程，得

$$x_1=0.023\ 279\frac{Q_y}{R}$$

于是

$$q = q_Q + q_0 + x_1 \bar{q}_1 = \bar{q}\ \frac{Q_y}{R}$$

式中

$$\bar{q} = \frac{qR}{Q_y}$$

最后的剪流分布如图 5.29 所示。图 5.29 中的数字表明 $\bar{q}$ 值的大小，$\bar{q}$ 是无因次量。

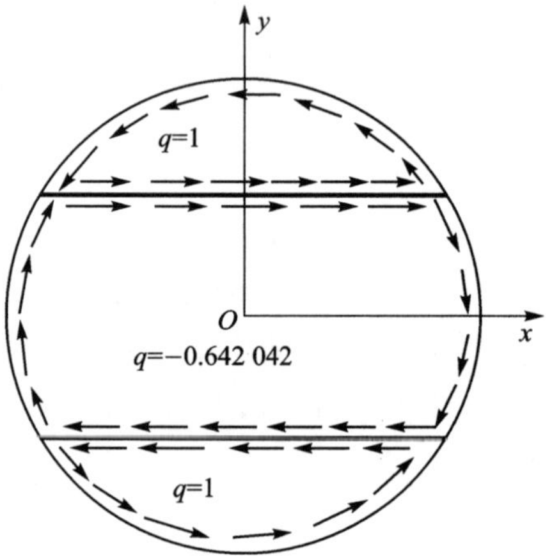

图 5.28　考虑对称条件后的单位状态

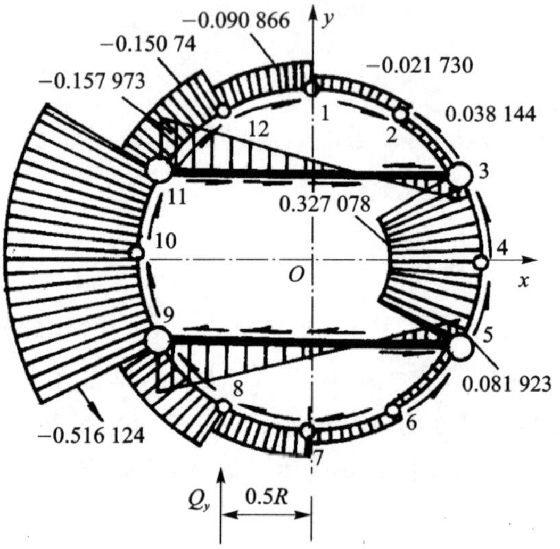

图 5.29　$\bar{q}$ 沿剖面分布

5.7　多闭室剖面的弯心

为确定剖面弯心的位置坐标 x_{cr}（或 y_{cr}），先假设 Q_y（或 Q_x）作用于剖面弯心上，并产生剪流：

$$q = q_Q + q_0 + \sum_{i=1}^{n-1} x_i \bar{q}_i ,\quad n\ \text{为闭室数目} \tag{5.94}$$

式中，$q_Q = -k\ \dfrac{Q_y}{I_{ox}} \bar{S}_x$，与 x_{cr} 无关；另一部分剪流 $\bar{q}_i$ 自身平衡，对剪流与外力的力矩平衡不起作用，则扭矩的静力等价方程可写为

$$q_0 \Omega + \oint q_Q \rho \mathrm{d}s = Q_y (x_p - x_{cr}) \tag{5.95}$$

计算 q_0，并由协调条件求解 $x_1, \cdots, x_{n-1}$，即

$$\left.\begin{aligned}
&x_1 \delta_{11} + x_2 \delta_{12} + \cdots + x_{n-1} \delta_{1n-1} + \Delta_{1P} = 0 \\
&x_1 \delta_{21} + x_2 \delta_{22} + x_3 \delta_{23} + \cdots + x_{n-1} \delta_{2n-1} + \Delta_{2P} = 0 \\
&\qquad\vdots \\
&x_1 \delta_{n-11} + x_2 \delta_{n-12} + x_3 \delta_{n-13} + \cdots + x_{n-1} \delta_{n-1n-1} + \Delta_{n-1P} = 0
\end{aligned}\right\} \tag{5.96}$$

式中

$$\left.\begin{aligned}\delta_{ij}&=\oint\frac{\bar{q}_i\bar{q}_j}{Gt}\mathrm{d}s\\ \Delta_{iP}&=\oint\frac{\bar{q}_i(q_0+q_Q)}{Gt}\mathrm{d}s\end{aligned}\right\}\tag{5.97}$$

由于 q_0 和 $x_1,\cdots,x_{n-1}$ 中均包含未知量 x_{cr}，则由扭角为零的条件可列方程：

$$\varphi_j=\frac{1}{\Omega_j}\oint_j\frac{q}{Gt}\mathrm{d}s=0\tag{5.98}$$

从而解出 x_{cr}，确定弯心位置。

习　　题

5-1　图 5-1 所示壳体的剖面，由蒙皮和长桁组成，材料相同，都是铝合金。在外载荷作用下，长桁传递正应力；蒙皮传递剪应力，但不能传递正应力。试计算 I_x、I_y。蒙皮的厚度为 t，长桁的剖面面积为 A_s，剖面周缘的半径为 R，且 $A_s=1.5Rt$。

5-2　计算图 5-2 所示剖面的惯性矩 I_{Ox}、I_{Oy} 及 I_{Oxy}。假设蒙皮和腹板不受正应力。缘条 1、2 用钢材制造，其余的长桁 3、4、5、6 则用铝合金做成。$E_s/E_{al}=3$。蒙皮与腹板厚度为 t，缘条面积 $A_1=A_2=3Rt$，长桁面积 $A_s=1.5Rt$。

5-3　计算图 5-3 所示 Z 形剖面在剪力 Q_y 作用下的剪流分布。剖面上的板不承受正应力，纵向元件的剖面面积均为 A，材料相同。其余数据如图 5-3 所示。

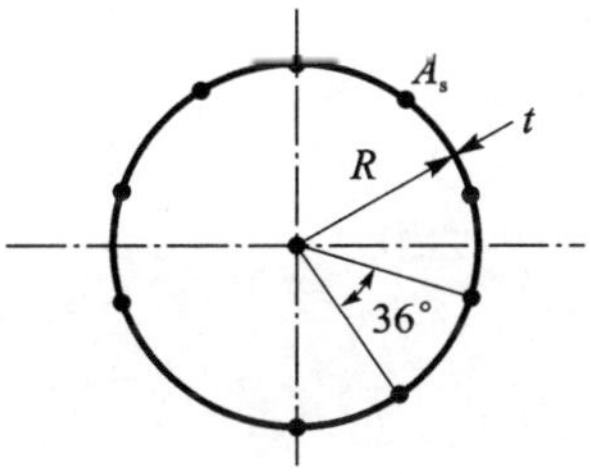

图 5-1　习题 5-1 用图

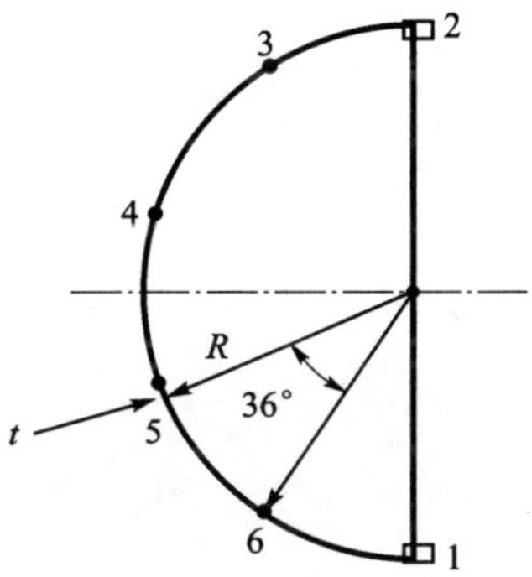

图 5-2　习题 5-2 用图

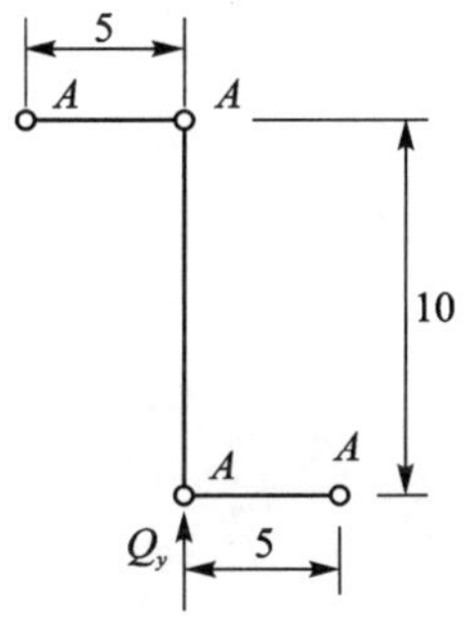

图 5-3　习题 5-3 用图

5-4　计算图 5-4 所示单闭室剖面在外力 Q_y 作用下的弯曲剪流，并计算剖面的弯心位置。剖面上共有 10 根等距布置的纵向元件，面积均为 $A=Rt$。板的厚度均为 t，板和杆的材料相同，$b=4R$。板只受剪切，不受正应力。

5-5　计算图 5-5 所示剖面在剪力 Q_y 作用下的剪流分布，并求该剖面的弯心位置。设板不受正应力，板厚均为 t，缘条面积均为 f。

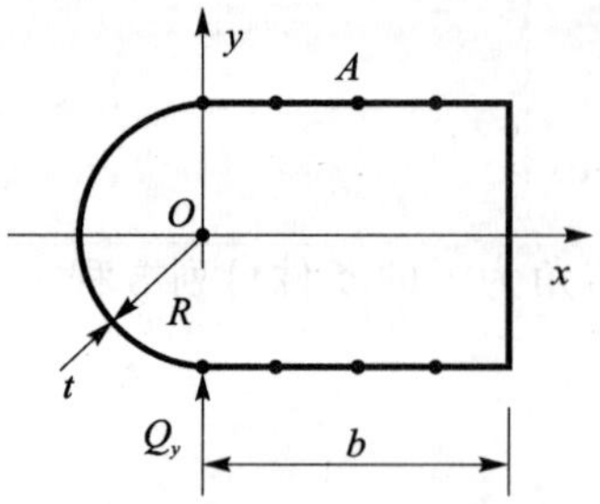

图 5-4　习题 5-4 用图

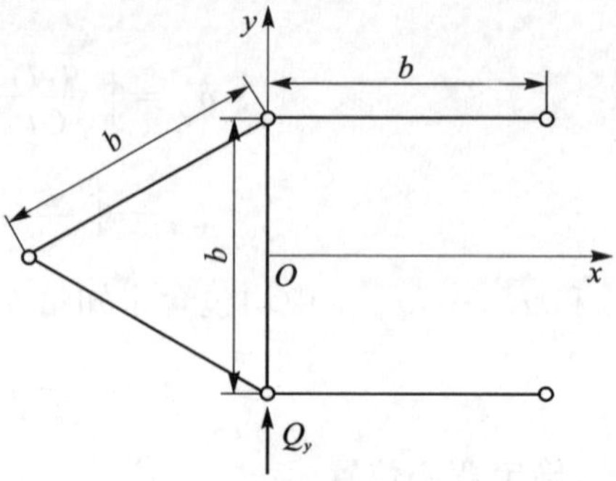

图 5-5　习题 5-5 用图

第 6 章　板杆组合型加筋薄壁结构的计算

6.1　加筋薄壁结构的理想化

工程梁理论在处理某些问题时会产生一定的误差，这种理论所产生的误差是由“平剖面假设”造成的，也就是说，实际结构变形很多情况下不能满足“平剖面假设”这一要求，因此，有必要对板和杆的相互作用做进一步分析。

根据材料力学知识可知，工程梁理论由于采用了平剖面假设而使它的适用范围受到限制。例如，梁的最大弯曲挠度 $w_{\max}$ 应比梁剖面的高度 h 小得多，即 $w_{\max} \ll h$。如果 $w_{\max}=0.1h$，则按工程梁理论计算所得的挠度相对误差约为 3%；如果 $w_{\max}=0.2h$，则相对误差将迅速上升至 10%。另外，梁的长度 l 必须比梁的剖面高度大得多，即 $l \gg h$。如果 $l=10h$，则弯曲挠度、屈曲载荷和振动频率的相对计算误差为 3%，弯曲应力的相对计算误差为 0.3%。当 $l=5h$ 时，前面三者的相对计算误差上升为 10%，而弯曲应力的相对误差则为 1%。

同时，平剖面假设隐含着梁截面上的剪应变(力)很小或趋近于零。在剪应变显著的情况下(如在薄壁结构中那样)，按工程梁理论计算就会带来较大误差，特别是应力的误差。

工程梁理论的应用限制远不止于此，按照工程梁理论，将飞机机翼或机身壳体看成一根空心的梁，计算它在剪力、弯矩和扭矩作用下的正应力和剪应力，有时与机翼静力试验的应变测量数据不符，特别是在结构不连续处和固定端附近，两者之间的差别尤其显著；机身的静力试验结果也出现类似的现象，但明显的差别主要发生在作用有较大横向集中剪力的横向加强件(如隔框)附近。加强件的刚度愈小，差别就愈大。随着逐渐远离集中载荷作用处，差别也就逐渐消失。此外，在机身的结构不连续处，同样存在这类现象。为什么会出现这种差异呢？研究结果表明，这是由于金属薄壁结构中互相连接在一起的壳壁和长桁，在载荷作用下发生的剪切和拉伸变形互相制约的结果。此类板的剪切变形和杆的拉伸变形相互制约的效应称为“剪滞效应”。

因此，对于这些不适用工程梁理论的情况，有必要推导新的分析理论和方法，以便更准确地确定应力和位移，或者用以对工程梁理论计算的结果进行修正，以减小误差。为建立比工程梁理论更精确的计算方法，仍然需要事先做出相应的假设：

① 认为正应力和剪应力沿壁厚方向的分布是均匀的、没有变化的。这是因为壳体的壁厚比壳体横剖面的尺寸要小得多。

② 在长桁和缘条的横剖面积比壳体横剖面积小很多的情况下，当计算壳体的惯性矩时，可忽略长桁和缘条自身的惯性矩。

③ 若壳体的横剖面形状和尺度沿纵向的变化甚小，则可以忽略这种变化对应力的影响。

④ 壳体的壁(板)只承受并传递剪力，长桁和缘条只承受和传递轴力。如果壳体中没有纵向长桁和缘条或横向加强件，则所缺的这部分加强件的承力和传力功能就由薄壁(板)兼负。

基于上述假设，飞行器薄壁结构通常简化处理为板杆结构，即由不受正应力的板(只承受剪应力)和只承受正应力的杆构成的简化结构。由于板只受剪应力,这种模型大大简化了分析计算过程。

6.2 杆和板的相互作用

一般的剪滞问题可以用图 6.1 所示的平面薄壁结构在一对集中力 P 作用下的受力和传力过程说明。平面薄壁结构由长桁、缘条和受剪板组成。为简单起见,设缘条和长桁都是等剖面,它们的横剖面积分别用 A_f 和 A_s 表示;受剪板是等厚度的,厚度为 t。在两侧的缘条与中央的长桁之间用横向排列很密的加强件(杆)加强,而且假设横向加强件的拉压刚度为无限大;换句话说,如果考虑结构的变形能,则它们的变形能为零,因为它们不产生变形。结构左右对称,一端固定,一端自由,在自由端受到集中力 P 的作用。

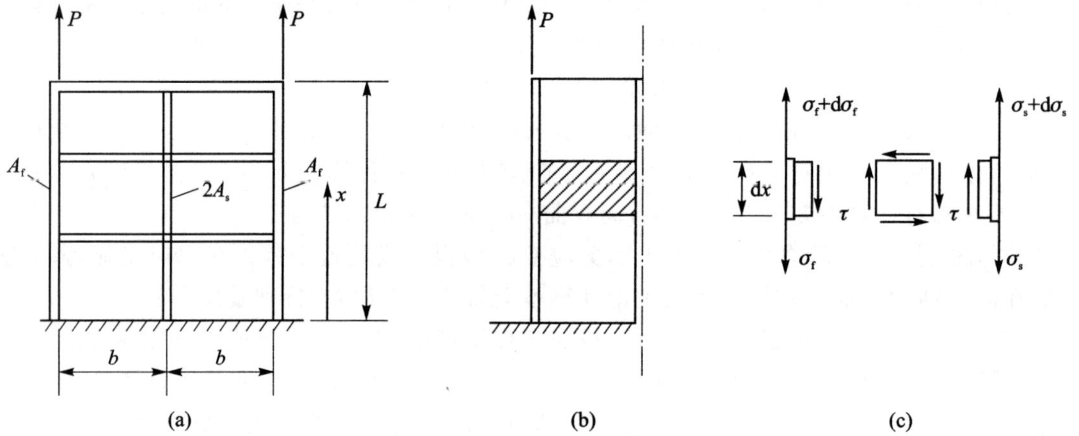

图 6.1　等截面的平面加筋板

从图 6.1(a)所示平面薄壁结构中取出高为 $\mathrm{d}x$ 的横向微条(如图 6.1(b)中的阴影部分所示),由于结构和载荷的对称性,仅需分析它的左半部分。将图 6.1(b)中微横条进一步分离为缘条、受剪板和一半长桁(如图 6.1(c)所示)。缘条的横剖面积仍为 A_f,但长桁的横剖面积只是原来的一半,即 A_s 取拉伸正应力为正,剪应力的正方向是由它与正值的正应力 σ_f 的平衡关系确定的(如图 6.1(c)所示)。由图 6.1(c)所示自由体的平衡条件,可得出下列方程:

$$A_f \mathrm{d}\sigma_f = \tau t \mathrm{d}x = -A_s \mathrm{d}\sigma_s \tag{6.1}$$

或者

$$\left.\begin{aligned} \frac{\mathrm{d}\sigma_f}{\mathrm{d}x} &= \frac{\tau t}{A_f} \\ \frac{\mathrm{d}\sigma_s}{\mathrm{d}x} &= -\frac{\tau t}{A_s} \end{aligned}\right\} \tag{6.2}$$

根据变形连续条件,坐标 x 处的剪应变 γ 可表示为

$$\gamma = \frac{u_f - u_s}{b} \tag{6.3}$$

式中,u 表示沿 x 方向的线位移,下标 f 和 s 分别代表缘条和长桁;b 为缘条与长桁之间的距离。

上式可用微分形式表示，即

$$d\gamma = \frac{du_f - du_s}{b} \tag{6.4}$$

缘条的正应变 ε_f 和长桁的正应变 ε_s 与位移 u_f 和 u_s 之间存在下列关系：

$$\left.\begin{aligned} \varepsilon_f &= \frac{du_f}{dx} \\ \varepsilon_s &= \frac{du_s}{dx} \end{aligned}\right\} \tag{6.5}$$

或者

$$\begin{aligned} du_f &= \varepsilon_f dx \\ du_s &= \varepsilon_s dx \end{aligned} \tag{6.6}$$

将式(6.6)代入式(6.4)，则剪应变微分表达式可变为

$$d\gamma = \frac{\sigma_f - \sigma_s}{Eb} dx \tag{6.7}$$

由此不难得到增量剪应力为

$$d\tau = G d\gamma = \frac{G}{Eb}(\sigma_f - \sigma_s) dx \tag{6.8}$$

对式(6.8)再次微分，并结合前面的 $d\sigma_f/dx$ 和 $d\sigma_s/dx$ 与 τ 的关系式，可以得到如图 6.1(a)所示剪滞(shear lag)问题的基本微分方程(控制方程)：

$$\frac{d^2\tau}{dx^2} - \frac{Gt}{Eb}\left(\frac{1}{A_f} + \frac{1}{A_s}\right)\tau = 0 \tag{6.9}$$

或者

$$\frac{d^2\tau}{dx^2} - K^2\tau = 0 \tag{6.10}$$

式中

$$K = \frac{Gt}{Eb}\left(\frac{1}{A_f} + \frac{1}{A_s}\right) = \frac{Gt}{Eb}\,\frac{A_T}{A_f A_s} \tag{6.11}$$

式中，K 称为剪滞系数；$A_T = A_f + A_s$ 是缘条和(一半)长桁的总面积。

在剪滞问题中，剪滞系数是十分重要的基本参数，它反映了板的剪切刚度相对于杆的拉压刚度的大小，因而反映了剪切在传力过程中所起作用的大小。剪滞问题的基本微分方程(6.10)的解为

$$\tau = C_1 \cosh Kx + C_2 \sinh Kx \tag{6.12}$$

于是

$$\frac{d\tau}{dx} = C_1 K \sinh Kx + C_2 K \cosh Kx \tag{6.13}$$

为了确定积分常数 C_1 和 C_2，需要给出两个边界条件，即

$$u_f\Big|_{x=0} = u_s\Big|_{x=0} = 0 \tag{6.14}$$

$$\left.\begin{aligned} \sigma_f\Big|_{x=L} &= \frac{P}{A_f} \\ \sigma_s\Big|_{x=L} &= 0 \end{aligned}\right\} \tag{6.15}$$

因此，由 $x=0$ 处边界条件(6.14)，得到

$$\tau=0 \tag{6.16}$$

即

$$C_1=0 \tag{6.17}$$

于是，剪应力的解可写成

$$\tau=C_2\sinh Kx \tag{6.18}$$

和

$$\frac{\mathrm{d}\tau}{\mathrm{d}x}=C_2K\cosh Kx=\frac{G}{Eb}(\sigma_{\mathrm{f}}-\sigma_{\mathrm{s}}) \tag{6.19}$$

将上式代入 $x=L$ 处的边界条件(6.15)，获得

$$\frac{\mathrm{d}\tau}{\mathrm{d}x}=\frac{G}{Eb}\frac{P}{A_{\mathrm{f}}}=\frac{K^2PA_{\mathrm{s}}}{tA_{\mathrm{T}}}=C_2K\cosh KL \tag{6.20}$$

由上式，导出

$$C_2=\frac{KPA_{\mathrm{s}}}{tA_{\mathrm{T}}}\frac{1}{\cosh KL} \tag{6.21}$$

于是，剪应力的解可变为

$$\tau=\frac{KPA_{\mathrm{s}}}{tA_{\mathrm{T}}}\frac{\sinh Kx}{\cosh KL} \tag{6.22}$$

再由前面的 $\mathrm{d}\sigma_{\mathrm{f}}/\mathrm{d}x$ 和 $\mathrm{d}\sigma_{\mathrm{s}}/\mathrm{d}x$ 与 τ 的关系式(6.2)，可导出

$$\sigma_{\mathrm{f}}=\frac{P}{A_{\mathrm{T}}}\left(1+\frac{A_{\mathrm{s}}}{A_{\mathrm{f}}}\frac{\cosh Kx}{\cosh KL}\right) \tag{6.23}$$

$$\sigma_{\mathrm{s}}=\frac{P}{A_{\mathrm{T}}}\left(1-\frac{\cosh Kx}{\cosh KL}\right) \tag{6.24}$$

σ_{f} 和 σ_{s} 沿 x 轴的变化如图 6.2 所示，在固定端处，$x=0$，则

$$\sigma_{\mathrm{f}}=\frac{P}{A_{\mathrm{T}}}\left(1+\frac{A_{\mathrm{s}}}{A_{\mathrm{f}}}\frac{1}{\cosh KL}\right) \tag{6.25}$$

$$\sigma_{\mathrm{s}}=\frac{P}{A_{\mathrm{T}}}\left(1-\frac{1}{\cosh KL}\right) \tag{6.26}$$

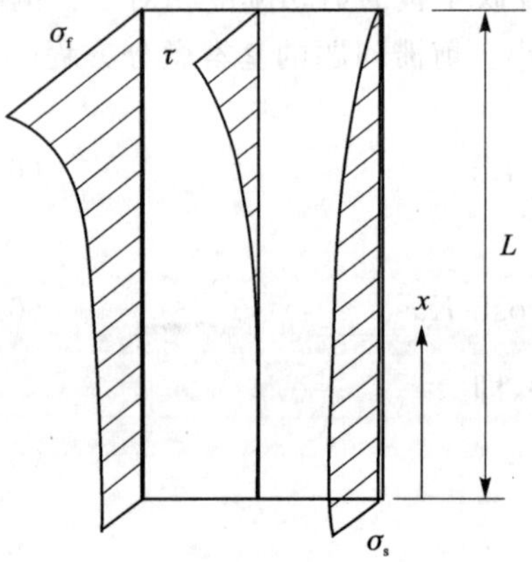

图 6.2　平面薄壁结构应力分布

从图 6.1 和图 6.2 可以看出，在加筋板的顶端，集中力 P 是由缘条单独承担的，长桁并没有参与受力。缘条受力后要伸长，这时，受剪板就要产生剪切变形，从而产生剪应力。由于剪应力，长桁就开始参与受力。缘条的拉伸刚度愈小，它的拉伸变形和板的剪切变形就愈大。板的剪切刚度愈大，相应的剪应力就愈大，长桁参与受力也就愈快，这就是加筋板受力与传力过程的定性说明，以下再做进一步的定量分析。

如果 KL 的值很大(就是说，或者板的长度 L 很大，或者 K 的值很大，或者两者都大)，这时，上面两个等式右端括号中第 2 项的值很小，于是，在 $x=0$

处，σ_f 和 σ_s 几乎相等。由图 6.2 可以看出，缘条的最大正应力 $\sigma_{f\max}$ 和板的最大剪应力 $\tau_{\max}$ 都发生在平面薄壁结构的顶部，最大剪应力为

$$\tau_{\max} = \frac{KPA_s}{tA_T} \frac{\sinh KL}{\cosh KL} \tag{6.27}$$

如果剪滞系数 K 很大，则 $\tanh KL \approx 1$，$\tau_{\max}$ 与 K 成正比，它的值也就很大，但是

$$\frac{d\tau}{dx} = \frac{PK^2A_s}{tA_T} \frac{\cosh Kx}{\cosh KL} \tag{6.28}$$

的值与 K^2 成正比，在 $x=L$ 处，同样达到最大值。当 K 的值很大时，$d\tau/dx$ 随 x 的减小而迅速衰减，说明在很短的长度内受剪板就可完成将缘条中的力传递给长桁，而使长桁与缘条共同承力的过程。

如果把 x 坐标的原点放在加筋板的顶部，朝向固定端的方向作为 x 的正方向，则上面的应力表达式变为

$$\tau = \frac{KPA_s}{tA_T} e^{-Kx} \tag{6.29}$$

$$\sigma_f = \frac{P}{A_T}\left(1 + \frac{A_s}{A_f} e^{-Kx}\right) \tag{6.30}$$

$$\sigma_s = \frac{P}{A_T}(1 - e^{-Kx}) \tag{6.31}$$

且边界条件为

$$\tau\Big|_{x=0} = \tau_{\max} \tag{6.32}$$

$$\sigma_f\Big|_{x=0} = \frac{P}{A_f} \tag{6.33}$$

$$\sigma_s\Big|_{x=L} = \sigma_{s\max} \tag{6.34}$$

从上述公式可以看出，如果 K 的值很大，则 τ 和 σ_f 随 x 的增加而很快衰减，而 σ_s 则迅速增大，接近于平均应力 P/A_T。这意味着集中载荷 P 在离作用点很短的距离内就通过板的剪应力很快传给长桁，使长桁和缘条共同承受和传递载荷 P 到支承点（$x=L$ 处的固定端）；反之，K 愈小，则力的扩散和传递过程也就愈慢。

采用 $\tau_{\max}$ 的表达式可以计算最大剪应力 $\tau_{\max}$ 的值，而采用 σ_f 和 σ_s 的表达式则可以估计需要经过多少距离才能使缘条和长桁均匀受力，即 $\sigma_f = \sigma_s = P/A_T$。采用 L_{eq} 表示这段距离，并定义 L_{eq} 为 $\sigma_s = 0.95P/A_T$ 时的长度，称 L_{eq} 为参与长度（达到充分参与受力所需的长度）。因此，由 σ_s 的表达式，得到

$$\sigma_s = 0.95\frac{P}{A_T} = \frac{P}{A_T}(1 - e^{-KL_{eq}}) \tag{6.35}$$

即

$$e^{-KL_{eq}} = 0.05 \tag{6.36}$$

或

$$L_{eq} = \frac{2.996}{K} = 2.996\sqrt{\frac{E}{G}\frac{b}{t}\frac{A_fA_s}{A_T}} \tag{6.37}$$

对于铝合金，$E/G = 2.6$。若令 $A_T = 5A_s$ 及 $A_f = 2bt$，则

$$L_{eq} = 3.055\,33b \approx 3b \tag{6.38}$$

即在 3 倍宽度的距离之后，长桁与缘条即可共同均匀地受力。如果把板的厚度增加 1 倍，而其余参数不变，即 $A_f = bt$，则

$$L_{eq} = 2.16b \tag{6.39}$$

大约在经过 2 倍宽度的距离之后，缘条和长桁就可以均匀地共同参与受力。由此可见，剪滞系数 K 愈大，参与长度就愈短。

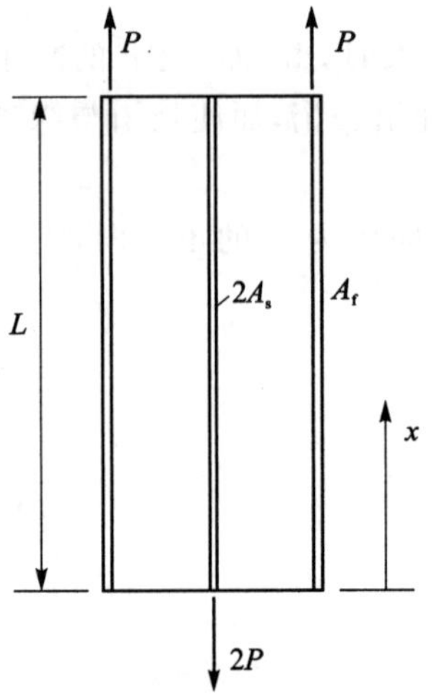

图 6.3　两端自由的加筋板

若加筋板的两端均自由，在一端的两缘条上各作用集中力 P，而在另一自由端处则仅在长桁上作用集中力 $2P$（如图 6.3 所示），其余参数均与图 6.1 中的相同。此时，力的扩散和传递过程就更加清楚了，它显示了作用在缘条一端的两个集中力 P 通过板的剪切传递给长桁，最终由长桁在另一端将两个集中力 P 全部传走。也可以反过来看，作用在长桁一端的集中力 $2P$，通过板的剪切扩散给长桁两侧的缘条，并在另一端全部由缘条传走。由于结构参数与图 6.1 中的完全相同，只是边界条件不同，于是，前面的剪滞效应基本微分方程及其解仍然适用，即

$$\tau = C_1 \cosh Kx + C_2 \sinh Kx \tag{6.40}$$

$$\frac{d\tau}{dx} = K(C_1 \sinh Kx + C_2 \cosh Kx) \tag{6.41}$$

边界条件为

$$\left.\begin{aligned} \sigma_s \big|_{x=0} &= \frac{P}{A_s} \\ \sigma_f \big|_{x=0} &= 0 \end{aligned}\right\} \tag{6.42}$$

$$\left.\begin{aligned} \sigma_f \big|_{x=L} &= \frac{P}{A_f} \\ \sigma_s \big|_{x=L} &= 0 \end{aligned}\right\} \tag{6.43}$$

由第 1 个边界条件(6.42)及式(6.8)，可得

$$\left.\frac{d\tau}{dx}\right|_{x=0} = -\frac{PG}{EbA_s} = KC_2 \tag{6.44}$$

即

$$C_2 = -\frac{PG}{KEbA_s} = -\frac{KPA_f}{tA_T} \tag{6.45}$$

同理，由第 2 个边界条件(6.43)，可得

$$\left.\frac{d\tau}{dx}\right|_{x=L} = \frac{PG}{EbA_s} = K(C_1 \sinh KL - C_2 \cosh KL) \tag{6.46}$$

即

$$C_1 = \frac{PK}{tA_T \sinh KL}(A_s + A_f \cosh KL) \tag{6.47}$$

于是

$$\tau = \frac{PK}{tA_T \sinh KL}[A_s \cosh Kx + A_f \cosh K(L-x)] \tag{6.48}$$

$$\sigma_f = \frac{P}{A_f A_T \sinh KL}[A_s \sinh Kx + A_f \sinh KL - A_f \sinh K(L-x)] \tag{6.49}$$

$$\sigma_s = \frac{P}{A_f A_T \sinh KL}[A_s \sinh KL - A_s \sinh Kx + A_f \sinh K(L-x)] \tag{6.50}$$

6.3　受剪板杆式薄壁结构的计算

上节内容清楚地阐述了薄壁结构受剪板和拉压杆之间的剪滞效应，以及力的扩散和传力机理，但是，导出的应力公式比较复杂，不易工程实际使用，因此，需要通过一定的简化，建立更实用的计算公式和方法。为此，采用如下基本假设：① 力作用在结构节点上；② 杆只承受轴力；③ 板只受剪应力，且板边的剪流大小不变。基于上述假设，可以对板进行受力分析。

1. 三角形板

将平面三角形板杆结构分离，三角形板和杆的受力情况如图 6.4 所示。取点 1 为矩心，则由三角形板的力矩平衡条件，可得

$$q_{23} \cdot l_{23} \cdot h_{23} = 0 \tag{6.51}$$

即

$$q_{23} = 0 \tag{6.52}$$

同样地，分别对点 2 和点 3 取矩，由三角形板的力矩平衡条件，可分别得到

$$q_{12} = q_{31} = 0 \tag{6.53}$$

实际上，平面三角形板杆结构的三根杆组成的三角形结构是几何不变的，故板的受力很小。

2. 长方形板

长方形板受力情况如图 6.5 所示，由长方形板在 x 轴方向的力的平衡条件，可得

$$-q_{12}l + q_{34}l = 0 \tag{6.54}$$

即

$$q_{34} = q_{12} \tag{6.55}$$

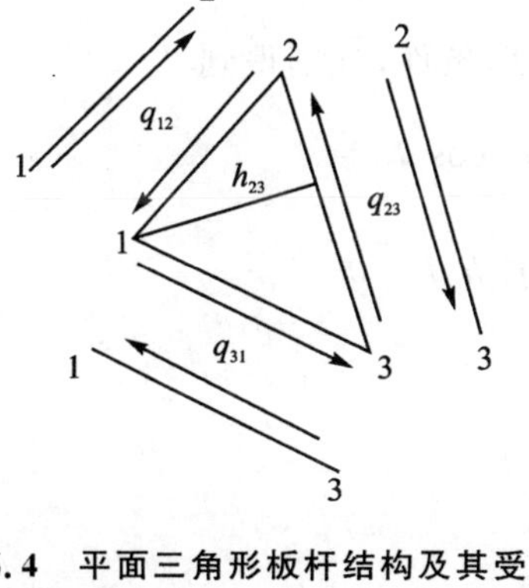

图 6.4　平面三角形板杆结构及其受力

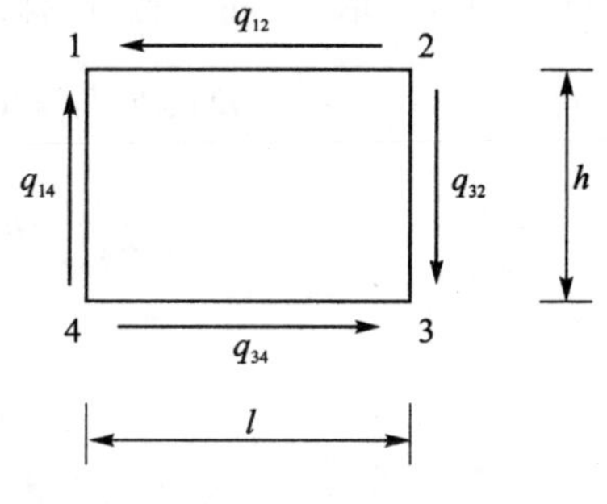

图 6.5　矩形板受力

对点4取矩，由长方形板力矩平衡条件，得到

$$q_{12}lh + q_{32}lh = 0 \tag{6.56}$$

即

$$q_{12} = q_{32} \tag{6.57}$$

再由长方形板在 y 轴方向的力的平衡条件，可得

$$q_{14}h + q_{32}h = 0 \tag{6.58}$$

即

$$q_{14} = q_{32} \tag{6.59}$$

所以，对于矩形板，有

$$q_{12} = q_{23} = q_{34} = q_{41} \tag{6.60}$$

3. 平行四边形板

平行四边形板受力情况如图6.6所示，采用与矩形板相同的方法，可以证明：

$$q_{14} = q_{34} = q_{32} = q_{12} \tag{6.61}$$

4. 梯形板

梯形板受力情况如图6.7所示，对点4取矩，由梯形板力矩平衡条件，得到

$$q_{12}\frac{l}{\cos\phi_1}h_1\cos\phi_1 - q_{32}h_2l_2 = 0 \tag{6.62}$$

即

$$q_{32} = q_{12}\frac{h_1}{h_2} \tag{6.63}$$

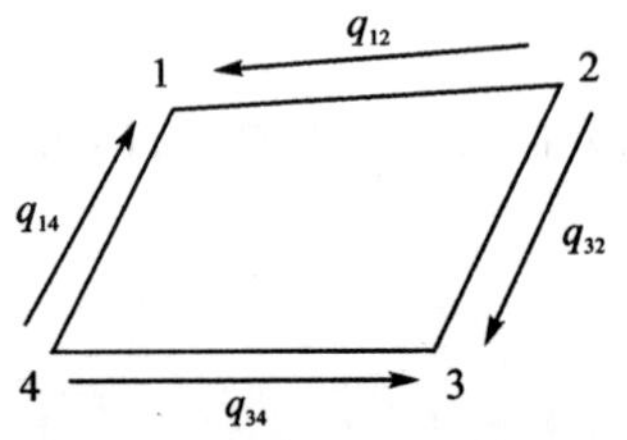

图6.6 平行四边形板受力

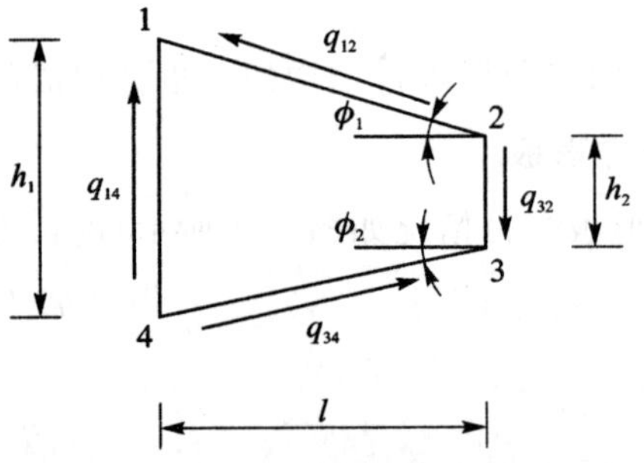

图6.7 梯形板受力

分别对点1和点2取矩，同样地，由梯形板力矩平衡条件，分别得到

$$-qM_{32}h_2l_1 + q_{34}\frac{l}{\cos\phi_2}h_2\cos\phi_2 = 0 \tag{6.64}$$

$$q_{34}\frac{1}{\cos\phi_2}h_2\cos\phi_2 - q_{14}h_1l = 0 \tag{6.65}$$

即

$$q_{34} = q_{32}\cdot\frac{h_2}{h_1} = q_{12} \tag{6.66}$$

$$q_{14} = q_{34} = \frac{h_2}{h_1} \tag{6.67}$$

从上面两式，可得到梯形板的受力特点：① 梯形板两腰剪流相等，即 $q_{34}=q_{12}=\bar{q}$；② 两平行底边剪流分别为 $q_{32}=\bar{q}\dfrac{h_1}{h_2}$ 和 $q_{14}=\bar{q}\dfrac{h_2}{h_1}$，即短的底边有更大剪流，长的底边剪流更小，底边上剪流大小由两平行底边长度共同决定。

例题 6-1　分析图 6.8 所示平面板杆结构的剪流和内力。

解　① 求解板的剪流。

平面板杆结构的剪流如图 6.9 所示，分离杆 1-4-7 作为一个自由体，由自由体的轴向力平衡条件，可得

$$q_1=q_2$$

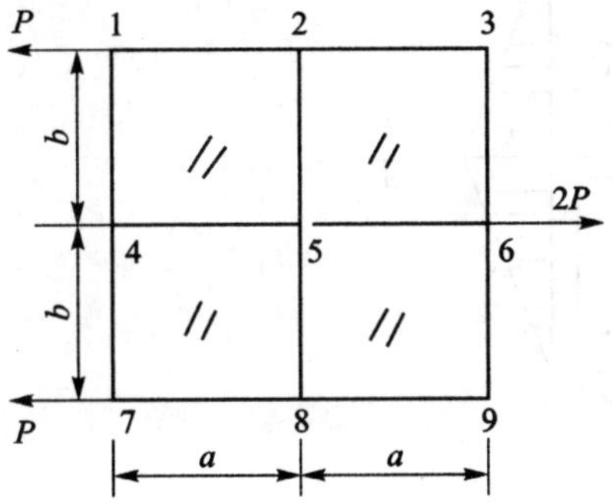

图 6.8　平面板杆结构

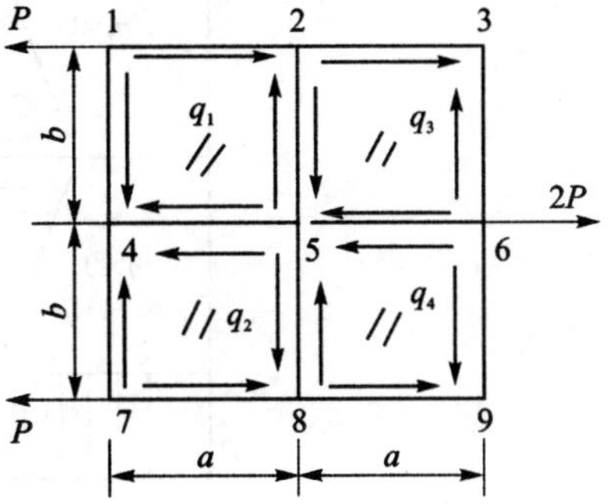

图 6.9　平面板杆结构的剪流

又由杆 4-5 的轴向力平衡条件，得到

$$q_1+q_2=0$$

故

$$q_1=q_2=0$$

同样地，由杆 3-6-9 的轴向力平衡条件，可以导出

$$q_3=q_4$$

再由杆 5-6 的轴向力平衡条件，得到

$$(q_3+q_4)a=2P$$

所以

$$q_3=q_4=\frac{P}{a}$$

② 求解杆的轴向力。

选取杆 1-2 作为分离体，其受力情况如图 6.10 所示，从图 6.9 可知，杆 1-2 的端点 1 的轴向力为

$$N_{12}=P$$

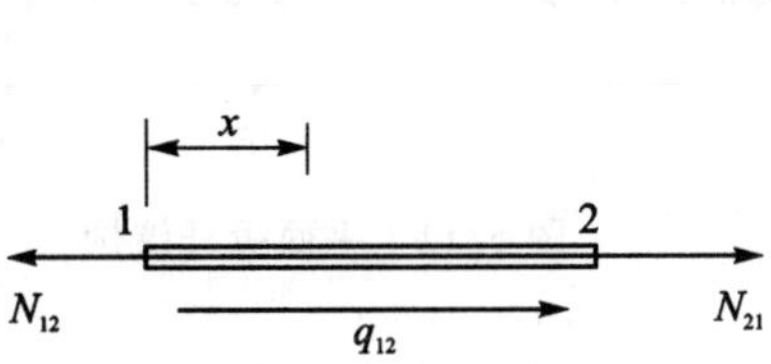

图 6.10　杆 1-2 的受力

则由轴向力平衡条件，可得杆 1-2 上任意 x 处的轴向力，即

$$-N_{12}+N_x+q_{12}x=0$$

即

$$N_x = N_{12} + q_{12}x = P + q_1 x = P$$

同理,可以得到其他各杆的轴向力。

③ 画出结构的受力图。

平面板杆结构内力分布如图 6.11 所示,从图 6.11 可以看出,杆的轴向力沿杆长线性变化,这是由于板的剪流为常数,引起杆的轴向力沿杆轴方向线性变化。

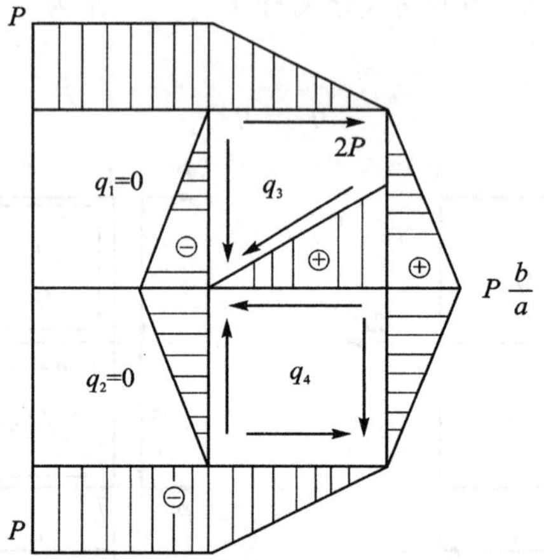

图 6.11　平面板杆结构内力分布

例题 6-2　分析图 6.12 所示平面板杆结构的剪流和内力。

解　① 求结构支反力。

平面板杆结构的受力如图 6.13 所示,从图 6.13 可以看出,存在支反力 N_{12}、N_{78} 和 q,由杆 1-7 的轴向力平衡条件,可得

$$q = q_1$$

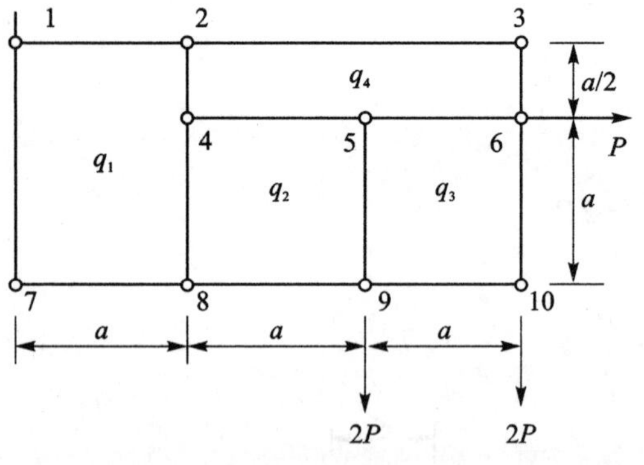

图 6.12　平面板杆结构

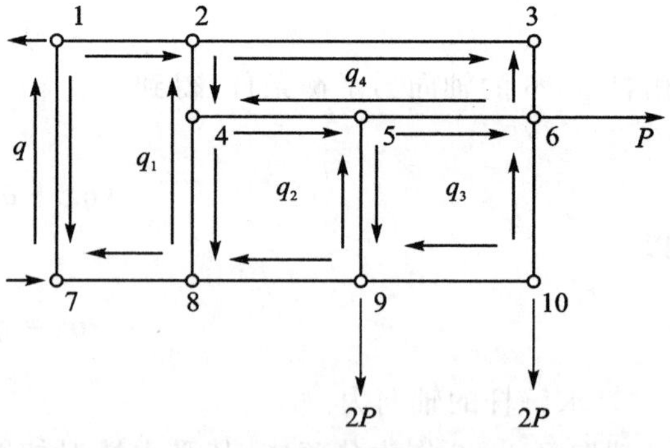

图 6.13　平面板杆结构的受力

再由整个结构在垂直方向的静力平衡条件,得到

$$q_1\left(a + \frac{a}{2}\right) - 4P = 0$$

那么

$$q_1 = \frac{8}{3} \times \frac{P}{a}$$

对点 7 取矩，由整个结构的力偶平衡条件，得到

$$N_{12} \times \frac{3a}{2} - 2P \times 3a - 2P \times 2a - Pa = 0$$

于是

$$N_{12} = \frac{22}{3} \times P$$

同理，对点 1 取矩，由整个结构的力偶平衡条件，可得

$$N_{78} \times \frac{3a}{2} - 2P \times 3a - 2P \times 2a + P \times \frac{a}{2} = 0$$

即

$$N_{78} = \frac{19}{3}P$$

② 求结构内力。

对于杆 1－2－3，由其轴向力平衡条件，得到

$$-N_{12} + q_1 a + q_4 \times 2a = 0$$

那么

$$q_4 = \frac{1}{2a}\left(\frac{22}{3}P - \frac{8}{3}P\right) = \frac{7P}{3a}$$

于是，由杆 6－3 和杆 2－3 的轴向力平衡条件，分别得到

$$N_{63} = \frac{q_4 a}{2} = \frac{7}{6}P$$

$$N_{23} = q_4 \times 2a = \frac{14}{3}P$$

对于杆 2－4－8，由其轴向力平衡条件，可得

$$q_1 \times \frac{3}{2}a - q_2 a - q_4 \times \frac{q}{2} = 0$$

则

$$q_2 = \frac{3}{2}q_1 - \frac{1}{2}q_4 = \frac{17}{6} \times \frac{p}{a}$$

同样地，由杆 4－8 的轴向力平衡条件，得到

$$N_{48} = (-q_1 + q_2)a = \frac{1}{6}P$$

类似地，对于杆 7－8－9－10，可导出

$$q_1 a + q_2 a + q_3 a + N_{78} = 0$$

$$q_2 = -(q_1 + q_2) - \frac{N_{78}}{a} = \frac{5P}{6a}$$

且

$$N_{9,10} = -q_3 a = -\frac{5}{6}P$$

$$N_{89}=N_{9,10}-q_2a=\frac{11}{3}P$$

$$N_{54}=(q_4-q_2)a=-\frac{P}{2}$$

③ 画出结构的受力图。

平面板杆结构内力分布如图 6.14 所示，从图 6.14 同样可以看出，杆的轴力沿杆长线性变化。

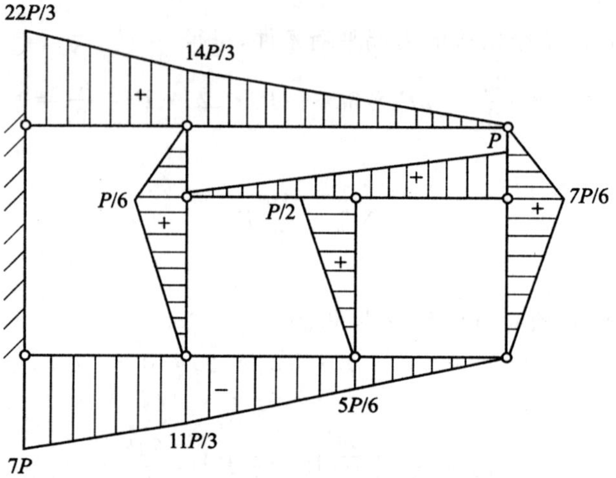

图 6.14　平面板杆结构内力分布

例题 6-3　试指出图 6.15 所示板杆结构的静不定度，求解其内力，并画内力分布图。

解　① 求结构支反力。

图 6.15 所示平面板杆结构形式与例题 6-2 类似，但多了杆 3-6，属 1 度静不定。平面板杆结构的受力如图 6.16 所示，从图 6.16 可以看出，存在支反力 N_{1x}、N_{1y} 和 N_8。分别对节点 1、8 取矩，由整个结构的力偶平衡条件，分别得到

$$N_{1x}=-2P$$

$$N_{1y}=-P$$

$$N_8=2P$$

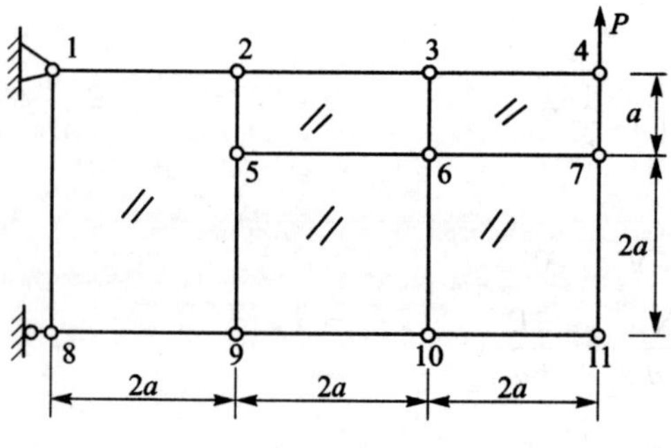

图 6.15　平面板杆结构

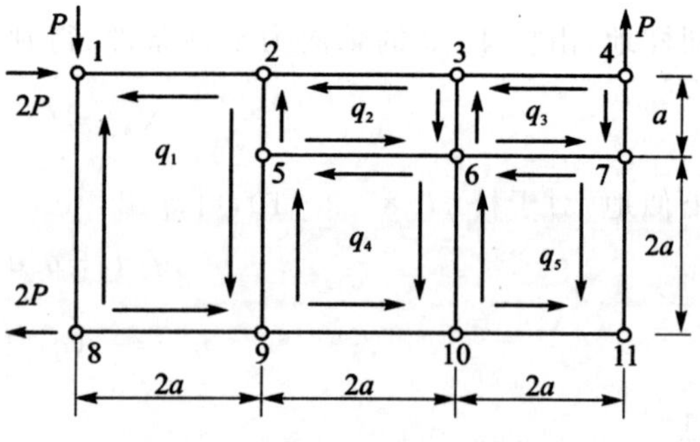

图 6.16　平面板杆结构的受力

② 求结构内力。

由于图 6.15 所示平面板杆结构是 1 度静不定系统，因此，截开杆 5－6，并在截面施加一未知轴力 N，这样，结构变成静定结构，利用静力平衡方程，即可求得结构内力。

根据杆 1－8 的轴向力平衡条件，可得

$$q_1 = -\frac{P}{3a}$$

同理，由杆 2－5－9、杆 4－7－11、杆 1－2－3－4 和杆 5－6 的轴向力平衡条件，分别导出

$$q_1 = q_2 + 2q_4$$

$$q_3 + 2q_5 = P$$

$$P = \frac{1}{3}P + q_2 + q_3$$

$$N = 2a(q_2 + q_4)$$

求解上式，可得

$$q_2 = \frac{P-N}{3a}$$

$$q_3 = \frac{P+N}{3a}$$

$$q_4 = \frac{2P+N}{6a}$$

$$q_5 = \frac{2P-N}{6a}\cdots$$

③ 求多余未知力。

根据板和杆的应变能公式，得到

$$\Pi_1 = \int_0^V \frac{1}{2G}\left(\frac{q_1}{t}\right)^2 \mathrm{d}V = \frac{1}{2Gt}\int_0^{2a}\int_0^{3a} q_1^2 \mathrm{d}x\,\mathrm{d}y = \frac{P^2}{3Gt^2}$$

$$\Pi_2 = \int_0^V \frac{1}{2G}\left(\frac{q_2}{t}\right)^2 \mathrm{d}V = \frac{1}{2Gt}\int_0^{2a}\int_0^{a} q_2^2 \mathrm{d}x\,\mathrm{d}y = \frac{(P-N)^2}{9Gt^2}$$

$$\Pi_3 = \int_0^V \frac{1}{2G}\left(\frac{q_3}{t}\right)^2 \mathrm{d}V = \frac{1}{2Gt}\int_0^{2a}\int_0^{a} q_3^2 \mathrm{d}x\,\mathrm{d}y = \frac{(P+N)^2}{9Gt^2}$$

$$\Pi_4 = \int_0^V \frac{1}{2G}\left(\frac{q_4}{t}\right)^2 \mathrm{d}V = \frac{1}{2Gt}\int_0^{2a}\int_0^{2a} q_4^2 \mathrm{d}x\,\mathrm{d}y = \frac{(2P+N)^2}{18Gt^2}$$

$$\Pi_5 = \int_0^V \frac{1}{2G}\left(\frac{q_5}{t}\right)^2 \mathrm{d}V = \frac{1}{2Gt}\int_0^{2a}\int_0^{2a} q_5^2 \mathrm{d}x\,\mathrm{d}y = \frac{(2P-N)^2}{18Gt^2}$$

杆 1－2 轴力与应变能：

$$N_{1\text{-}2}(s) = 2P - \frac{Ps}{3a}$$

$$\Pi_6 = \int_0^{2a} \frac{N_{1\text{-}2}^2(s)}{2EA}\mathrm{d}s = \frac{76aP^2}{27EA}$$

同样地，可得其他各杆轴力与应变能：

$$N_{2\text{-}3}(s) = \frac{4}{3}P - \frac{P-N}{3a}s$$

$$\Pi_7=\int_0^{2a}\frac{N_{2\text{-}3}^2(s)}{2EA}ds=\frac{4a}{27EA}(7P^2+N^2+4PN)$$

$$N_{3\text{-}4}(s)=\frac{(P+N)s}{3a}$$

$$\Pi_8=\int_0^{2a}\frac{F^2(s)}{2EA}ds=\frac{4(P+N)^2a}{27EA}$$

$$N_{1\text{-}8}(s)=\frac{Ps}{3a}-P$$

$$\Pi_9=\int_0^{3a}\frac{F^2(s)}{2EA}ds=\frac{P^2a}{2EA}$$

$$N_{2\text{-}5}(s)=-\frac{Ns}{3a}$$

$$\Pi_{10}=\int_0^{a}\frac{F^2(s)}{2EA}ds=\frac{N^2a}{54EA}$$

$$N_{3\text{-}6}(s)=\frac{2Ns}{3a}$$

$$\Pi_{11}=\int_0^{a}\frac{F^2(s)}{2EA}ds=\frac{2N^2a}{27EA}$$

$$N_{4\text{-}7}(s)=P-\frac{P+N}{3a}s$$

$$\Pi_{12}=\int_0^{a}\frac{F^2(s)}{2EA}ds=\frac{a}{54EA}(19P^2+N^2-7PN)$$

$$N_{5\text{-}6}(s)=-\frac{Ns}{2a}$$

$$\Pi_{13}=\int_0^{2a}\frac{F^2(s)}{2EA}ds=\frac{N^2a}{3EA}$$

$$N_{6\text{-}7}(s)=\frac{Ns}{2a}$$

$$\Pi_{14}=\int_0^{2a}\frac{F^2(s)}{2EA}ds=\frac{N^2a}{3EA}$$

$$N_{5\text{-}9}(s)=-\frac{Ns}{6a}$$

$$\Pi_{15}=\int_0^{2a}\frac{N_{5\text{-}9}^2(s)}{2EA}ds=\frac{N^2a}{27EA}$$

$$N_{6\text{-}10}(s)=\frac{Ns}{3a}$$

$$\Pi_{16}=\int_0^{2a}\frac{N_{6\text{-}10}^2(s)}{2EA}ds=\frac{4N^2a}{27EA}$$

$$N_{7\text{-}11}(s)=\frac{(N-2P)s}{6a}$$

$$\Pi_{17}=\int_0^{2a}\frac{N_{7\text{-}11}^2(s)}{2EA}ds=\frac{(2P-N)^2a}{27EA}$$

杆 8－9 轴力与应变能：

$$N_{8\text{-}9}(s)=2P-\frac{P}{3a}s$$

$$\Pi_{18}=\int_0^{2a}\frac{N_{8\text{-}9}^2(s)}{2EA}\mathrm{d}s=\frac{76aP^2}{27EA}$$

杆 9－10 轴力与应变能：

$$N_{9\text{-}10}(s)=\frac{4}{3}P+\frac{2P+N}{6a}s$$

$$\Pi_{19}=\int_0^{2a}\frac{N_{9\text{-}10}^2(s)}{2EA}\mathrm{d}s=\frac{a}{27EA}(76P^2+16PN+N^2)$$

$$N_{10\text{-}11}(s)=\frac{(N-2P)s}{6a}$$

$$\Pi_{20}=\int_0^{2a}\frac{N_{10\text{-}11}^2(s)}{2EA}\mathrm{d}s=\frac{(2P-N)^2a}{27EA}$$

于是，系统的总应变能为

$$\Pi=\sum\Pi_i=\frac{P^2+\frac{N^2}{3}}{Gt^2}+\frac{a}{EA}\left(\frac{97}{9}P^2+\frac{19}{18}PN+\frac{40}{27}N^2\right)$$

根据最小余能原理，可得

$$\frac{\partial\Pi}{\partial N}=\frac{2N}{3Gt^2}+\frac{a}{EA}\left(\frac{80}{27}N+\frac{19}{18}P\right)=0$$

求解上面方程，并令 $C_1=\frac{1}{Gt^2}$，$C_2=\frac{a}{EA}$，则

$$N=\frac{-760C_2+171C_1}{480C_1}P=DP$$

于是

$$q_1=-\frac{P}{3a}$$

$$q_2=\frac{P-DP}{3a}$$

$$q_3=\frac{P+DP}{3a}$$

$$q_4=-\frac{(2+D)P}{6a}$$

$$q_5=\frac{-2P+DP}{6a}$$

将上面多余未知力和板的剪流表达式代入杆的轴力公式，可得所有杆的轴力。

④ 画结构的受力图。

平面板杆结构内力分布如图 6.17 所示。

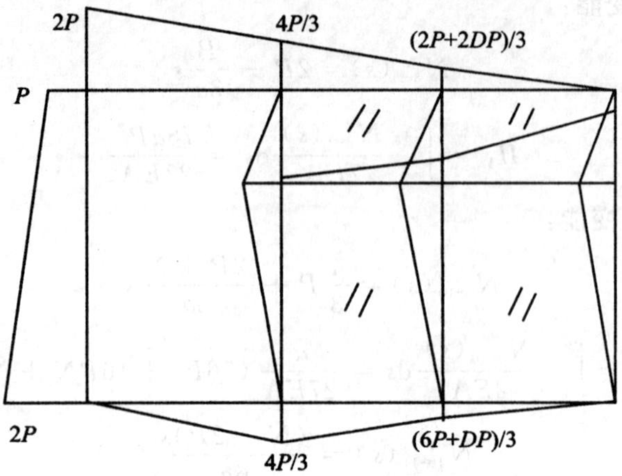

图 6.17　平面板杆结构内力分布

习　　题

6-1　求图 6-1 所示机翼翼肋的内力,并画内力分布图。

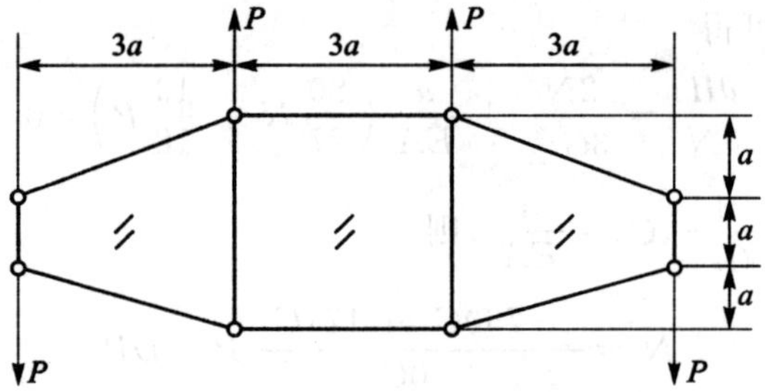

图 6-1　习题 6-1 用图

6-2　已知平面薄壁梁的形状、尺寸及受载情况如图 6-2 所示。其中长度单位为 cm。求薄壁梁各元件的内力并画出内力图。

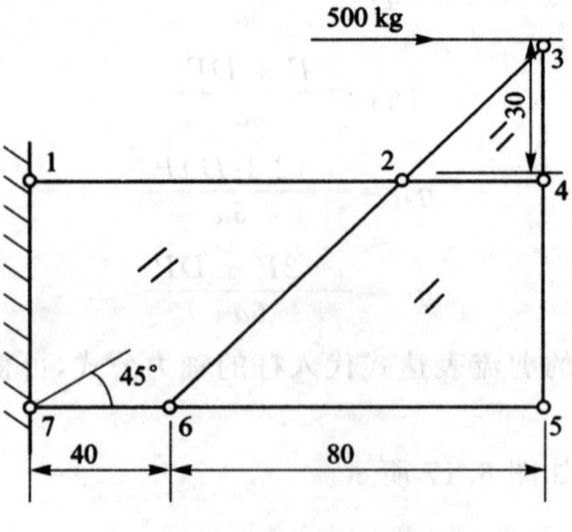

图 6-2　习题 6-2 用图

6-3　求图 6-3 所示板杆结构的内力,并画内力分布图。

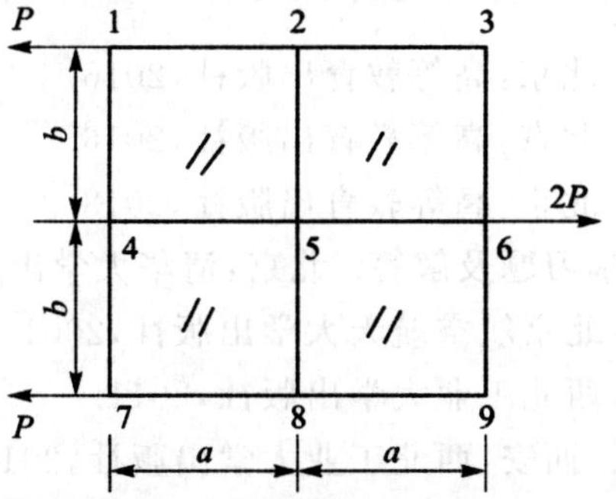

图 6-3　习题 6-3 用图

参考文献

[1] 单辉祖. 材料力学. 4 版. 北京:高等教育出版社,2016.

[2] 徐芝纶. 弹性力学. 5 版. 北京:高等教育出版社,2016.

[3] 杨桂通. 弹性力学. 3 版. 北京:高等教育出版社,2018.

[4] 徐秉业,王建学. 弹性力学习题及解答. 北京:清华大学出版社,2007.

[5] 龚尧南. 结构力学. 北京:北京航空航天大学出版社,2001.

[6] 于克萍. 结构力学. 西安:西北工业大学出版社,2011.

[7] 文立华. 飞行器结构力学. 西安:西北工业大学出版社,2015.

[8] Xiong J J, Yun X Y, Cheng X. Practical analytical model to predict high altitude balloon shape and film tension. P I MECH ENG G-J AER, 2013, 227(10): 1571-1582.

[9] Xiong J J, Bai J B, Chen L. Simplified analytical model for predicting the temperature of balloon on high-altitude. INT J THERM SCI, 2014, 76: 82-89.

[10] Bai Jiangbo, Xiong Junjiang, Shenoi R Ajit, et al. An analytical model for predicting permanent plastic deflection and strain distributions in metallic plates under low velocity impact loading. P I MECH ENG C-J MEC, 2018, 232(16): 2861-2872.